江苏省示范性高职院校建设成果
职业院校电子类专业系列教材

电子产品品质管控
（第2版）

主　编　孙　岚　孟桂芳　张强强
副主编　吴冬燕　胡盈地　王　忠

電子工業出版社
Publishing House of Electronics Industry
北京 · BEIJING

图书在版编目（CIP）数据

电子产品品质管控 / 孙岚，孟桂芳，张强强主编. —2 版. —北京：电子工业出版社，2023.9

ISBN 978-7-121-46194-1

Ⅰ. ①电… Ⅱ. ①孙… ②孟… ③张… Ⅲ. ①电子产品—产品质量—质量控制 Ⅳ. ①TN05

中国国家版本馆 CIP 数据核字（2023）第 158567 号

责任编辑：康静
印　　刷：北京虎彩文化传播有限公司
装　　订：北京虎彩文化传播有限公司
出版发行：电子工业出版社
　　　　　北京市海淀区万寿路 173 信箱　邮编 100036
开　　本：787×1092　1/16　印张：18　字数：460.8 千字
版　　次：2016 年 6 月第 1 版
　　　　　2023 年 9 月第 2 版
印　　次：2024 年 12 月第 2 次印刷
定　　价：56.00 元

凡所购买电子工业出版社图书有缺损问题，请向购买书店调换。若书店售缺，请与本社发行部联系，联系及邮购电话：（010）88254888，88258888。

质量投诉请发邮件至 zlts@phei.com.cn，盗版侵权举报请发邮件至 dbqq@phei.com.cn。

本书咨询联系方式：（010）88254609 或 hzh@phei.com.cn。

前　言

“电子产品品质管控”课程立足于电子产品品质管控岗位所需要的基本素养与能力，依托校企紧密合作企业——高创（苏州）电子有限公司，选取企业典型平板显示器产品作为载体，紧紧围绕工作过程的需要来选择课程内容；以工作过程和职业能力为依据设定能力培养目标。

对于企业来说，按照经过严格审核的国际标准化的质量体系进行品质管理，可以极大地提高工作效率和产品合格率，提高企业的经济效益和社会效益；通过实行标准化的品质管理，可以稳定地提高产品品质，使企业在产品品质竞争中立于不败之地。因此企业非常需要具有品质管理能力的实用人才，本课程的设置就是满足企业对这部分人才的需求。

本书内容基于电子产品制造企业的品质管理、品质检验等重要岗位的需求，建立学生品质意识与质量管理体系概念，培养学生正确的职业理念与素养，使学生获得比较完整的电子产品品质管控的基本能力，养成良好的职业习惯，具备从事电子制造企业电子产品品质管控的职业能力。

为培养能直接服务于企业品质岗位的管理人才，本书编写组由负责课程教学的专业老师和多位来自高创（苏州）电子有限公司品质部资深工程师共同开发完成，保证知识能力体系的前瞻性和实用性，突出职业性和应用性。

本教材编写人员有孙岚、孟桂芳、张强强、吴冬燕、胡盈地、王忠、费斐、季梅，其中项目 1 与项目 3 由苏州工业职业技术学院孙岚编写，项目 2 由苏州工业职业技术学院孟桂芳编写，项目 4 由高创（苏州）电子有限公司张强强、胡盈地、王忠编写，费斐、吴冬燕、季梅参与了部分内容的编写工作。

在编写此书的过程中，还得到了同行教师以及其他人士在知识和技术上给予的指导，在此表示感谢！

由于时间仓促，编者水平有限，书中难免有错误或不当之处，恳请批评和指正。

编　者

目　录

项目 1　品质意识培养

【项目描述】

在当今社会，企业间的竞争越来越激烈，而竞争的实质就是质量竞争，产品质量上乘的企业必将淘汰产品质量低劣的企业。而人的因素是影响产品质量的最重要因素，通过本项目的学习让学生建立正确的品质意识，牢固树立品质意识，这样才能帮助企业立于不败之地。同时从业者只有意识到工作内容的重要性，才能真正做好自己的工作，并且也能为自己的职业发展提供坚定的信念！

【学习目标】

1. 理解品质对于一个生产企业的重要性；
2. 让学生树立品质观念，培养学生品质意识；
3. 掌握品质定义，理解品质控制的要素；
4. 理解品质管理八大原则；
5. 熟悉 ISO9000 质量管理体系。

【能力目标】

1. 能理解品质要素，树立正确的品质意识；
2. 能理解品质管理八大原则，并能应用到实际管理活动中；
3. 能理解 ISO9000 质量管理体系标准，并能运用到实际工作中。

1.1　品质意识

质量是企业的生命，也是企业人的生命。质量决定品牌，品牌决定企业的发展前景，而员工的质量意识又决定了产品的质量。通俗地讲，品质意识就是发自内心的、确保产品质量的常识和知识。其中包含了两个要素，一是发自内心的；二是有专业的知识技能。没有品质意识，一切品保技术带来的都是烦恼，一位企业管理者这样说：“走出实验室，没有高科技，只有执行的纪律。”错误往往是人为造成的，而且是完全能够杜绝的。意识改变态度，态度改变习惯，习惯改变人生。因此，转变和提高员工的品质意识将是一项重要的、长期的工作。

1.1.1 品质意识简介

一、品质的重要性

企业案例 1：海尔 CEO 张瑞敏的经典创业故事——砸冰箱

海尔是全球大型家电第一品牌（见图 1-1），1984 年创立于中国青岛，现任董事局主席、首席执行官张瑞敏是海尔的主要创始人。经过几十年的创业创新，从一家资不抵债、濒临倒闭的集体小厂发展成为全球家电第一品牌。2022 年，海尔集团全球营业额实现 3506 亿元，品牌价值 4161 亿元，连续多年蝉联中国最有价值品牌榜首。

图 1-1 海尔商标

1985 年，一位用户向海尔反映：工厂生产的电冰箱有质量问题。于是张瑞敏突击检查了仓库，发现仓库中有缺陷的冰箱还有 76 台！在研究处理办法时，有干部提出意见：将有问题的冰箱作为福利处理给本厂的员工。就在很多员工十分犹豫时，张瑞敏却做出了有悖“常理”的决定：开一个全体员工的现场会，把 76 台冰箱当众全部砸掉！而且，由生产这些冰箱的员工亲自来砸！听闻此言，许多老工人当场就流泪了……要知道，那时候别说“毁”东西，企业就连开工资都十分困难！况且，在那个物资紧缺的年代，别说正品，就是次品也要凭票购买！如此“糟践”，大家“心疼”啊！当时，甚至连海尔的上级主管部门都难以接受。但张瑞敏明白：如果放行这些产品，就谈不上品质意识！我们不能用任何姑息的做法，来告诉大家可以生产这种带有缺陷的冰箱，否则今天是 76 台，明天就可以是 760 台、7600 台……所以必须实行强制措施，必须要有震撼作用！结果，就是一柄大锤，伴随着那阵阵巨响，真正砸醒了海尔人的品质意识！

从此，在家电行业，海尔人砸毁 76 台有缺陷冰箱的故事就传开了（见图 1-2）！至于那把著名的大锤，已经收入国家历史博物馆。张瑞敏有着严格的产品品质意识，只有严格要求，企业才能朝着正规的方向迈进。

图 1-2 海尔事件

企业案例 2：三鹿集团毒奶粉事件

2008 年 9 月 8 日，甘肃岷县 14 名婴儿同时患有肾结石病症，引起外界关注。至 2008 年 9 月 11 日甘肃全省共发现 59 例肾结石患儿，部分患儿已发展为肾功能不全，同时已死亡 1 人，这些婴儿均食用了三鹿 18 元左右价位的奶粉。而且人们发现两个月来，中国多省已相继有类似事件发生。当时的卫生部高度怀疑三鹿牌婴幼儿配方奶粉受到三聚氰胺污染，三聚氰胺是一种化工原料，可以提高蛋白质检测值，人如果长期摄入会导致人体泌尿系统中的膀胱、肾产生结石，并可诱发膀胱癌。

2008 年 9 月 13 日，国务院启动国家安全事故 I 级响应机制（“I 级”为最高级，指特别重大食品安全事故）处置三鹿奶粉污染事件。患病婴幼儿实行免费救治，所需费用由财政承担。有关部门对三鹿婴幼儿奶粉生产和奶牛养殖、原料奶收购、乳品加工等各环节开展检查。当时的质检总局会同有关部门负责对市场上所有婴幼儿奶粉进行了全面检验检查。

2009 年 1 月 22 日，河北省石家庄市中级人民法院一审宣判，三鹿前董事长田文华被判处无期徒刑，三鹿集团高层管理人员王玉良、杭志奇、吴聚生则分别被判有期徒刑 15 年、8 年及 5 年。三鹿集团作为单位被告，犯了生产、销售伪劣产品罪，被判处罚款 4937 余万元。涉嫌制造和销售含三聚氰胺的奶农张玉军、高俊杰及耿金平三人被判处死刑，薛建忠无期徒刑，张彦军有期徒刑 15 年，耿金珠有期徒刑 8 年，萧玉有期徒刑 5 年。

三鹿集团最终于 2009 年 2 月 12 日宣布破产。虽然三鹿集团破产，负责人被判刑，但中国乳品行业遭遇了多年的信任危机（见图 1-3）。

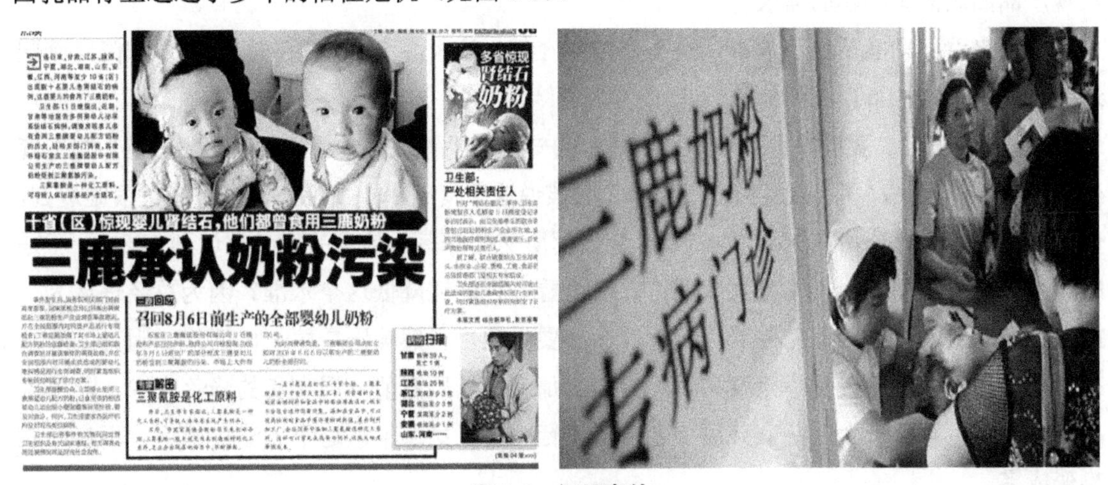

图 1-3 奶粉事件

从上面两个案例，可以看到产品质量对于企业生存和发展是至关重要的，质量就是产品的灵魂，企业的生命。

实践训练 1：深受质量影响的企业案例（举例 3～5 家）。

企业	质量事件	所受影响	原因分析	总结观点

二、品质意识的重要性

众所周知，产品质量是影响企业生存和发展的重要因素之一，然而影响产品质量的重要因素就是员工的品质意识。人的意识决定行为，人的行为决定工作质量，也就决定了产品质量。员工的知识层次、认识深度、日常习惯等参差不齐，品质意识也相差甚远。

一个人所站的角度不同，对质量问题的认识是不同的。当作为制造者时，在制造了大量的产品时，出现了个别不良品，产品制造者都会认为，在质量标准范围内出现个别不良品是可以接受的；但是当作为顾客去买东西时，买到了制造者认为可以接受的不良品时，作为顾客会接受吗？答案肯定是不能接受的，顾客一定希望买到的产品是百分之百无缺陷产品。

而企业为了生存，产品必须得到顾客的认可，因此企业制造者就要提高质量标准，尽量消灭不良品，这也是“品质”的内涵。而这一点必须得到企业上下员工的一致认同，才能真正实现产品品质满足顾客的需求。

下面来看一个品质的小故事，是一个发生在第二次世界大战中期，美国空军和降落伞制造商之间的真实故事。

故事 1：在第二次世界大战中期，降落伞的安全度不够完美，经过厂商努力改善，制造商生产的降落伞的良品率已经达到了 99.9%，应该说这个良品率即使现在许多企业也很难达到。但是美国空军对此公司说 No，他们要求制造商所交的降落伞的良品率必须达到 100%。于是制造商的总经理便专程去飞行大队商讨此事，看是否能够降低这个水准？因为总经理认为，能够达到这个程度已接近完美了，没有什么必要再改。当然美国空军一口回绝，因为品质没有折扣。后来，军方改变了检查品质的方法。那就是从厂商前一周交货的降落伞中，随机挑出一个，让厂商负责人装备上身后，亲自从飞行中的机身跳下。这个方法实施后，不良率立刻变成零。

从故事中，可以看到品质是没有折扣的，是容不得半点马虎的。品质就是按照客户的要求不折不扣地执行！纵观许多企业，不缺乏各种规章、流程、标准、制度，缺乏的是对规章制度不折不扣地执行。如果没有不折不扣地执行，那么即使品质体系再完善，品质控制方法再科学，设备再先进，好的品质也不可能达到。丰田公司认为“其公司最为艰巨的工作不是汽车的研发和技术创新，而是生产流程中一根绳索的摆放，要不高不矮，不偏不歪，而且要确保每位技术工人操作绳索时都要无任何偏差”。

而当今很多人在做事的时候往往抱着“差不多就可以”的态度。有一种观点认为“99.9%的合格率已经够好了”。但是仔细想一想99.9%意味着什么？那么，有可能……

每天将有12个新生儿被他们的父母抱错。

每年将生产114 500双错误的鞋子。

每小时会有18 322份邮件发生投递错误。

每年将有250万本书被装订错误。

每天会有2架飞机在降落时安全得不到保障。

每年将开错20 000个药方。

所以说一个人思想上小小的一点放松可能不觉得什么，但是当小错累积到一定数量时就形成了无法想象的严重后果。当我们把1%的不良品送给客户时那就是100%的不良品。生产工序上任何一个环节出问题，就会使全部的努力白费。可见1%的错误会导致100%的失败，因此无论是工作标准还是产品标准都要向100%合格努力。

事实上，企业员工对质量认识的深度和广度还远远不够，甚至有些是糊涂的，片面的；当面对实际问题时，他们往往忽视质量，即便品质意识树立起来了，也未必有所行动。树立牢固的品质意识也绝非喊一句口号那么简单；教导员工树立正确品质意识，使员工对质量引起足够重视，需要有正确有效的质量教育方法与制度推行。当从业者建立了正确的品质意识，才能意识到工作内容的重要性，真正做好自己的工作，并且也能为自己的职业发展提供坚定的信念！

三、品质意识的形成

品质意识就是品管工作态度，请看如下名言：“态度决定一切”、“品质源于我心”、“细节决定成败”、“品质在于生产”、“口说认真是假，实干确认是真”。

人们的品质意识正是从对这些名言的理解开始的，你对它们理解与应用的深度正反映了品质意识在你心中的高度。

下面来看一位新加坡小贩陈翰铭的故事（见图1-4）。

图1-4 米其林小贩

故事 2：在你把“路边摊”，基本就是“脏，乱，差”画上等号时，他靠着 $2m^2$ 小档口做出的一碗油鸡饭，登上了米其林指南。他是一位新加坡小贩，名叫陈翰铭，2016 年 7 月，他成为了全球第一个被授予米其林一星的街头小贩。

陈翰铭出身农村，15 岁辍学，独自跑到了新加坡，想当一名厨师，做梦都想穿上属于自己的厨师服。他找到一家酒店，每天干得比别人都勤快，没有受过专业的培训，在厨房这间学校，一待就是二十几年。2008 年，他在新加坡牛车水小贩中心找了个摊位。虽然是小贩，但是手艺和技能却都是在大酒店里学来的，因为当时是跟中国香港师傅学的，所以招牌的名字就叫“香港油鸡饭面”。

在档口刚开业的时候，陈翰铭自信满满，还给自己定了个目标：每天只卖 30 只油鸡，售完为止。可人来人往的牛车水小贩中心，他这正宗的香港油鸡饭，根本卖不出去。陈瀚铭很是不解，为何烤制时间没问题，火候没问题，鸡也没问题，就是没人买呢？问题出在哪儿呢？

经过了反复的“挣扎”之后，陈瀚铭突然意识到：自己一直在追求如何做好一只油鸡，却忽略了新加坡人和香港人的口味完全不一样。于是，他用了 1 年的时间，去钻研、去改良油鸡的口味，终于，他把档口从无人问津做到了排起长龙。

就这样，从入行到现在，35 年下来，陈翰铭练出一副火眼金睛，只要看一眼鸡皮油亮的颜色，闻一闻空气中弥漫的香味，就能知道这油鸡烤好了没有。

被评为米其林一星之后，有人跑来问他做油鸡的秘方是什么，能让米其林愿意给这个 $2m^2$ 的档口这么高的肯定。陈瀚铭说，其实根本没有什么配方，只是这 8 年的时间里，我一直在根据客人的口味，一次又一次地调整，所以做一只鸡真的没有秘诀，只有专注。

陈瀚铭说：“其实不论是档口也好，大酒楼也好，我都希望每一个厨师，老老实实用心地把它发挥出来。每样食品，都是永远学不完而且做不完的，我相信天下没有第一流的食物，只有一流的厨师。”

实践训练 2：讨论这则小故事的感悟。

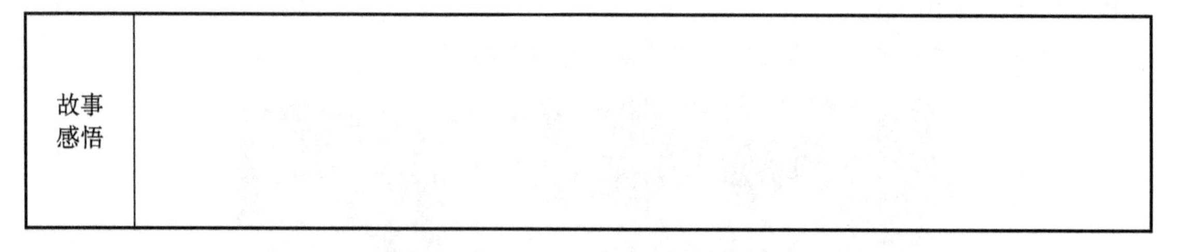

故事感悟	

品质意识是品质控制人员对品质的一种感知度。要做好品质，必须做好以下几件事：第一是对产品的熟悉程度；第二是对品质异常的敏感程度；第三是要善于总结。品质意识和制度的区别就在于：品质意识，使有机会犯错的人不愿犯错；制度，使想犯错的不敢犯错。

品质管理大师朱兰博士说过：“品质，始于教育，终于教育。品质意识的提升是教育问题、制度的问题。”

在当今社会，企业间的竞争越来越激烈，作为未来的大国工匠，更要牢固树立品质意识，这样才能帮助企业立于不败之地。

那么提高员工品质意识，加深他们的认识深度，改变他们的不良习惯，企业应该要做好以下几点。

（一）把好入门关，提高员工素质

知识的重要性是不可替代的。重要岗位（直接影响产品质量的岗位）的人员在文化层次上要有一定的要求，具备一定的知识，其理解能力和接受能力相对就要强一些，这对于提高他们的品质意识相对也要容易些。

（二）加强员工培训

1. 员工品质意识培训

给员工注入质量是一种价值、一种尊严的观念。让员工领会高质量的产品会创造一个响当当的牌子。一个响当当的牌子是一种有价值的无形资产，它反映着企业的生产水平、技术水平、管理水平和人员素质。质量是企业的生命，也是企业人的生命。应该像维护个人声誉一样维护企业产品的质量。

2. 员工专业知识与规范操作的培训

员工上岗前就要为他们进行相关知识的培训，进行规范的操作培训，这是关键的一步，让员工一开始就养成良好的习惯。有句话总结得很好：培养一种良好的习惯比纠正一种坏习惯要轻松得多。

告诉员工追求高质量的产品并不是喊口号、贴标语那样简单。必须严格遵循按《作业指导书》进行作业，养成“不将不良品流到下一站”的观念，脚踏实地地把品质做好。让员工知道追求产品的高质量是一个追求卓越的过程，只有通过高品质产品才能推动公司的发展，才能为自己提供一个长期的就业保障。

3. 抓好质量培训考核，提高员工重视程度

有时员工参与的培训不少，但往往培训效果不好，对员工的触动较小，主要原因是员工不重视学习，学习流于形式。这种情况下可以通过培训考核，促使员工集中精力，认真听课，做好笔记，并对考核不合格的员工进行再培训，不合格者进行换岗。通过这种方式，提高员工对待培训的重视程度，加强培训效果。

4. 品质意识灌输是一项长期的培训方式

应该让员工正确认识设立检验工序的根本目的是防止错误，而非寻找错误。如果人人都能实现“零缺点”、“第一次就做好”，就可以不设或少设检验环节了。

要让员工深刻认识到高质量不是检验出来的，而是生产出来的。保证质量不仅是检验部

门的事，不能只用检验来保证产品的质量，那是被动的，消极的，会造成浪费。要进行全过程控制和全员参与质量管理。

让员工领悟质量控制方法中的线、图、表是用来解决具体问题的，不能搞形式主义。如果是“照葫芦画瓢”应付检查或赶时髦，就是自欺欺人。

（三）管理者加强品质意识

“没有不合格的员工，只有不合格的管理者。”这句话说明了管理者意识的重要性。基层管理人员就是生产队伍的指路人，员工就按照管理人员指明的方向前进。如果基层管理人员对一些违规现象视而不见，不制止、不纠正，员工就会逐步淡化品质意识，违规现象就会不断增加。

同时基层管理人员也要树立预防为主的意识，要在员工中强化这种意识，并重视用“一次性交验优等品率”来衡量下属的工作质量。在生产中要非常重视人的因素。不要动辄就把产品质量水平归因于技术水平、设备水平或一些客观条件，要重视人在其中的作用。另外管理者注意不要把质量问题的责任完全推给员工。作为管理者，对质量的高度重视、正确认识、努力的程度都将对员工产生深远影响，而有效和有力度的质量控制更是质量的重要保证。

（四）加大质量考核力度，建立质量激励机制

质量的重要性靠什么来体现？在市场经济时期，也许经济杠杆的作用更具有优势。加大质量考核力度，加大奖罚额度。对于工作质量好的员工，就应该大张旗鼓地奖励；对于工作质量差的员工，理所当然应受到惩罚。如果说，干好干坏没什么差别，或者差距太小，就不能体现质量的重要性，就不能增强员工的重视度。好的意见或建议，都应该给予物质激励和精神激励，这样才能充分调动员工的积极性，真正做到全员参与质量管理，从而进一步提高品质意识。

任何一家企业面对“质量是否非常重要？”这一问题时，答案是肯定的。但是要让品质意识深入人心，质量教育是必不可少的，而且是一项重要的、长期的工作。无论何种情况下，“质量第一”是企业永远坚持的原则。

下面来看一个猴子的故事。

故事 3：有 6 只猴子关在一个实验室里，头顶上挂着一些香蕉，但香蕉都连着一个水龙头，猴子看到香蕉，很开心去拉香蕉，结果被水淋得一塌糊涂，因此 6 只猴子知道香蕉不能碰了。然后再换一只新猴子进去，此时实验室里就有 5 只老猴子一只新猴子，新来的猴子看到香蕉自然很想吃，但 5 只老猴子知道碰香蕉会被水淋，都制止它，过了一些时间，新来的猴子也不再问，也不去碰香蕉。然后再换一只新猴子，就这样，最开始的 6 只猴子被全部换出来，新进去的 6 只猴子也不会去碰香蕉。

实践训练3：讨论这则小故事的感悟。

故事感悟	

这个故事反映的是培训的重要性和无条件执行的制度。

（1）培训的重要性：将好的经验传授给大家，让大家共享，培训好了，可以少犯错误，少走弯路，大家都会向同一个方向努力，也会向正确的方向使力，这样的团队或公司会战无不胜。

（2）制度就是要无条件执行的。因为制度是经验的总结，不遵守制度是要犯错误或受惩罚的。

实践训练4：

（1）如何理解“态度决定一切，思想决定行动”？

（2）正确的品质观念有哪些？

（3）错误的品质观念有哪些？

1.1.2　品质定义

先讨论以下几个问题：

（1）我们进行消费（购物、医疗、旅游、教育等）的时候首先考虑的是什么？

（2）谈谈选择产品或服务的标准有哪些，即产品好坏的标准？

（3）就你的认识，谈谈什么是品质。

讲到品质，就是大家通常说的产品的质量，大家都了解了质量的重要性，也意识到对于制造者而言要提高质量标准，尽量消灭不良品去满足顾客的需求。那么大家就要了解如何来定义品质，这样才能实现对于品质的管控，来真正实现消灭不良品。

一、质量的概念

（一）简单定义

当一位消费者在买一件产品的时候，他要对各方面权衡（货比三家），他会考虑：

（1）产品的质量怎么样？

（2）它的价格是否公平？

（3）供货商的服务是否优良？

（4）这个产品使用起来是否安全？

（5）什么时候能拿到货？

（6）再看看哪些厂家的产品更能满足自己的需求。

从以上可以看出，每个顾客购买产品都是由一定的期望（要求、需求）所决定的，或是产品的功能、性能，或是产品的外观，或是公司的信誉，或是产品价格，或是公司的牌子，或是它的服务。

如果产品在使用过程中达到了人们的这种期望，顾客就会感到满意并认为这种产品的质量好（至少是可以接受的），反之，如果产品在使用过程中没有达到这些期望，人们就会做出产品质量不好的判断。

因此，从消费者角度来考虑，可以将质量简单地定义为：产品（服务）能够满足顾客期望的能力，所以只有那些真正符合顾客要求的产品，就认为是好的产品，好的质量！

实践训练5：看到图1-5，让大家想起了令人熟悉的诺基亚，大家来谈谈对诺基亚的了解，你有什么想法。

NOKIA

图1-5　实践训练5图片

下面来看质量专家对质量的定义：

克劳士比——质量的定义就是符合要求，而不是好；“好、优秀、独特”等术语都是主观的和含糊的。

戴明——质量是一种以最经济的手段制造出市场上最有用的产品；质量无须惊人之举。

朱兰——产品在使用时能够成功满足用户需要的程度。

石川——质量管理就是要最经济、最有效地开发、设计、生产、销售用户最满意的产品和服务。

实践训练6：从以上这些言语中，体现了质量的哪些特性？

（二）标准定义

质量：一组固有特性满足要求的程度。满足要求的程度越高，质量越好。

质量是对程度的一种描述，因此，可使用形容词来表示质量，通常人们用质量好或质量坏来表述产品的质量；用工作完成的好坏来表述工作的质量。

（二）理解要点

1. 质量的广义性

质量不仅指产品质量，也可指过程和体系的质量，涉及多个方面：产品、服务、个人、过程、工作等。

2. 两个术语

特性：可以是固有的或赋予的。

（1）固有特性：就是指在某事或某物中本来就有的，尤其是那种永久的特性，区别于其他事物的性质，也称为质量参数。它是通过产品、过程或体系设计和开发及其之后实现过程形成的属性。固有特性大多是可测量的。例如，梯级的尺寸、继电器的吸合和释放值等技术特性；或是开发一块电源板，输出12V的直流电，12V就属于固有特性。

固有特性还包括物质特性（如机械、电气、化学或生物特性）、感官特性（如用嗅觉、触觉、味觉、视觉等感觉测控的特性）、行为特性（如礼貌、诚实、正直）、时间特性（如准时性、可靠性、可用性）、人体工效特性（如语言或生理特性、人身安全特性）、功能特性（如飞机最快速度）等。

（2）赋予特性：不是固有的，不是某事物中本来就有的，而是完成产品后因不同的要求而对产品所增加的特性。例如，产品的价格、硬件产品的供货时间和运输要求（运输方式）、售后服务要求（保修时间）等特性。

产品的固有特性与赋予特性是相对的，某些产品的赋予特性可能是另一些产品的固有特性。例如，供货时间及运输方式对硬件产品而言，属于赋予特性；但对运输服务而言，就属于固有特性。

要求：是指明示的、通常隐含的或必须履行的需求或期望。

（1）明示的：即规定的要求，一般情况下由文件予以表述。如在文件（合同、标准、法规）中阐明的要求；也可以是口头传达的，如顾客明确提出的要求。

（2）通常隐含的：是指组织、顾客和其他相关方的惯例或一般做法，所考虑的需求或期望是不言而喻的。例如，化妆品对顾客皮肤的保护性，银行的保密服务等。一般情况下，顾客或相关方的文件（如标准）中不会对这类要求给出明确的规定，组织应根据自身产品的用途和特性进行识别，并做出规定。

（3）必须履行的：是指法律、法规要求的或有强制性标准要求的。例如，食品卫生安全法，电子及有关设备的安全要求等，组织在产品的实现过程中必须执行这类标准。

要求可以由不同的相关方提出，不同的相关方对同一产品的要求可能是不相同的。例如，就汽车来说，顾客要求美观、舒适、轻便、省油，但社会要求则是对环境不产生污染。因此组织在确定产品要求时，应兼顾顾客及相关方的要求。

二、质量的内涵

质量的内涵就是真正物美价廉（高性价比），符合消费者需求的产品（服务），才具有好的质量。

（一）质量的特性

经济性：价格，物有所值。

广义性：产品、服务、个人、过程、工作等。

时效性：不断变化，有时代性。

相对性：可比较的，不是绝对的。

满意性：让消费者满意。

（二）质量参数

用一般定义讨论质量问题，比如用好坏、高低来衡量产品质量，会很抽象，不具体。对生产企业来说，为了便于企业内部更好地评价产品质量状况，以便最大限度地满足用户的质量要求，就必须把用户的质量要求具体加以落实，需要一种比较具体、明确、更容易衡量的东西，并定量表示，称为质量参数。把这些参数确定下来就形成了产品的质量标准。

质量参数可分为量化（长度、阻值）、非量化（安全、舒适、美观）参数。例如，客户希望汽车轮胎的寿命要长，反映其寿命长的质量参数就是耐磨度、抗拉和抗压强度。

三、质量定义的演变

随着经济的发展和社会的进步，质量定义在不断演变。

20世纪40年代，人们提出了“符合性质量”概念，它以符合现行标准的程度作为衡量依据，“符合现行标准”就是合格的产品质量，符合的程度反映了产品质量的水平。

20世纪60年代，人们提出了“适用性质量”概念，它以适合顾客需要的程度作为衡量的依据，从使用的角度定义产品质量，认为质量就是产品的“适用性”。朱兰博士认为质量是“产品在使用时能够成功满足用户需要的程度”。从“符合性”到“适用性”，反映了人们在对质量的认识过程中，已经开始把顾客需求放在首要位置。

20世纪80年代，人们提出了“满意性质量”概念，它将质量定义为“一组固有特性满足要求的程度”，它不仅包括符合标准的要求，而且以顾客及其他相关方满意为衡量依据，体现“以顾客为关注焦点”的原则。

20世纪90年代，人们提出了“卓越质量”理念，摩托罗拉、通用电气等世界顶级企业相继推行6Sigma管理，逐步确定了全新的卓越质量理念——超越顾客的期望，使顾客感到惊喜，质量意味着没有缺陷。根据“卓越质量”理念，质量的衡量依据主要有三项：一是体现顾客价值，追求顾客满意和顾客忠诚；二是降低资源成本，减少差错和缺陷；三是为顾客提供卓越的、富有魅力的质量，从而赢得顾客，在竞争中获胜。

四、预防的重要性

俗话说“预防重于治疗”，防患于未然之前，更胜于治乱于已成之后。

有个故事，说有位客人到某人家里做客，看见主人家的灶上烟囱是直的，旁边又有很多木材。客人告诉主人说，烟囱要改成曲的，木材须移去，否则将来可能会有火灾，主人听了没有做任何表示。

不久主人家里果然失火，四周的邻居赶紧跑来救火，最后火被扑灭了，于是主人烹羊宰牛，宴请四邻，以酬谢他们救火的功劳，但是并没有请当初建议他将木材移走，烟囱改曲的人。

有人对主人说："如果当初听了那位先生的话，今天也不用准备宴席，而且没有火灾的损失，现在论功行赏，原先给你建议的人没有被感恩，而救火的人却是座上客，真是很奇怪的事呢！"

主人顿时醒悟，赶紧去邀请当初给予建议的那个客人来吃酒。

从这个故事可看到，当今很多企业都在重蹈覆辙故事主人的错误，他们往往忽视了质量重在预防，不愿意花费少许的钱去提前预防不良的发生，而是在市场告急大批返工产品退回时，花费超过预防成本十倍甚至更多的费用去围堵漏洞。

传统的观念是把重点放在产品完工后的检验，检验是在过程结束后把坏（不好）的从很多产品中挑选出来。检验是在告知已发生的不良现象，这已经太迟，缺陷已经产生，而且检验如果不是100%的产品检验，还会遗漏一些缺陷。因此这种观念要改变，应该认识到预防的重要性，采取一切措施避免不良发生，就像用免疫和其他预防方法治疗疾病一样，防止产生不符合要求而付出过多代价的问题。因此应将企业质量活动的重点不是放在产品完工后的检验上，而是完善按产品服务的系统工作（规范工作），能达到一次完成高质量的工作。

五、质量成本

1. 质量是利润之源

利润是企业生存的基础，为了取得更好的利润，企业通常采用不同的手段，一是扩大营销，增加产能；二是通过合理安排活动降低成本。但是有一种方法通常被忽视，就是通过提高产品质量来提高公司利润。

对于很多公司来说，因质量问题而造成的成本是非常可观的，这种成本包括明确计入的成本和不能明确计入的成本。明确计入的成本包括检验、试验活动，以及废品、返工和投诉等；不能明确计入的成本包括发生在经理、设计人员、采购人员、监督者、销售人员等身上的不明确的或隐含的成本，因质量问题他们不得不耗费大量的时间，如重新计划、同客户磋商、改变设计方案、召开会议等，这些不明确的或隐含的成本很高。这些因质量问题造成的成本就是我们所说的质量成本，而这些客观的质量成本往往被公司忽视。

一般来说，质量成本约相当于销售额的10%～30%，占销售额的10%的较正常，占15%的则较差，占20%及以上的则很差，一些世界著名企业的质量成本一般约占销售额的5%。因此，企业的利润可以用下式表示

利润=销售额−（质量成本+制造成本+管理成本）

由此可见，降低质量成本就能获得巨额利润，因此质量是企业利润之源。另外，提高质量

可以增加产品售价来获取更多利润。盖洛普民意测验公司曾做过一份“顾客愿意为高质量额外多支付多少钱？”的调查，调查结果为：对于汽车人们愿意多支付总价的1/3；对于电视机人们愿意多支付总价的2/3，而对于鞋则愿意多支付一倍的价格。

2. 质量成本的构成

质量成本指的是与质量有关的一切成本的总称，它包括不符合质量要求而造成的人、财物浪费所花的成本，以及为了预防这些浪费发生所花的钱。

质量成本包括预防成本（0～5%）、鉴定成本（10%～20%）、内部损失成本（25%～35%）、外部损失成本（20%～35%）。

（1）预防成本。预防成本是为了保证产品质量的稳定和提高，控制工序质量，减少故障损失而事先采取的预防措施所发生的各项费用。它一般包括下列项目：

① 质量计划工作费。为制订质量政策、目标及质量计划而进行的一系列活动所发生的费用，也包括编写质量手册、体系文件所发生的费用。

② 设计评审费。开发设计新产品在设计过程的各阶段所进行的设计评审及实验、试验所支付的一切费用，也包括产品更新的设计评审活动的费用。

③ 供应商评价费用。供应商评价费用是指为实施供应链管理而对供方进行的评价活动费用。

④ 质量审核费。对质量管理体系、工序质量和对供应单位的质量保证能力进行质量审核所支付的一切费用。

⑤ 顾客调查费用。顾客调查费用是为了掌握顾客的需求所开展的相关调查研究和分析所花费的费用。

⑥ 质量培训费。以达到质量要求或改进产品质量为目的而对企业人员进行的正式培训或临时培训，包括制订培训计划直到实施所发生的一切费用。

⑦ 质量改进措施费。制订和贯彻各项质量改进措施计划，以达到提高产品质量或质量管理水平而进行的活动所发生的一切费用。

⑧ 质量奖及质量管理小组奖。即用于提高质量（包括安全、节能）的奖金。

⑨ 过程控制费用。过程控制费用是为质量控制和改进现有过程能力的研究与分析制造过程（包括供应商的制造工序）所需全部时间的费用支出；为有效实施或执行质量规划而对车间工作人员提供技术指导所需的费用支出；在生产操作过程中自始至终进行控制所支出的费用。

（2）鉴定成本。鉴定成本是用于试验和检验，以评定产品是否符合所规定的质量水平所支付的费用，一般包括以下各项：

① 进货检验费。对购进的原材料、协作件、外购配套件的进厂验收检验费用和驻协作厂的监督检查、协作配套产品的质量审核费用。

② 工序检验费。产品制造过程中对在制品或中间品质量所进行的检验而支付的费用。

③ 成品检验费。对完工产品鉴别是否符合质量要求而进行的检验或试验所发生的费用，包括产品质量审核费用。

④ 试验设备维修费。试验设备、检测工具、计量仪表的日常维护、校准所支付的费用。

⑤ 试验材料及劳务费。破坏性试验所消耗产品成本以及耗用的材料和劳务费用。

（3）内部损失成本。内部损失成本是交货前因产品不能满足质量要求所造成的损失，如返工、复检、报废等，也就是指产品在出厂前由于发生质量缺陷而造成的损失，以及为处理质量事故所发生的费用之和，包括以下各项：

① 废品损失。指因产品（包括外购、外协产品物资）无法修复的缺陷或在经济上不值得修复而报废所造成的损失。

② 返工损失。指为修复不良品而发生的成本费用及为解决普遍性质量缺陷在定额工时以外增加的操作成本。

③ 复检费。指对返工或校正后的产品进行重复检查和试验所发生的费用。

④ 停工损失。指由于各种质量缺陷而引起的设备停工所造成的损失。

⑤ 产量损失。指由于改进质量控制方法使产量降低的损失。

⑥ 质量故障处理费。指由于处理内部故障而发生的费用，它包括抽样检查不合格而进行筛选的费用。

⑦ 质量降级损失。指产品质量达不到原有精度要求因而降低等级所造成的损失，如由一级品降为二级品，使其价值降低。

（4）外部损失成本。外部损失成本是交货后因产品不能满足质量要求所造成的损失，如保修、保换、保退、撤销合同及有关质量的赔偿、诉讼费用等，也就是指产品在用户使用中发现质量缺陷而产生的一切费用和损失总和。它同内部损失成本的区别在于，产品质量问题是发生在发货之后，包括以下各项：

① 索赔费用。指由于产品质量缺陷经用户提出申诉，而进行索赔处理所支付的一切费用。

② 退货损失。指由于产品缺陷，而造成用户退货、换货而支付的一切费用。

③ 保修费用。指在保修期间或根据合同规定对用户提供修理服务的一切费用。

④ 降价损失。指由于产品质量低于标准，经与用户协商同意折价出售的损失和由此所减少的收益。

⑤ 诉讼费用。即因产品质量问题而造成的诉讼费用。

⑥ 返修或挑选费。即产品不合格而退换后返工修理或挑选的人工、材料、复检及有关设备折旧费用。

⑦ 其他。如公司信誉的损失无法用金钱来衡量。

可见，质量成本与每个人都有关，因此每个人都要有成本意识，要意识到：每个人的工作要零缺陷；第一次就把事情做对最经济；每个人都非常清楚地知道自己的工作要求，并且使自己所做的每一件事情都符合要求，就是对降低质量成本在做贡献。

1.2 质量管理体系基础

质量管理体系（Quality Management System，QMS），标准定义为“在质量方面指挥和控制组织的管理体系”，通常包括制定质量方针、目标以及质量策划、质量控制、质量保证和质量改进等活动。实现质量管理的方针目标，有效地开展各项质量管理活动，必须建立相应的管理体系，这个体系就叫质量管理体系。

一、质量管理的发展过程

1. 传统质量管理阶段

这个阶段从开始出现质量管理一直到 19 世纪末资本主义的工厂逐步取代分散经营的家庭手工业作坊为止。

2. 质量检验管理阶段

资产阶级工业革命成功之后，机器工业生产取代了手工作坊式生产，劳动者集中到一个工厂内共同进行批量生产劳动，于是产生了企业管理和质量检验管理。

3. 统计质量管理阶段

我国在工业产品质量检验管理中，一直沿用了苏联 20 世纪 40～60 年代使用的百分比抽样方法，直到 80 年代初，我国贯彻计数抽样检查标准后，才逐步跨入第三个质量管理阶段——统计质量管理阶段。

4. 现代质量管理阶段

20 世纪 60 年代，社会生产力迅速发展，科学技术日新月异，在此阶段质量管理也出现了很多新情况。

二、质量管理体系基础

（1）帮助组织增强顾客满意，是质量管理体系的目的之一。

（2）说明顾客对组织的重要性。

（3）提供持续改进的框架，增加顾客和其他相关方对组织及其所提供产品的满意度。

（4）质量管理体系方法包含了系统地运用八项质量管理原则的内涵。

三、质量管理体系要求说明

质量管理体系是企业内部建立的、为保证产品质量或质量目标所必需的、系统的质量活动。它根据企业特点选用若干体系要素加以组合，加强从设计研制、生产到检验、销售、使用全过程的质量管理活动，并予制度化、标准化，成为企业内部质量工作的要求和活动程序。

四、质量管理体系要求和产品要求的区别和相互关系（见表1–1）

表1-1　质量管理体系要求和产品要求的区别和相互关系

内容	质量管理体系要求	产品要求
含义	1. 为建立质量方针和质量目标并实现这些目标的一组相互关联的或相互作用的要素，是对质量管理体系固有特性提出的要求 2. 质量管理体系的固有特性是体系满足方针和目标的能力，包括体系的协调性、自我完善能力、有效性的效果等	1. 对产品的固有特性所提出的要求，有时也包括与产品有关过程的要求 2. 产品的固有特性主要是指产品物理的、感观的、行为的、时间的、功能的和人体功效方面的有关要求
目的	1. 证实组织有能力稳定地提供满足顾客和法律法规要求的产品 2. 体系有效应用，包括持续改进和预防不合格而增强顾客满意度	验收产品并满足顾客
适用范围	通用的要求，适用于各种类型，不同规模和提供不同产品的组织	特定要求，适用于特定产品
表达形式	GB/T19001质量管理体系要求标准或其他质量管理体系要求或法律法规要求	技术规范、产品标准、合同、协议、法律法规，有时反映在过程标准中
要求的提出	GB/T19001标准	可由顾客规定；可由组织通过预测顾客要求来规定；可由法规规定
相互关系	质量管理体系要求本身不规定产品要求，但它是对产品要求的补充	

五、质量管理原则、质量管理体系基础与标准的层次关系

层次关系及其内涵如图1-6所示。

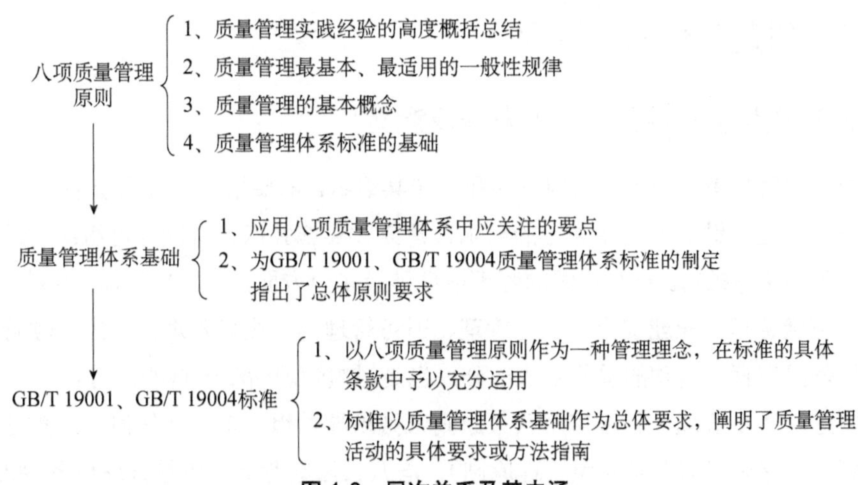

图1-6　层次关系及其内涵

六、八项质量管理原则、质量管理体系基础与GB/T 19001—2008标准主要条款对应关系（见表1-2）

表1-2 八项质量管理原则、质量管理体系基础与GB/T 19001—2008标准主要条款对应关系表

八项质量管理原则	质量管理体系基础	GB/T19001：2008 标准主要条款
以顾客为关注焦点	质量管理体系理论说明质量方针 和质量目标	1.1、5.2、5.4.1、7.1、7.2.1、 7.2.3、7.3、7.5、8.2.1、8.4、8.5
领导作用	最高管理者在质量管理体系中的作用	5.1、5.3、5.4、5.5、5.6、6.2.2等
全员参与	最高管理者在质量管理体系中的作用	5.5.1、6.2、8.2.2等
过程方法	过程方法（给出了质量管理体系模式）	0.2、4、5、6、7、8等
管理的系统方法	质量管理体系方法（给出了建立和 实施质量管理体系的方法步骤） 质量管理体系理论说明 质量管理体系评价	0.1、4.1、7.1等
持续改进	持续改进（给出了原则、方法和步骤） 质量方针和质量目标	4.1、5.1、5.3、5.4、6.1、6.2.2、 7.1、7.3.1、7.5、8.1、8.2、 8.4、8.5等
基于事实的决策方法	统计技术的作用 质量管理体系评价	4.2.4、5.3、5.4 6.1、6.2.2 7.1、 7.3.1、7.5 8.1、8.2、8.4、8.5等
互利的供方关系	质量管理体系评价	7.4.1、7.4.2、7.4.3、8.4等
	质量管理体系要求与产品要求	0.1等
	文件	4.2等
	质量管理体系和其他管理体系的关注点	0.4等
	质量管理体系与优秀模式之间的关系	

1.2.1 质量管理八大原则

一、八项质量管理原则产生的背景及意义

一个组织的管理者，若要成功地领导和运作其组织，需要采用一种系统的、透明的方式，对其组织进行管理。针对所有相关方的需求，建立、实施并保护持续改进组织业绩的管理体系，可以使组织获得成功。一个组织的管理活动涉及多个方面，如质量管理、营销管理、人力资源管理、环境管理、职业安全与卫生管理、财务管理等。质量管理是组织各项管理的内容之一，而且是组织管理活动的重要组成部分，也是组织管理活动的核心内容。

组织要进行质量管理，就应该用八大原则来做指导思想，不能让任何一个管理项目或管理要求脱离八大原则（即八项质量管理原则），与八大原则背离。质量管理体系9000族标准的每一条文都是基于原则而制定的，要理解族标准的条文内容，首先应理解和掌握这八大原

则。否则，对新标准条文的内容可能形式上把握住了，却未必把握其实质内容。八项质量管理原则是在总结质量管理实践经验的基础上，所表达质量管理最基本、最通用的一般性规律，是质量管理的理论基础，是贯穿标准中的一条主线。

二、八项质量管理原则

八项质量管理原则为：以顾客为关注焦点、领导作用、全员参与、过程方法、管理的系统方法、持续改进、基于事实的决策方法、互利的供方关系。

三、质量管理原则的理解

1. 以顾客为关注焦点

组织依存于顾客。因此，组织应当理解顾客当前和未来的需求，满足顾客要求并争取超越顾客期望。下面来看一个《老太太买枣子的故事》。

故事 1：一个老太太去卖水果的地方，从一家走到另一家，结果都没有买到想要的东西。原来当老太太说要买枣子时，销售人员会立即跟她说我们的枣子是山东的，或者是北京的，或者是河北的，说这个枣子非常好，又脆又香又甜。但是这个老太太都摇头，都不买。

这个时候，有一位小伙子问：“阿姨，你到底需要什么样的枣子？”这个时候阿姨就说，因为她的儿媳妇怀孕了，想要的不是甜枣，而是酸枣。

于是这位小伙子就明白了，跟她说：“我们有一种酸枣，你可以买一点尝一下，但我们还有一个非常好的产品，营养好，略带酸味，那就是猕猴桃，有澳洲和新西兰的。”

于是老太太非常高兴，就买了猕猴桃和枣子回家。第二天，这个老太太又来买猕猴桃了，因为她的儿媳妇告诉她，猕猴桃比枣子更好吃。

实践训练 7：这则小故事的感悟。

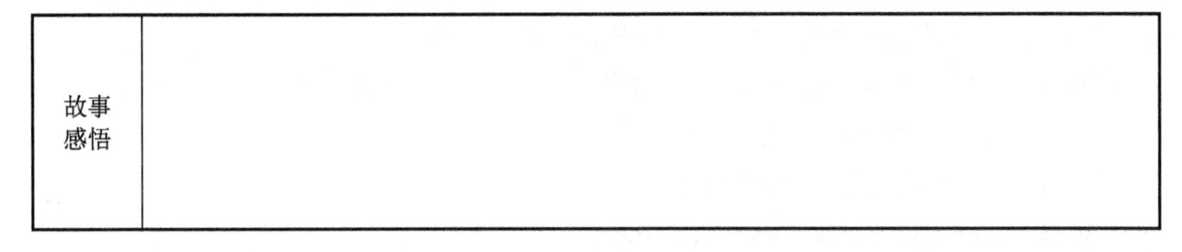

故事 感悟	

（1）如何理解“顾客”。顾客是接收产品的组织或个人，例如，消费者、委托人、最终使用者、零售商、受益者和采购方。对顾客的理解应是广义的，不能仅仅理解为产品的“买主”。例如，设计和生产汽车时，如果只考虑驾驶员这一直接顾客，而不考虑乘客这一最终使用者，汽车很可能出现质量问题。又例如，在生产过程中，不考虑“下一道过程”的“顾客”，就可能给“下一道过程”增加很多麻烦，造成管理纠纷，影响工作效率。可见，顾客不仅存在于组织外部，也存在于组织内部。

（2）组织与顾客的关系。顾客与供方密切相关，供方是提供产品的组织或个人，例如，制造商、批发商、产品零售商或商贩、服务或信息的提供方。没有供方，就没有顾客；反之，没有顾客，供方也难以存在。一个组织不能没有顾客，没有顾客的组织就不可能生存。因此，组织是依存于顾客的。在市场经济条件下，这是组织和顾客之间最基本的关系。组织的产品只有被顾客认可了、购买了，组织才能生存下去；而组织又不可能强迫顾客认可和购买，这样就决定了组织应“以顾客为关注焦点”，用优质的产品吸引顾客。

（3）顾客的需求。“以顾客为关注焦点”，本质是以顾客的需求为关注焦点。组织“以顾客为关注焦点”就是通过自己的产品去满足顾客的要求并努力超越顾客的期望。顾客的要求是顾客需求的反映，包括明示的（明确表达的）、通常隐含的（虽然没有提出，但可以理解，双方有默契的）和应履行的（例如法律、法规规定的）。

“顾客的期望”往往高于顾客的要求。达到“顾客的要求”，顾客可能便认可了。如果满足了“顾客的期望”，顾客可能就大大提高了满意程度。如果超越了“顾客的期望”，顾客可能“喜出望外”。组织“以顾客为关注焦点”最鲜明的表现，就是努力超越顾客的期望。

看一个雪花饼屋的案例：贾新的孩子 5 岁了，胆子较小，从来没离开过大人的身边，贾新一直为培养孩子的独立能力而发愁。有一天晚上，孩子突然提出要吃肉松包，贾新心里一动，爽快地答应了孩子，但有一个条件，就是孩子必须独自去住宅小区门口的雪花饼屋买。孩子经过一番犹豫，还是拿着贾新给的 5 元钱走了。当然，孩子第一次出门，贾新不会大意，悄悄地跟在孩子的后面，一直看着孩子走进了雪花饼屋。过了一会，孩子一手拿着面包，一手拉着饼屋店员的手走了出来，贾新觉得奇怪，便沉住气继续观察。饼屋店员一直将小孩带到贾新家的楼梯口。这时，贾新已完全知道是怎么回事了，连忙道谢。经了解，原来该饼屋有规定：如有小童单独光顾饼屋的，员工必须将小童安全送回家。此事令贾新感慨不已，他也因此成了雪花饼屋的忠诚顾客。

从这个案例中可以看到，雪花饼屋的规定实际上是关注到顾客对小童安全的潜在要求，它的实施能够超越顾客的期望，给顾客带来意想不到的惊喜。

随着社会的发展和科技的进入，顾客对产品的需求已呈现五大趋势：

① 从数量型需求向质量型需求转变。

② 从低层次需求向高层次需求转变。

③ 从满足物质需求向满足精神需求转变。

④ 从统一化需求向个性化需求转变。

⑤ 从只考虑满足自身需求向既考虑满足自身又考虑满足社会和子孙后代需求转变。

（4）顾客对组织的回报。组织“以顾客为关注焦点”，最终会得到顾客的回报，这种回报表现在：

① 认可组织的产品及产品质量。

② 购买组织的产品。

③ 为组织无偿进行宣传。

④ 与组织建立稳固的合作关系。

⑤ 支持组织开展的有关活动。

自觉地“以顾客为关注焦点”，是组织立于不败之地的最根本的指导思想。

2. 领导作用

案例：1997年成立的老干妈至今有20多年的发展史，老干妈创始人陶华碧也成为自我代言最成功的企业家，老干妈品牌与创始人本身更是融为一体。陶华碧通过她能吃苦，不服输，要做就做第一的做事精神把大家凝聚到一起，让大家朝着一个方向、一个目标共同努力，陶华碧是老干妈企业的灵魂，老干妈的成名不止于辣酱（产品）本身，更在于陶华碧的个人魅力（见图1-7）。

图1-7　老干妈

当然，领导不仅仅是“最高管理者”。领导是具有一定权力、负责指挥和控制组织或下属的人员。在质量管理体系中，领导人员具有最重要的地位。领导人员应确保组织的目的和方向的一致。他们应当创造并保持良好的内部环境，使员工能充分参与实现组织目标的活动。

领导作用的理解要点如下。

（1）战略面——确保方向、目标一致。

① 领导是质量方针的制定者。如果领导未能解决对质量的认识问题，没有坚定的质量信念，在制定质量方针时未能真正“以顾客为关注焦点”，那么，即使质量方针中有诸如“质量第一”之类的语言，也难以起到作用。

② 领导是质量活动和任务的分配者。组织的质量职能活动和质量任务未分配下去，就不可能有人去做、去完成，质量方针也就不可能落实。如果分配质量职能活动和质量任务不恰当，也会造成职责不明确，协调不好，就会使质量职能和质量任务完不成。

③ 领导是资源的分配者。质量管理体系要建立和运行，都应有必要的资源和相关条件，如人员、设施、工作环境、信息、供方和合作关系、自然资源以及财务资源等。资源投入不足或资源本身质量欠佳，都难以使质量管理体系取得预期的效果。领导在此负有重要职责。

④ 领导是关键时刻的决策者。组织的质量管理体系在运行中，难免不发生种种矛盾和分歧，例如，发生质量与数量、进度的分歧时，往往需要领导决策。如果领导不按既定的质量方针处理，牺牲质量以求数量或进度，很可能造成严重后果。不仅如此，上行下效，员工一次次违例，很可能一发而不可收。

（2）管理面——营造环境、实现参与。

创造全员参与实现组织目标的环境。这里的“环境”，不是指自然环境，也不仅仅是指一般的工作环境，而是指人文环境，是组织内部的情况和条件，是心理学和社会学的规定。组织不论大小，都是一个群体，一个社区。员工在组织中的行为是受群体心理制约的，是受社区环境影响的。一个没有良好的质量风气的组织，质量管理体系要正常运行是不可能的。良好质量风气的形成，固然离不开整个社会的质量风气状况，但最重要的还是组织领导的责任，包括领导的模范带头作用。以下5条就是全员参与的环境条件：

① 带头参与。

② 激励员工参与。

③ 扫除员工参与的各种障碍，包括组织障碍和思想障碍。

④ 给员工参与创造条件。

⑤ 对员工参与后做出成绩给予评价和奖励。

3. 全员参与

“企”字由“人”和“止”构成，如果一个企业没有人，则这个企业也就没有了（如图1-8所示）。

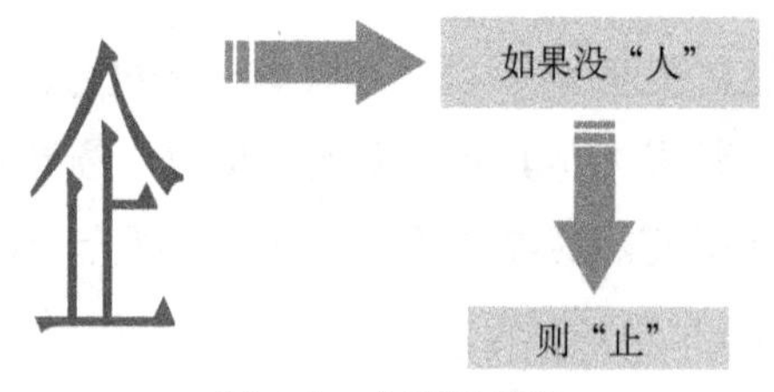

图1-8 企字的结构

产品质量是组织中各个环节、各个部门全部工作的综合反映。任何一个环节、任何一个人的工作质量都会不同程度地、直接或间接地影响产品质量。因此，应把所有人员的积极性和创造性都充分地调动起来，不断提高人的素质，人人关心产品质量，人人做好本职工作，全体参与质量管理。经过全体人员的共同努力，才能生产出令顾客满意的产品。

品质管理的最大瓶颈在于“人”的管理，要从以下两点思考：

- 如何让每个人充分了解自己工作的目标与权责；
- 如何营造出共同追求顾客满意与持续改善的环境。

为了使员工充分参与，组织至少应当做好下面的工作：

（1）正确对待所有的员工，注重人文关怀。体现“以人为本”的宗旨，应把员工视为企业的最宝贵的财富和最重要的资源。让员工对企业有归属感，而不是站在对立面。

（2）确定员工参与的层次。区分不同职责的员工所参与的活动、参与的方式和内容，此举并不是在员工中搞等级，而是岗位的不同，并没有贵贱之分。

（3）开通员工参与的沟通渠道。一方面让员工能够将自己的意见或建议及时向有关领导或管理人员反映，另一方面应及时地将处理结果下达，做到上传和下达均畅通无阻。必要时，企业应公开征求员工的意见和建议。

（4）提供给员工参与的机会。尽可能多地设置一些诸如质量改进课题、预防和纠正课题、消除不合格课题、QC 小组等，让更多的员工参与进来，也可召开相应的主题会议，吸引员工参加。

（5）开展多样性的质量活动。开展质量预先控制活动、自检活动、互检活动、中间性抽查活动、监督活动、质量改进活动等，内部审核时也可吸收员工代表参与。

（6）进行有针对性的培训。培训可以增强员工的质量意识，提高他们的参与能力，促使他们自觉地参与组织的各项管理活动。

（7）积极执行激励机制。必须建立和执行激励机制，建立了制度若不执行，则形同虚设，员工不满意。对在质量工作中成绩突出的员工或团队，要给予积极的奖励（包括物质奖励和精神奖励），激发更多的员工参与质量工作行列中。

（8）要有长远的目标。质量工作不是一朝一夕便可完成的，而是每时每刻、点点滴滴地日积月累堆积起来的。目标可分阶段性、季度性、年度性，甚至是更长的目标，一经定下的目标，就要动员一切可动用的资源向前推进。

事实上，无论一个组织采取多么严厉的措施，如果员工消极怠工难免不造成质量事故，使组织遭受不应有的损失。只有员工本身有着强烈的参与意识，发挥自己的才能，尽职尽责，组织才会获得最大收益。而组织应将员工的个人发展需求与组织的愿望统一起来，为个人创造机会，实现价值。

4. 过程方法

想要理解过程方法，首先应理解过程。过程是理解过程方法的基础。过程是一组将输入转化为输出的相互关联或相互作用的活动。产品是“过程的结果”，程序是“为进行某项活动或构成所规定的途径”，任何将所接收的输入转化为输出的活动都可视为过程。过程可以用图 1-9 表示。

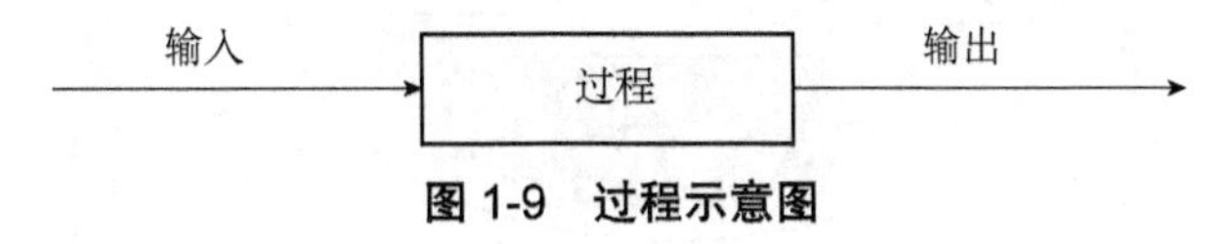

图 1-9　过程示意图

输入和输出的是产品，过程（活动）需要使用资源。资源可以包括人员、设施、工作环境和信息等。过程有大有小，大过程中包含若干个小过程，若干个小过程组成一个大过程，这个大过程又可能是另一个更大过程的组成部分。对不同员工来说，构成是不同的。如工人的过程可能只是装一颗螺钉，部门主管的过程可能是整个生产过程，公司经理的过程则是从资本输入到资本输出的过程。

过程具有分合性。任何一个过程，都可以分为若干个更小的过程；而若干个性质相似的过程，又可以组成一个大过程。通常，一个过程的输出会直接成为下一个过程的输入，形成过程链，如图 1-10 所示。

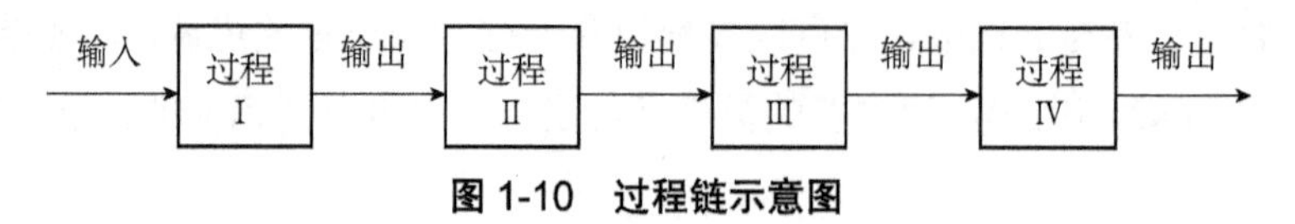

图 1-10 过程链示意图

事实上，组织的所有过程通常不是一个简单地按顺序排列的结构，是一个相当复杂的过程网络。过程方法实际上是对过程网络的一种管理办法，它要求组织系统地识别并管理所采用的过程以及过程的相互作用。

案例：某顾客 A 到邮局办事，他同时要办理汇款、寄包裹和邮政储蓄业务。邮局有 3 个窗口，分别办理汇兑、寄包裹和储蓄。顾客 A 到邮局后，需要跑 3 个窗口办理 3 件事情，如果运气不好他就需要排 3 次队。对于这个办事过程顾客 A 觉得不满意，太浪费时间了。

从这个案例中可以看到，这个过程不合理，首先每个窗口只办自己的事，浪费人力；其次每个窗口独立核算，浪费资源；再次每个窗口都要与顾客 A 把钱算清，浪费时间。

如果邮局将原来的传统作业模式打破，3 个窗口不各自为政，内部既合作又分工，顾客只需到任何一个窗口就能办理所有业务。那么，顾客就会满意，而邮局也减少了无谓的劳动，节约了大量资源，提高了效率。

这就体现了质量管理原则中过程方法的重要性。过程方法是将活动和相关资源作为过程进行管理，可以更高效地得到期望的结果。过程方法模型，如图 1-11 所示，是品管活动开展的理论依据和实施原则。

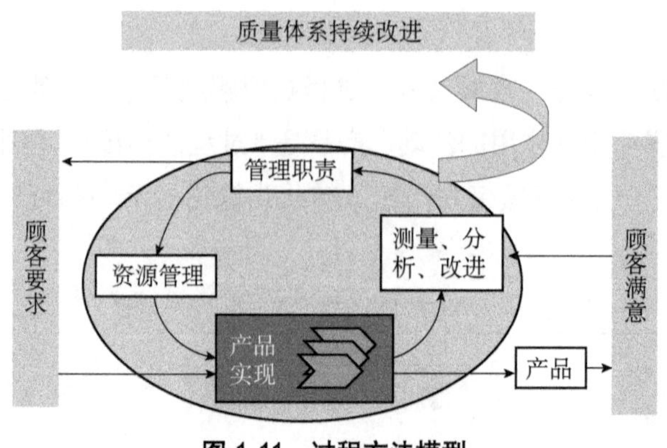

图 1-11 过程方法模型

（1）顾客和其他相关方的要求是组织整个过程的输入。没有这种输入或组织在确定输入时对他们的要求识别错误，就会使组织的过程失去意义或出现大问题。因此，识别这种输入对组织来说至关重要。

（2）组织的输出是产品，产品的接受者是顾客和其他相关方。组织应对顾客和相关方的满意程度进行监视，以便评价和确认他们的要求是否得到满足。如果满足不够，则应进行改进。

（3）组织内部四大“板块”过程。“管理职责”从顾客和其他相关方那里获得“需求和期望”，根据这些“需求和期望”制订质量方针，确定质量目标，进行质量策划，奖励组织机构，明确职责权限。“管理职责”的输出是“资源管理”，包括人员、设施、工作环境、信息和财务等。“资源管理”的输出是“产品实现”，各种资源经过相互作用形成产品，产品一方面输出到顾客和其他相关方，另一方面又输出到“测量、分析和改进”。通过“测量、分析和改进”的输出，“管理职责”又通过“管理评审”改进自己的过程。这样，质量管理体系就能获得持续改进。

（4）组织的所有员工、所有过程都能在这个模式图中得到反映，找到自己的位置。只有理解了过程方法模型，才能真正理解过程方法，并自觉运用这种方法去进行质量管理。

（5）如果一个过程输出的产品能满足顾客的要求了，但是本身这个过程并不是最合理、最优化的，那么这个过程本身就会浪费资源，给组织带来损耗。从这个意义上讲，我们给过程一个关键要求，就是过程必须考虑增值。

5. 管理的系统方法

质量管理是一种有系统的方法，用以确保所有组织的活动都按照原先的计划进行。正确理解“管理的系统方法”这一原则能帮助组织很好地开展质量管理活动。

先来看一段对话：

张先生：陈经理，请解释一下贵公司是如何实施有效的系统管理的？

陈经理：我们先了解各项标准及相互关系，再依据作业规定，拟定系统管理模式。

张先生：是否制订了品质目标及行动方案？

陈经理：目标是有的，但方案未确定。

张先生：那贵公司是如何有效监控目标和执行状况的呢？

陈经理：每个月开会检讨一次。

张先生：你们检讨目标是否达成？

陈经理：主管报告执行状况，不断检讨改善。

这段对话主要是张先生想了解陈经理的公司有没有系统的管理方法，以及保证品质目标达成的有效监控措施。

管理的系统方法，就是将相互关联的过程作为体系来对待、理解和管理，有助于组织提高实现目标的有效性和效率。在质量管理中采用系统方法，就是要把质量管理体系作为一个大系统，对组织质量管理体系的各个过程加以识别、理解和管理，以达到实现质量方针和质量目标。当把质量管理作为一个大系统来管理，就要有系统方法，应该按步骤方法来实现，具体如图 1-12 所示。

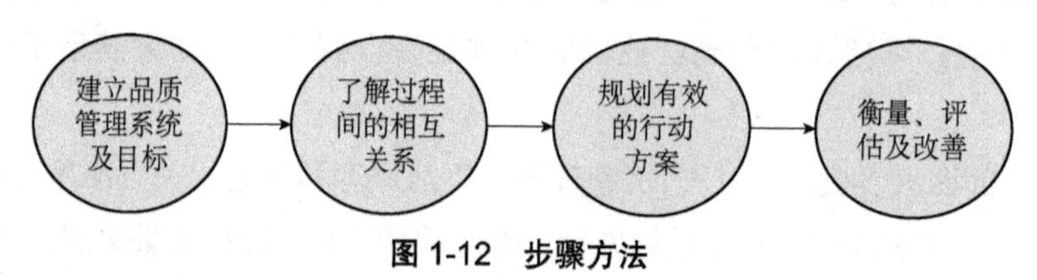

图 1-12 步骤方法

第一步，建立品质管理系统及目标。

任何的组织必须有追求，即设立目标，设定质量方针和目标。目标有赖于组织同仁的支持和努力，所以必须把目标分解到部门，甚至个人。

第二步，了解过程间的相互关系。

这个阶段需要把目标的含义、统计方法公布，广泛宣传，使各阶层的人员理解，并为之努力，同时要定出目标的完成期限。

第三步，规划有效的行动方案。

在这个阶段要制订达成目标的可行的措施，并予以实施。设定目标的统计和检讨频率，并做定期统计和检讨。

第四步，衡量、评估及改善。

在这个阶段通过目标的检讨，寻找差距，制订新措施，再实施，再检讨，直至达成目标。当达成目标后，把实施的措施文件化，然后再定更高的目标，更上一层楼。

系统管理就是结合企业组织的各项资源，依据品质系统要求，共同完成既定政策及目标，而要达到此目的，需借助领导统御及全员参与的配合，并借由系统管理的有效实践，让人人认同团队目标，人人明了自己与他人的职责，用心管理各项资源，贯彻行动方案，实现目标。要将任何一件事或任何一个要素，都看作是一个系统的组成部分。没有系统思想，就无法使组织的质量管理体系建立起来并有效运行。

6. 持续改进

持续改进是组织永恒的目标，任何时候都具有重要意义。特别是在当今世界上，质量改进更是组织生命力所在，不能荒废。改进是提高产品质量、过程及体系的有效性和效率的活动。持续改进是渐进的并且是持续地寻求进一步改善的循环活动。企业质量管理需要制定持续改进制度，采取有效的改进、纠正和预防措施，实现质量管理的持续改进，提高企业质量管理水平。

持续改进的方法称为 PDCA 循环，也叫戴明环，如图 1-13 所示。

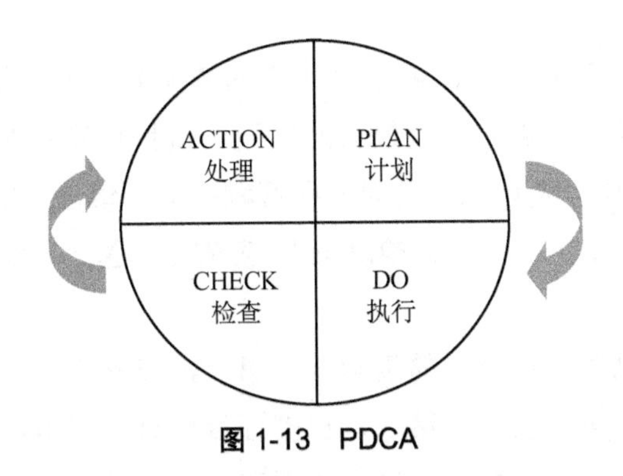

图 1-13　PDCA

P——PLAN（计划）：就是根据顾客的要求和组织的方针，建立提供结果必要的目标和过程。

D——DO（执行）：就是实施过程。

C——CHECK（检查）：就是根据方针、目标和产品要求，对过程和产品进行监视和测量，并报告结果。

A——ACTION（处理）：采取措施，以持续改进过程业绩。

PDCA 是一个循环封闭的过程，共分四个阶段，大环套小环，环环相扣，每循环一次进步一次，如图 1-14 所示。

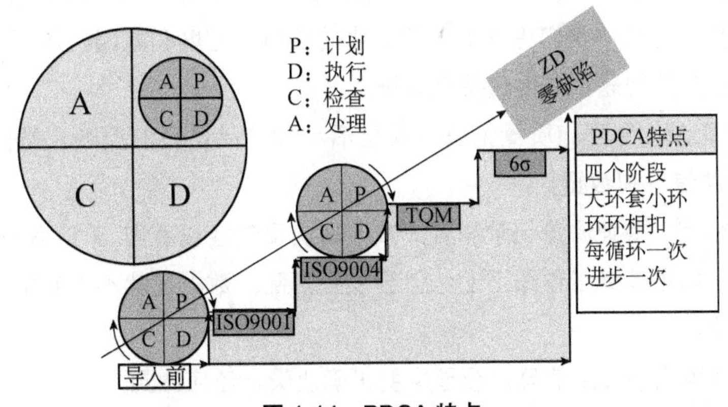

图 1-14　PDCA 特点

任何一个系统在运行中都会产生各种各样的问题，若不及时解决，就会使该系统日趋混乱，最终导致衰亡。只有通过持续改进的方法才能解决产生的问题。持续改进是一种纠正、预防措施。经济的全球化使我们在任何地方、任何时候都能感受到竞争的激烈，逆水行舟不进则退，迫使我们对产品进行改进。持续改进就是精益求精，持续改进，永不停息。

7. 基于事实的决策方法

案例：20 世纪 80 年代，曾有报道山西某钢铁公司决策失误所造成的巨大损失。该公司自 1958 年建立以来，经济效益一直不佳。到 1981 年，该公司的领导看见我国钢铁市场上带钢走俏，在未对带钢产品的销售前景做科学预测，也不顾本公司的人力物力和财力匮乏的情况下，盲目将轧钢厂的中板车间改产带钢，向国家贷款 890 万元安装新设备。经过两年的改进，1984

年开始试产。试产中遇到了许多问题，在百般无奈的情况下，1985年带钢停产。

从该案例中可知，决策失误是企业最大的风险，而且是致命性的。有研究表明，世界每1000家倒闭的大企业中，就有85%是因为经营者决策不慎造成的。对于一个企业，决策就是企业发展的方向，肯定不能“拍脑袋决策”，应依据“基于事实的决策方法”这一原则来实现。

有效决策建立在数据和信息分析的基础上。第一，在有关的数据和信息基础之上建立的决策是比较现实的，也可以实现；第二，在制订目标时，利用可比较的数据和信息可以制订出现实而又富有挑战性的目标，所以，数据和信息分析是“基于事实的决策方法”的基础。如果对质量问题不经数据和信息分析，就妄下结论和决策，犹如医生不经“望、闻、问、切”或未经医学检查，就盲目开出处方，结果往往南辕北辙，只有通过数据和信息分析，才能“对症下药”而“药到病除”。想要做到用事实和数据说话，在管理中就应当做好如下几点。

① 加强信息管理。信息是基础资源。信息对以事实为依据做出决策是必不可少的。组织要对信息进行有效管理，充分利用，以满足组织管理和决策的需要。

② 灵活运用统计技术。统计技术可以帮助测量、表述、分析和说明组织管理的业绩和产品质量发生的变化，能够使我们更好地理解变化的性质、程度和原因，从而有助于解决甚至防止由质量变化引起的问题，并促进持续改进。

③ 加强质量记录的管理。质量记录是质量活动和产品质量的反映，是信息和数据的来源，并为决策提供信息和数据。

④ 加强计量工作。要使质量记录和有关数据真实反映客观事实，就应有科学的测量方法。对产品进行测量，如果计量工作跟不上，就会发生混乱，数据也就不真实了。不真实的数据比没有数据更可怕。

有了反映客观事实的数据信息，领导层要正确决策，还应做到：

- 不要迷信自己的感受、经验和能力。
- 要有适当的信息和数据来源。
- 对收集来的数据和信息应持正确的态度。
- 对数据和信息进行分析。
- 要有正确的决策方法。
- 对决策进行评价并进行必要的修正。

质量管理以事实为依据，通过对信息和数据进行分析，确定产品、过程的变异性，为持续改进的决策提供依据。如果质量管理不遵循“基于事实的决策方法”原则，就会将质量资源浪费在不知是否正确的质量活动上，必然延误质量问题的处理，造成成本的额外增加，质量管理效率自然就低下。

8. 互利的供方关系

当今全球化和网络化时代，企业如果缺乏双赢理念，就会导致合作成效低，企业缺乏核心竞争力，所以必须构建与合作伙伴互利双赢的合作关系，通过合作创造更大的整体价值，实现经济的可持续发展。

案例："宝玛模式"，一个从竞争走向竞合的优秀案例。宝洁，全球最大的日用品制造企业；沃尔玛，全球最大的商业零售企业。1962 年至 1978 年期间，宝洁和沃尔玛都企图主导供应链，实现自身利益最大化。双方的强硬态度导致交流障碍，并且关系恶化，结果导致双方利益都在交战中受到了重创。1987 年 7 月，宝洁公司副总经理 Lou Pritchett 决定改变双方尴尬境地，通过朋友的关系与沃尔玛的老板 Sam Walton 进行会晤。双方达成了意向性的合作框架，形成了一致的企业未来发展的设想，这次会晤为宝洁和沃尔玛缓解旧的恶劣关系、开创新的合作关系揭开了序幕。之后，宝洁和沃尔玛开始了新合作关系的历程。"宝洁-沃尔玛模式"（简称宝玛模式）大大降低了整条供应链的运营成本，提高了对顾客需求的反应速度，更好地保持了顾客的忠诚度，为双方带来了丰厚的回报。"宝玛模式"也成为了其他厂商效仿的样板。

每个组织都有其供方或合作伙伴。供方或合作伙伴所提供的材料、零部件或服务对组织的最终产品有着重要的影响。在这个相互关系中，组织与供方相互依存，互利的关系可增强双方创造价值的能力。

互利的关系使组织获益体现在：

- 与供方的合作关系可以增强对市场的变化联合做出灵活和快速的反应。
- 与供方建立合作关系可以降低成本，使资源的配置达到最优化。
- 与供方的合作关系可以增强供需双方创造价值的能力。

建立互利关系的基本要求有以下几点。

（1）选择数量合适的供方。组织的供方数量要合适，不可太多，也不可太少。实际情况是，同一种"采购产品"的供方，至少应有两个供方。两个供方相互竞争，会使合作也成为供方的愿望。但供方不要太多，同一种"采购产品"的供方过多，将给组织增加管理难度和管理成本。

（2）进行双向沟通。组织和供方之间要建立适当的沟通渠道，及时沟通，从而促进问题的迅速解决，避免因延误或争议造成费用的损失。

（3）与供方合作，确认其过程能力。组织可以通过第三方审核的方式，对供方的质量体系进行考察和确认。当然，评价其质量表现、对其提供的样品进行确认性检验等方式也是可行的，要针对具体情况来确定采取何种方法。

（4）对供方提供的产品进行监视。与供方合作并不是对其提供的"采购产品"放任不管，同样应当进行监视。监视的方式有多种，例如，驻厂检验、进货检验等。

（5）鼓励供方实施持续的质量改进并参与联合改进。持续的质量改进可以提高供方的业绩，使供方获益，从而也使组织获益。为此，组织还可以制订联合改进计划，与供方一起进行改进，在改进中增加双方的理解和友谊，并共享知识。

（6）邀请供方参与组织的设计和开发活动。不断创新、不断设计和开发新产品，是组织活力之所在。邀请供方参与这一活动，对供方来说获得了继续经营的机会，并能共享组织的知识；对组织来说，可以降低设计和开发的风险以及费用，获得更好的“采购产品”的设计。

（7）共同确定发展战略。与供方合作，共同确定发展战略，可以减少双方的风险，获得更大的发展机会。

（8）对供方获得的成果进行评价和奖励。这种承认和奖励对供方是一个鼓舞，可以促使他们更加努力。而供方努力的结果，组织可以充分享受。

1.2.2 ISO 9000族标准

一、什么是ISO 9000族标准

1. 概念

ISO 9000族是国际标准化组织（ISO）在1994年提出的概念，是指“由ISO/TC 176（国际标准化组织质量管理和质量保证技术委员会）制定的所有国际标准”。

2. 作用和特点

可帮助组织实施并有效运行质量管理体系，是质量管理体系通用的要求或指南。它不受具体的行业或经济部门的限制，可广泛使用于各种类型和规模组织，在国内和国际贸易中促进相互理解和信任。

3. 实施ISO 9000族标准的意义

ISO 9000族标准是世界上许多经济发达国家质量管理实践经验的科学总结，具有通用性和指导性。实施ISO 9000族标准，可以促进组织质量管理体系的改进和完善，对促进国际经济贸易活动、消除贸易技术壁垒、提高组织的管理水平都能起到良好的作用。概括起来，它主要有以下几个方面的作用和意义：

① 实施ISO 9000族标准有利于提高产品质量，保护消费者利益。

② 为提高组织的运作能力提供了有效的方法。

③ 有利于增进国际贸易，消除技术壁垒。

④ 有利于组织的持续改进和持续满足顾客的需求与期望。

4. ISO 9000族标准在中国

1987年3月ISO 9000系列标准正式发布以后，我国在原国家标准局的部署下组建了“全国质量保证标准化特别工作组”。1988年12月，我国正式发布了等效采用ISO 9000标准

的 GB/T 10300《质量管理和质量保证》系列国家标准，并于 1989 年 8 月 1 日起在全国实施。

国家质量技术监督局已将 2008 版 ISO 9000 族标准等同采用为中国的国家标准，其标准编号及与 ISO 标准的对应关系分别为：

- GB/T 19000—2008（ISO 9000：2005，IDT）《质量管理体系 基础和术语》。
- GB/T 19001—2008（ISO 9001：2008，IDT）《质量管理体系 要求》。
- GB/T 19004—2000（ISO 9004：2000，IDT）《质量管理体系 业绩改进指南》。
- GB/T 19011—2003（ISO 19011：2002，IDT）《质量和（或）环境管理体系审核指南》。

二、ISO 9000 族标准的产生和发展

1. ISO 9000 族标准的产生

国际标准化组织（ISO）在 1979 年成立 ISO/TC 176（国际标准化组织质量管理和质量保证技术委员会）负责制定质量管理和质量保证标准。

1986 年发布：

ISO 8402 《质量 术语》

1987 年发布：

ISO 9000 《质量管理和质量保证标准 选择和使用指南》

ISO 9001 《质量体系—设计开发、生产、安装盒服务的质量保证模式》

ISO 9002 《质量体系 生产、安装和服务的质量保证模式》

ISO 9003 《质量体系 最终检验和实验的质量保证模式》

ISO 9004 《质量管理和质量体系要素指南》

2. ISO 9000 族标准的修订和发展

为使 1987 版标准更加协调和完善，ISO/TC 176 于 1990 年对 1987 版 ISO 9000 族标准进行了修订，此次修订只是局部修订，总体结构和思路保持不变，并于 1994 年发布 ISO 8402、ISO 9000-1、ISO 9001、ISO9002、ISO 9003、ISO 9004-1 等 6 项标准。

3. 2000 版 ISO 9000 族标准

2000 年 12 月 15 日正式发布 2000 版 ISO 9000 族标准，四个核心标准为：

- GB/T 19000—2000 idt ISO 9000：2000《质量管理体系 基础和术语》。
- GB/T 19001—2000 idt ISO 9001：2000《质量管理体系 要求》。
- GB/T 19004—2000 idt ISO 9004：2000《质量管理体系 业绩改进指南》。
- GB/T 19011—2003 idt ISO 19011：2002《质量和（或）环境管理体系审核指南》。

新版标准总结了质量管理实践经验并融合国际质量宗师的质量管理的经营理念和质量改进的方法以及质量管理理念。

4. 2008版ISO 9000族标准修订

ISO 9001保持并提高了与ISO 14001的相容性，与ISO 9004的协调一致，四个核心标准为：

- ISO 9000：2005《质量管理体系 基础和术语》。
- ISO 9001：2008《质量管理体系 要求》。
- ISO 9004：2000《质量管理体系 业绩改进指南》。
- ISO 19011：2002《质量和（或）环境管理体系审核指南》。

5. 2015新版ISO 9001质量管理体系

2015年9月23日，ISO 9001:2015发布，标志着全球质量管理一个新的时代已经到来。负责标准修订工作的ISO/TC176工作委员会主席Dr.Nigel表示，ISO 9001新版为未来25年的质量管理标准做好了准备。

2015版ISO 9001更关注服务行业发展，语言描述更贴近服务行业，这是ISO 9001的一大进步，未来10年，更多服务行业推行ISO 9001将成为趋势。

2015新版管理体系标准与ISO 9001:2008相比，是由表1-3中的10个条款构成的。

表1-3 ISO 9001:2015与ISO 9001:2008条款之比较

条款	ISO 9001:2015	ISO 9001:2008
1	范围	范围
2	规范性引用文件	规范性引用文件
3	术语和定义	术语和定义
4	组织环境	质量管理体系
5	领导力	管理职责
6	策划	
7	支持	资源管理
8	运行	产品实现
9	绩效评价	测量、分析和改进
10	改进	

质量管理原则是ISO 9001质量管理体系标准建立的理论依据，2015版标准修订时重新评估了这些质量管理原则，将其中的一个原则——“管理的系统方法”合并到“过程方法”中，现在变成以下7项质量管理原则：以顾客为关注焦点（Customer Focus）、领导作用（Leadership）、全员参与（Engagement of People）、过程方法（Process Approach）、持续改进（Improvement）、基于事实的决策方法（Evidence-based Decision Making）、互利的供方关系（Relationship Management）。

ISO 9001:2015与ISO 9001:2008之间的区别对照如表1-4所示。

表 1-4 ISO 9001：2015 与 ISO 9001：2008 之间的区别对照表

ISO 9001：2015		ISO 9001：2008	
范围	1	1.1、1.2	范围
规范性引用文件	2	2	规范性引用文件
术语和定义	3	3	术语和定义
组织的背景环境	4		
理解组织及其环境	4.1		
理解相关方的需求和期望	4.2		
确定质量管理体系的范围	4.3		
质量管理体系及其过程	4.4	4	质量管理体系
总则	4.4.1	4.1	总要求
过程方法	4.4.2	4.1	总要求
领导作用	5		
领导作用和承诺	5.1		
总则	5.1.1	5.1	管理承诺
以顾客为关注焦点	5.1.2	5.2	以顾客为关注焦点
方针	5.2	5.3	质量方针
组织的角色、职责和权限	5.3	5.5.1	职责和权限
策划	6	5.4	策划
应对风险和机遇的措施	6.1	5.4.2	质量管理体系策划
质量目标及其实现的策划	6.2	5.4.1	质量目标
变更的策划	6.3		
支持	7		
资源	7.1		
总则	7.1.1		
人员	7.1.2		
基础设施	7.1.3	6.3	基础设施
过程运行环境	7.1.4	6.4	工作环境
监事和测量资源	7.1.5	7.6	监视与测量设备
组织的知识	7.1.6	6.2.2	能力培训和意识
能力	7.2	6.2.2	能力培训和意识
意识	7.3	6.2.2	能力培训和意识
沟通	7.4	5.5.3	内部沟通
形成文件的信息	7.5		
总则	7.5.1	4.2.1	总则
创建和更新	7.5.2	4.2.4	记录控制
形成文件的信息的控制	7.5.3	4.2.3	文件控制
运行	8		

续表

ISO 9001：2015		ISO 9001：2008	
范围	1	1.1、1.2	范围
运行的策划和控制	8.1		
产品和服务的要求	8.2	7.2	与顾客有关的过程
顾客沟通	8.2.1		
与产品和服务有关的要求的确定	8.2.2	7.2.1	与产品有关的要求的确定
与产品和服务有关的要求的评审	8.2.3	7.2.2	与产品有关的要求的评审
产品和服务要求的更改	8.2.4	7.2.3	顾客沟通
产品和服务的设计和开发	8.3	7.3	设计和开发
外部提供过程、产品和服务的控制	8.4	7.4	采购
总则	8.4.1	7.4.1	采购过程
控制类型和程度	8.4.2	7.4.1	采购过程
外部供方的信息	8.4.3	7.4.2	采购信息
生产和服务提供	8.5	7.5	生产和服务过程
生产和服务提供的控制	8.5.1	7.5.1	生产和服务提供的控制
		7.5.2	生产和服务提供过程的确认
标识和可追溯性	8.5.2	7.5.3	标识与追溯
顾客或外部供方的财产	8.5.3	7.5.4	顾客财产
防护	8.5.4	7.5.5	产品防护
交付后的活动	8.5.5	7.5.5	产品防护
更改控制	8.5.6	7.3.7	变更控制
产品和服务的放行	8.6	8.2.4	产品的监视和测量
不合格输出的控制	8.7	8.3	不合格品控制
绩效评价	9		
监视、测量、分析和评价	9.1	7.6	监视和测量设备的控制
总则	9.1.1		
顾客满意	9.1.2	8.2.1	顾客满意
分析与评价	9.1.3	8.4	数据分析
内部审核	9.2	8.2.2	内部审核
管理评审	9.3	5.6	管理评审
持续改进	10.3	8.5.1	持续改进
不符合和纠正措施	10.2	8.5.2	纠正措施、预防措施
		8.5.3	
改进-总则	10.1	8.5	改进

三、质量管理体系认证

1. 认证概述

（1）定义。

合格评定：直接或间接确定相关要求被满足的任何有关活动。

认证：第三方依据程序对产品、过程或服务符合规定的要求给予书面保证（合格证书）。

认可：权威团体依据程序具有从事特定工作的机构和人员的能力给予正式承认。

合格评定的分类如图 1-15 所示。

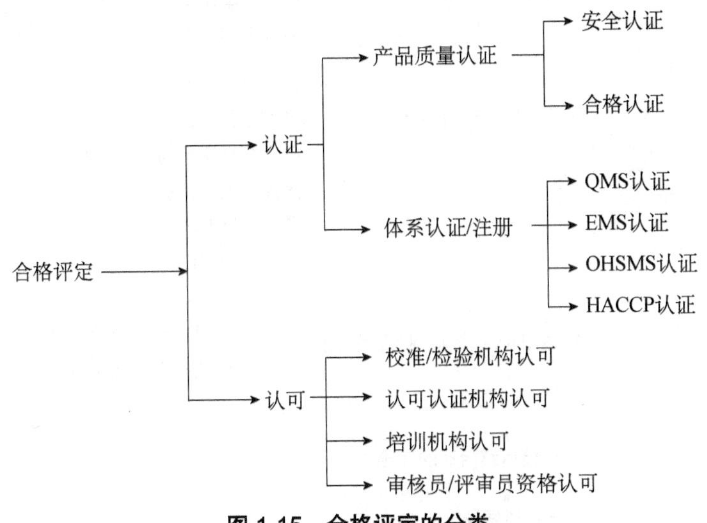

图 1-15　合格评定的分类

（2）产品认证和质量管理体系认证的区别。产品认证和质量管理体系认证的区别如表 1-5 所示。

表 1-5　产品认证和质量管理体系认证的区别

项目	产品认证	质量管理体系认证
对象	特定产品	组织的质量管理体系
获准认证的基本条件	1. 产品质量符合指定标准要求 2. 质量管理体系（与认证产品有关部分）符合 GB/T 19001—2000 标准及特定产品的补充规定	质量管理体系符合申请的 GB/T 19001—2000“质量管理体系要求”标准及其他必要的补充要求和准则
证明方式	产品认证证书，产品认证标志	体系认证证书，体系认证标志
证明的使用	证书不能用于产品，标志可用于获准认证的产品上	证书和标志都不能用在产品上
认证性质	自愿或强制	自愿

（3）认证程序。认证程序如图 1-16 所示。

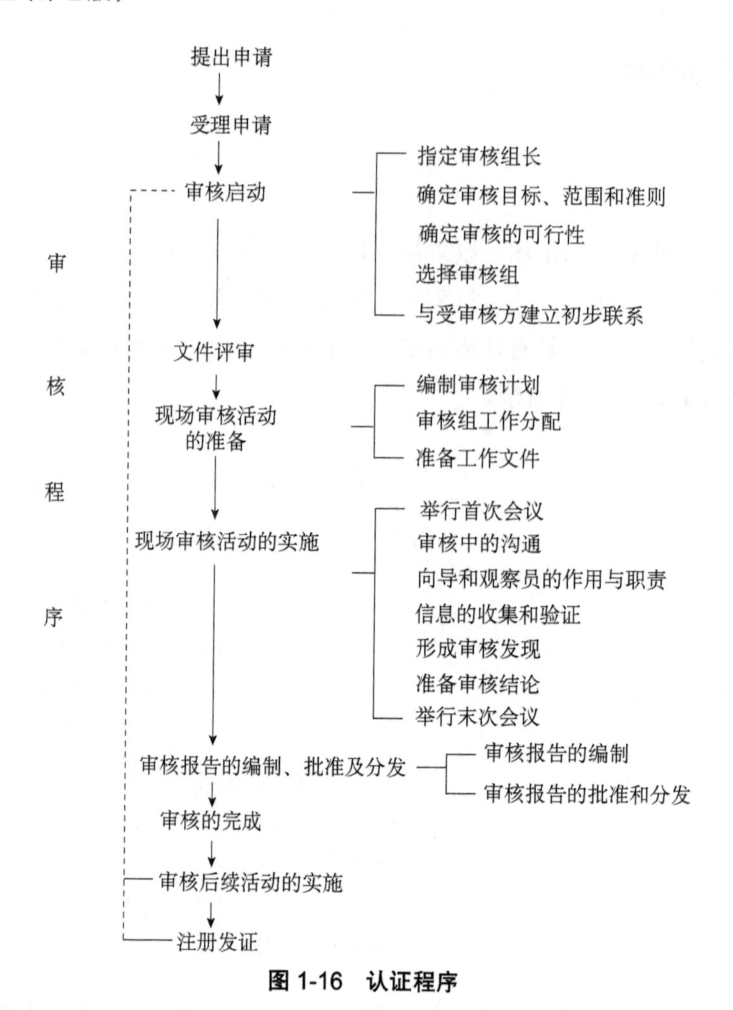

图 1-16　认证程序

2. 认证的申请与受理

（1）提出申请。

① 申请认证必须具备的条件是持有法律地位证明文件和申请人已按 GB/T 19001—2000 标准建立文件化的质量管理体系。

② 申请人自愿申请并选择认证机构。

③ 申请人应向认证机构提交一份正式的，由其授权代表签署的申请书，申请书及附件应包括：申请认证的范围，申请人同意遵守认证要求，提供评价所需要的信息。

④ 现场审核之前，申请组织应提供以下信息：

- 申请人概况，如组织的性质、名称、地址、法律地位以及有关的人力和技术资源。
- 有关质量管理体系及其活动的一般信息。
- 对拟认证体系所适用的标准删减情况或其他引用文件的说明。
- 质量方针、质量目标文件、质量手册及所需的相关文件。

（2）受理申请。

① 认证机构对申请人的申请书进行评审，确保认证要求得到理解，并有能力提供认证

服务。

② 发出同意受理申请通知。

③ 签订认证协议。

3. 注册发证

① 认证机构技术委员会对审核资料进行技术审定，给出是否同意认证注册意见。

② 认证机构主任签发认证证书。

4. 证后监督

（1）证后监督和管理。证后监督和管理包括监督审核、管理、证书和标志的使用、获证组织质量管理体系变更的管理、必要时进行复审。

质量管理体系认证证书和标志不能直接用在产品上，可以用在宣传材料上，但要避免误导顾客认为是产品通过了质量认证。

（2）监督审核的目的和要求

① 目的。验证受审核方质量管理体系是否持续满足认证标准要求。

② 要求。

- 证书三年有效期内至少监督审核三次，监督审核时间间隔不超过一年。
- 监督审核的工作要求和程序与初次审核基本一致，正式审核组按审核程序进行审核，其审核的人日数不得少于初审的三分之一。
- 监督审核时可以对过程、部门抽样，但三年中必须覆盖全部过程和部门。
- 通常内部质量审核、顾客投诉处理和内外部信息反馈、产品实物质量状况、纠正/预防措施实施情况及证书的使用方式是每次必查的项目。
- 适度从严。
- 监督审核发现的质量问题在规定期限内未能采取有效的纠正措施，应考虑不合格性质"升级"的问题。

③ 监督审核的重点。

- 涉及质量管理体系有效性、充分性、适宜性的重点子过程。
- 前一次审核所发现的不合格项。
- 体系（组织结构、产品要求等）如有变化涉及的子过程。

（3）监督审核中发现问题和处置方式。

- 证书暂停。
- 证书撤销。
- 证书注销。

有下列情况之一的组织，认证机构将暂停组织使用认证证书和标志的资格：

- 获证者更改质量管理体系且影响到体系认证资格。

- 监查中发现获证方质量管理体系达不到规定要求，但严重程度尚不构成撤销体系认证资格。
- 体系认证证书和标志使用不符合认证机构的规定。
- 其他违反体系认证规则的情况（如不交纳认证费用，无故拖期监督审核）。

认证暂停后，若原持证者在规定时间内满足规定的条件后，体系认证机构取消暂停，否则，撤销体系认证资格，收回体系认证证书。

有下列情况之一的组织，撤销该组织的认证资格，收回体系认证证书：

- 认证暂停通知发出后持证者未按规定要求采取适当纠正措施。
- 监督审核中发现存在严重（主要的）不合格项。
- 合同中规定其他构成撤销体系认证资格的情况。

被撤销体系认证资格者一年后方可重新提出体系认证申请。

有下列情况之一的组织，应予以证书注销：

- 由于体系认证规则变更，持证者不愿或不能确保符合新要求。
- 持证有效期满，未能在足够时间内提出重新认证申请。
- 持证者正式提出注销。

（4）复审。获准认证的受审核方在认证证书有效期内出现以下情况时，由认证机构组织复审：

- 获证组织对其质量管理体系做了重大更改（如所有权、主要领导人、关键设备）。
- 获证组织要求扩大认证注册的范围。
- 发生了重大的产品质量事故或用户严重投诉。

认证机构根据复审结果，做出证书保持、暂停或认证撤销的决定。

（5）复评。获证组织认证证书有效期届满时，应重新提出认证申请，认证机构受理后重新对组织认证进行审核，这次审核称为复评，其所需的人日数在认证基础无更改的情况下可比初审略少，大致相当初次审核的2/3。

项目 2　企业管理架构及品管部门职能

【项目描述】

本项目主要学习企业管理架构及品管部门职能，主要从制造企业组织架构、品管部门岗位设置及工作职能、供应商质量管理岗位职责及管理方法三方面入手，使学生全面认识制造企业组织架构和职能；进料检验、制程检验、出货检验的岗位分布和工作内容以及供应商质量管理的岗位职责和管理方法。

【学习目标】

（1）掌握制造企业组织架构和职能；

（2）掌握品管部门岗位设置及工作职能；

（3）掌握进料检验（IQC）、制程检验（IPQC）、出货检验（OQC）的岗位分布和工作内容；

（4）掌握供应商质量管理的岗位职责和管理方法。

【能力目标】

（1）能正确填写进料检验（IQC）、制程检验（IPQC）、出货检验（OQC）、检验记录表（中、英文）；

（2）能按标准、规范要求，选用合适的仪器、仪表、器具等对被检器件或部件、成品的性能进行检验和实验；

（3）能对检验结果进行分析和判断；

（4）能根据产品熟悉供应商的制程；

（5）能正确对供应商进行评估和审核。

2.1　制造企业组织架构

一、制造企业组织架构

在制造企业发展的过程中，搭建一个符合企业自身优化的组织架构对于企业以后的发展是十分重要的。就像人体有其基本骨架一样，任何组织都在相当程度上需要有某种架构形式来对组织任务加以分化和整合。

企业若没有组织架构或组织架构不合理，便像是一盘散沙，不仅会阻碍企业的正常运作，甚至会直接导致企业倒闭或者发生安全事故。而只有有了清晰的组织架构，企业中的各个管理职能才能有效地发挥应有的作用，企业才能更好地发展。

组织架构是指企业全体员工为实现企业目标而进行的分工协作，在职务范围、责任、权力方面所形成的结构体系。随着企业的产生和发展，企业组织架构的形式也在不断进行发展和变化。近年来，无论是中小企业还是大型企业对组织架构的管理与优化都越来越重视。

如何对公司组织架构进行优化呢？

第一，要以组织架构的稳定性过渡或稳定性存在为前提。

第二，要分工清晰，有利考核与协调。

第三，部门、岗位的设置要与培养人才、提供良好发展空间相结合。

对于企业来说，一个完善的能够根据实际情况变化而不断调整更新的组织架构体系是其存在和发展的前提。企业的组织架构就是一种决策权的划分体系以及各部门的分工协作体系。不合理的组织架构会严重阻碍企业的正常运作，适当地对企业组织架构管理模式进行创新，可以提高企业抗风险的能力。

图2-1所示为市场上常见的企业组织架构管理模式。

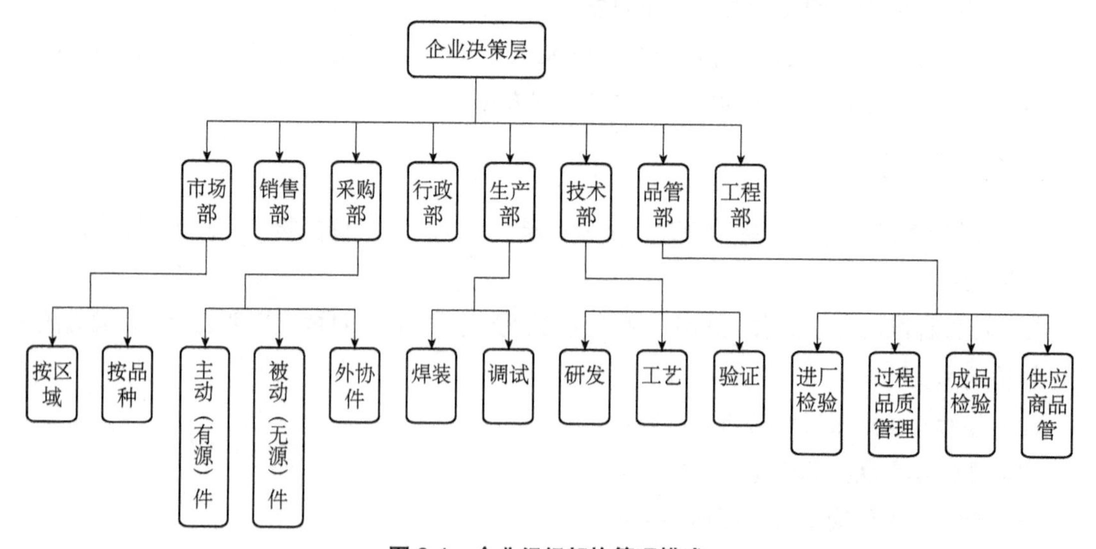

图2-1　企业组织架构管理模式

在制造企业中，各组织部门的职能是不相同的，但彼此之间是相互联系、互相协调的。

二、制造企业的部门职能

下面就其中部分部门的职能进行介绍。

1. 市场部

主要负责对外接洽客户，接收客户订单，销售产品，有些还包括货款追踪。

2. 生产部

主要负责产品生产，对生产人员、材料、设备等资源进行计划、组织、指挥、协调和控制，确保按计划生产出满足市场需求的产品。

3. 品管部

主要负责产品生产及采购物料的质量检验及管控。

4. 销售部

主要负责销售市场的调研、产品的策划和推广、销售团队的建设与培养、营销方案的策划、市场的拓展、产品的销售、货款的回收、客户的维护与管理。

5. 采购部

主要负责制订并完善采购制度和采购流程、实施采购计划、采购成本预算和控制、选择并管理供应商。

6. 技术部

主要负责建立和完善产品设计、新产品的试制；编制技术文件，改进和规范工艺流程；指导、处理协调和解决产品出现的技术问题。

7. 行政部

主要负责行政管理、安保；各部门内部日常事务等。

企业的经营和管理是围绕组织架构开展的，而组织架构又是以公司的规模、经营的项目、业务关系而定的。以上部分为主要的部门及职责，不同的企业又有不同的组织架构及分工。只有组织架构清晰，工作职责明确，步调一致，才能大大提高公司的应变能力和竞争能力。

图 2-2 为×××有限责任公司组织架构图，表 2-1 为其部分部门职能说明书。

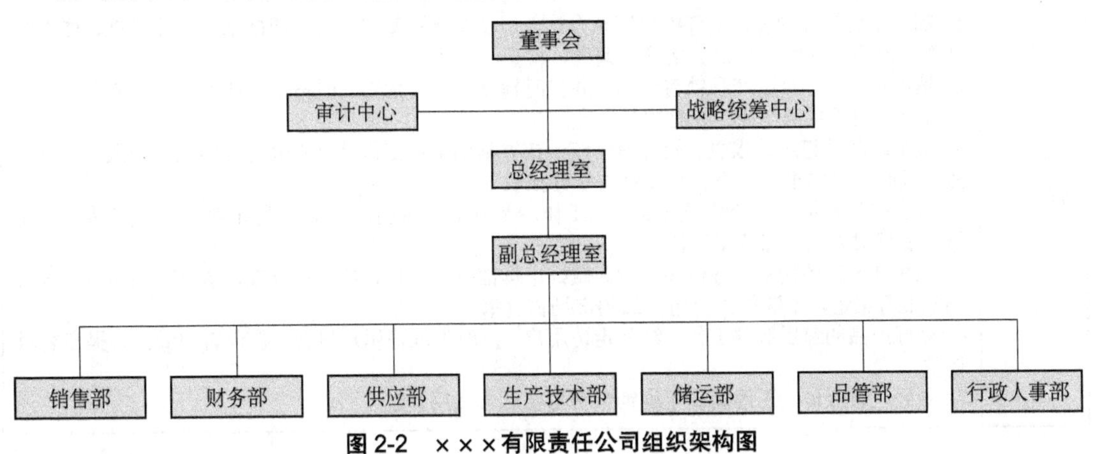

图 2-2　×××有限责任公司组织架构图

表2-1　×××有限责任公司部分部门职能说明书

×××有限责任公司组织部门职能	
部门	职能
董事会	1. 召集股东大会，向股东大会报告工作 2. 执行股东大会决议 3. 决定经营计划和投资方案 4. 制订年度财务预算方案、决算方案 5. 制订利润分配方案和弥补亏损方案 6. 制订增加或者减少注册资本的方案以及发行债券的方案 7. 拟订合并、分立、解散的方案 8. 审定内部管理机构的设置 9. 聘任或解聘公司总经理及各副总经理、决定其报酬事项
战略统筹中心	1. 统筹兼顾，谋划到位 2. 建好一个高绩效团队 3. 营造一个好的工作环境 4. 构建和谐的工作平台 5. 树立良好的企业形象 6. 实现价值最大化
审计中心	1. 制订审计制度、工作计划报批后执行 2. 审计财务收支及各项经营管理活动 3. 审计会计凭证、账簿、报表的合理、合规、合法性 4. 审计预算报告及内外经济合同 5. 审计预测、决策方案及经济活动分析报告 6. 审计计算机记账情况 7. 审计销售收入、成本费用、经费支出情况 8. 负责公司外部的商务调查 9. 协助政府部门对公司的审计工作
总经理室	1. 根据公司整体发展战略及规划，制订公司经营管理工作计划 2. 制订办公制度、管理规章制度 3. 公司办公管理的指导、监督与规范化管理 4. 综合协调各部门及外部单位的工作联系及相关事宜 5. 督办、督查总经理办公会决议、指示以及其他重要决策的贯彻落实情况
销售部	1. 制订销售管理制度，拟订销售管理办法、产品及物资管理制度，明确销售工作标准，建立销售管理网络，并做好协调、指导、调度、检查、考核 2. 编制年、季、月度产品销售计划，并按时提交生产技术部、财务部，便于统一平衡、合理下达计划、组织生产作业、及时回笼资金 3. 负责编制销售统计报表。做好销售统计核算基础管理工作，建立健全各种原始记录、统计台账，及时汇总填报年、季、月度销售统计报表 4. 负责驻外营销网点销售调度及运输工作。及时汇总编制产品需求量计划、平衡产品供货计划，做好对外销售点联络工作 5. 积极开展市场调查、分析和预测。做好市场信息的收集、整理和反馈，掌握市场动态，努力拓宽业务渠道，不断扩大公司产品的市场占有率 6. 做好产品的售后服务工作，经常走访用户，及时处理好用户投诉，保证客户满意，提高公司信誉 7. 做好广告宣传，正确编制年度销售费用及广告费用计划

续表

部门	职能
财务部	1. 遵守国家财务工作规定和公司规章制度，履行其工作职责 2. 建立健全公司财务管理、会计核算等有关制度，督促各项制度的实施和执行 3. 定期编制年、季、月度财务会计报表，做好年度会计决算工作 4. 负责固定资产台账的建立。正确计提折旧，定期组织资产清查 5. 负责流动资金的管理。会同储运部门定期组织清查盘点，做到账物相符 6. 负责公司产品成本的核算工作。制订成本核算方法，正确分摊成本费用 7. 负责公司资金缴、拨、按时上交税款。办理现金收支和银行结算业务 8. 负责公司财务审计和会计稽核工作。加强会计监督和审计监督，加强会计档案的管理工作，根据有关规定，对公司财务收支进行严格监督和检查 9. 配合有关机构及税务、银行部门检查财务工作，根据其要求准确提供相关资料，如实反映相关情况 10. 协助有关部门进行财务、税收和资产评估及审计，会同有关部门组织固定资产和流动资产的核定工作 11. 加强资产管理、确保公司资金及财产的安全、实现公司资产的保值增值
生产技术部	1. 负责生产计划的下达：对生产进度进行控制、调度及异常情况的处理并总结、分析生产过程中的问题 2. 负责生产技术管理：制订生产工艺操作规程，检查生产工艺落实情况及收集反馈工艺问题并予以处理改善 3. 负责品质管理：在部门内各层次传达质量标准，了解品质异常情况，组织对生产过程中发生的异常情况进行分析和采取纠正措施。参与对顾客投诉的质量安全问题的分析对策及纠正与预防措施的执行 4. 负责成本消耗控制：根据公司质量目标，制订成本消耗控制计划，减少材料浪费，提高效率，降低不合格率，进行消耗控制成果评估和生产车间绩效考核 5. 负责对员工的考勤和部署工作管理：加班和请假审批，出勤状况了解与人员调度，规章制度的建立实施，协调各生产车间的工作，授权范围内工作事项的决议和向副总经理汇报工作 6. 确保 CCP 点的基层员工得到适宜的培训：负责 CCP 点的执行和控制，并对偏离关键限值采取相应的纠偏措施 7. 组织对生产基层管理人员的培训和考核，负责各工序作业指导书的制订和传达 8. 负责对本部门质量目标执行情况进行评估 9. 对生产的工作环境、人员、设备、工器具的卫生管理负责，对员工不理解、不知道标准或操作方法负责，对生产各工序未按标准操作导致损失负责 10. 保证车间设备的正常运转和维护
储运部	1. 负责公司采购回来的物料验证、验收、在库储存、生产发料、物料盘点等工作，强调物控职能 2. 负责公司生产的半成品及成品的入库验收工作，以日报表的形式向相关领导和部门汇报产量，每月盘点在库产品，并出具盘点表和月报表 3. 负责产成品出库发运工作，对装运现场进行指挥管理 4. 对产生的次品、废品进行管理，对产生的废料进行管理 5. 对回收的包装物如玻璃瓶、托盘等进行管理 6. 负责采购物流和成品物流管理工作 7. 对储运物资全过程从物、证、卡、账四个方面进行全面管理
品管部	1. 对质量的策划和管理，确保质量体系正常运转、产品质量符合客户要求，以及安全卫生的要求 2. 加强对部门领导的工作，充分发挥部门的作用，调动部门的积极性 3. 建立并健全质量和食品安全管理体系 4. 根据客户的要求，负责并组织制订、修改、下达生产标准及生产工艺，确保生产时不偏离生产工艺标准 5. 对生产全过程进行质量卫生方面的检查、督导和纠偏以及跟踪验证，确保产品质量符合要求 6. 组织内审和外审的有关工作，及时完成交给的其他工作任务

续表

部门	职能
行政人事部	1. 制订人力资源规划，确定部门发展目标 2. 完善人力资源管理制度、流程、规范，并组织实施与监督 3. 根据公司发展战略，做好人员需求及供给分析，提出人员储备规划 4. 做好人力资源的开发，建立培训体系，改进员工思想观念，提高员工素质和技能，创建学习型组织 5. 收集同行业薪酬信息，做好外部薪酬调查，为公司薪酬决策提供依据 6. 维护劳资关系的和谐，建立顺畅的员工沟通渠道，了解员工工作及生活情况，掌握员工思想动态 7. 完善行政管理职能，为公司提供后勤保障 8. 负责公司内部安保工作。保护公司财产的安全，确保生产、工作的顺利进行 9. 推进公司文化建设，提炼公司的核心价值观和公司精神，发挥文化的牵引作用

思考与练习：

1. 组织架构的定义是什么？组织图能够表示组织架构吗？

2. 以你的班级为例，班组织采用的是什么样的组织方式？班长能够像企业老板那样发号施令吗？

3. 判断题

（1）企业的经营和管理是围绕组织架构开展的。（　　）

（2）组织架构是以公司的规模、经营的项目、业务关系而定的。（　　）

（3）组织架构明确、职责清楚、步调一致，会大大提高公司的应变能力和竞争能力。（　　）

（4）品质部主要负责制订并完善采购制度和采购流程。（　　）

（5）采购部主要负责产品生产及采购物料的质量检验及管控。（　　）

（6）制造企业搭建一个符合自身优化的组织架构对企业的发展是十分重要的。（　　）

（7）制作企业组织架构设计没有固定的模式。（　　）

（8）互联网时代的组织架构应该是网状的结构。（　　）

（9）组织架构对于企业的发展并不重要。（　　）

（10）制造企业中各组织部门的职能是不相同的，但彼此之间是相互联系、互相协调的。（　　）

2.2　品管部门岗位设置及工作职能

品管部就是在企业内部从事质量管理、质量检验来保障品质的职能部门，也有企业将其称为质量部、品保部，有的外企将其称为QA部，它的任务就是管理从进料到出货的生产全过程的品质事物，适当时还包括售后的产品质量和服务。品管部的工作场景如图2-3所示。

图 2-3 品管部的工作场景

一、品管部的职能

品管部要完成质量管理和质量检验两项基本职能。

1. 质量管理职能

① 制订与实施质量方针与目标、检验标准，完成产品信息反馈、数据处理等。

② 建立健全与执行质量管理体系及质量成本标准和目标，完成质量成本的分析和报告以及管理和控制。

③ 组织实施全面质量管理工作，对提高产品质量的纠正措施和预防措施进行跟踪验证。

④ 编制和组织实施质量教育年度计划，对质量教育培训效果进行评价和考核。

⑤ 建立和完善质量奖励、责任处罚、质量缺陷内/外部损失成本考评等质量管理制度，并按制度实施日常管理。

2. 质量检验职能

① 组织实施来料、工序、最终的检验和试验工作，执行产品检验控制程序。

② 建立健全质量控制点，参与对供方材料的质量评价及供应商的质量评估工作等。

③ 完成首件检验、巡检、成品检验、外协质量检验。

④ 负责计量、检验器具的登记、保管、检定、使用等管理工作。

⑤ 完成质量问题分析报告，收集并统计质量信息和数据，制订计划并组织实施；对质量改进措施进行跟踪、评价和考核等。

⑥ 组织实施质量档案的编制和归档工作等。

二、岗位设置

一般规模较大企业的品管部都是由 IQC 进料品质管理、IPQC 制程品质管理、OQC 出货品质管理、例行实验室、QA 品质稽核几个组织机构构成的，各机构下都设置了相应的岗位。

某电子企业品管部的岗位设置如图 2-4 所示。图中深色背景方框内是机构名称，无背景方框内是岗位名称。从图中也可以看出各机构内部岗位之间的上下级关系。

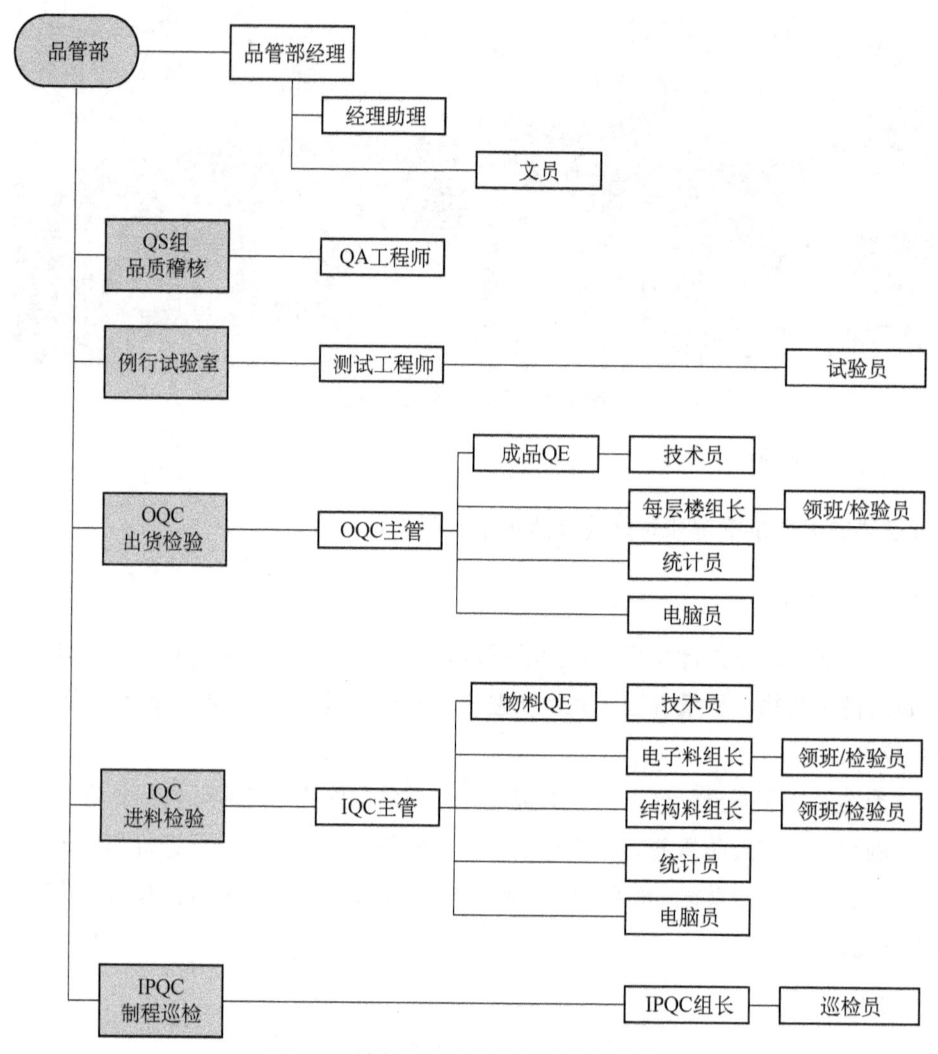

图2-4 某电子企业品管部的岗位设置

三、岗位基本能力要求

要能够从事品质检验工作，必须具有相应的专业知识、专业技能与职业道德。

基本的专业知识主要包括：电子元器件与材料应用知识、电子产品生产工艺知识、相关电子产品基本原理与性能测试知识、相关电子产品技术质量标准知识，以及抽样检验、来料检验、制程检验、最终检验、出货检验、品质保障与品质控制等品质管理知识。

基本的专业技能包括以下三个方面。

1. 职能技能

职能技能指品质检验人员掌握和管理各种品质技术的才能，它是由所在岗位的具体环境要求来决定的。

2. 管理技能

管理技能指品质检验人员不仅要有管理科学的知识，还要能将其付诸实践，如怎样组织人力、物力进行卓有成效的品质活动，如何成功地制订品质工作计划，如何为实现品质目标而工作等。

3. 协调技能

协调技能指品质检验人员不仅要具有独立工作管理的技能，还应具有能与其他员工相互配合的技能，如与生产管理人员、销售管理人员的配合，各品质工作环节间的配合等。

基本的职业道德包括：能遵纪守法、诚实守信、敬业严谨、积极主动、公平公正，有较强的责任心，能吃苦耐劳，具有团队精神与服务意识等。

2.2.1 IQC岗位分布及工作内容

一、IQC工作岗位描述

受企业规模、生产周期、技术以及成本等因素的制约，电子制造企业（有时称为电子产品组装企业、电子产品生产企业）产品生产所需的各种原材料、元器件、零部件不可能也没必要全部都由企业自己加工或制造，一般情况下会采用从外单位采购或向外单位委托定制（外协）加工的方式来满足企业生产需要。这些外购或外协的物料质量和交货期对整机产品生产的质量同样起着十分重要的作用。根据对电子制造企业正常产品生产工作的统计与分析，直接影响产品品质的环节通常有设计、来料、制程、储运四大主项，其中设计一般占25%，来料占50%，制程占20%，储运占1%～5%，可见来料检验对电子制造企业生产的产品品质保证而言具有决定性的作用。

IQC（Incoming Quality Control）的原意为来料质量控制，主要是对原料进行控制，包括来料质量检验、不良原料处理等。较为先进的理念还包括供应商质量管理体系，将重要原料质量控制前移到供应商。但目前IQC的侧重点在来料质量检验上，来料质量控制的功能较弱，因此IQC又通常称为来料检验、进料检验、进货检验、进厂检验，对从供应商购进并送达的原材料、外购件和外协件等物料的全部或其主要特性，参照该物料的相关验收检验技术标准，进行入库前验收检验确认。IQC的工作方向是从被动检验转变到主动控制，将质量控制前移，把质量问题发现在最前端，降低质量成本，达到有效控制，并协助供应商提高内部质量控制水平。

来料检验是企业产品在生产前的第一个控制品质的关卡。如把不合格品放到整机生产制造过程（制程）中，则会导致制程或最终产品的不合格，不仅影响到公司最终产品的品质，还影响到各种直接或间接成本，造成巨大的损失。

IQC的工作场景如图2-4所示。

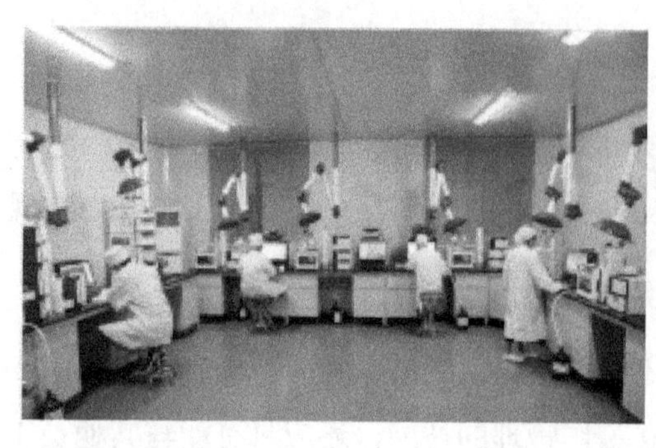
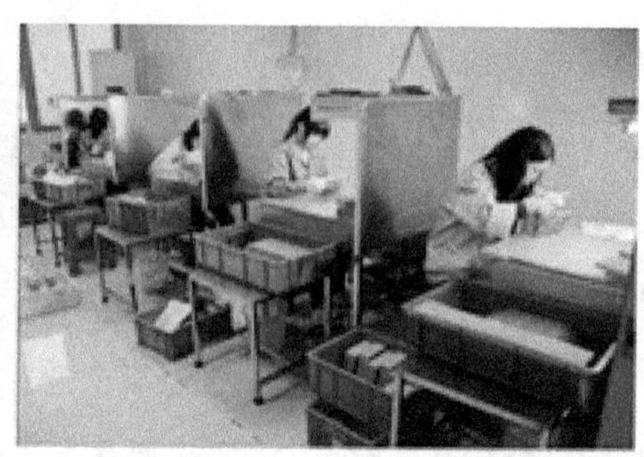

图 2-4　IQC 的工作场景

二、岗位分布

IQC 岗位一般在电子制造企业品质管理部（如品管部、质控部）内设置，一般由 IQC 主管、组长、领班、检验员、物料品质工程师等岗位构成。某电子企业岗位设置如图 2-5 所示。IQC 工作主要是控制企业所有的外购物料和外协加工物料的质量，保证不满足企业相关技术标准的产品不进入企业库房和生产线，确保生产使用产品都是合格品。作为质量控制的重要一环，IQC 岗位责任非常重大，工作质量非常重要，要严格按标准、按要求办事，不受其他因素干扰。

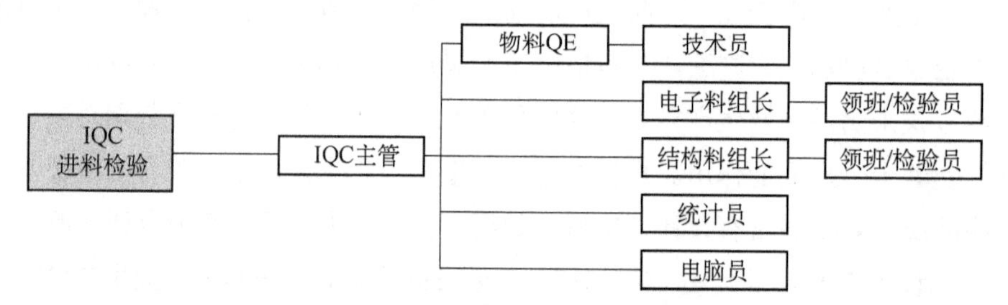

图 2-5　某电子企业 IQC 岗位设置

三、IQC 岗位职责

IQC 作为电子制造企业的品质前线，责无旁贷的职责是把好进料品质关，把好了这一关，就为企业的后续品管工作创造了一个较好的开端，其后的 IPQC、FQC、OQC 的工作会更加顺利，更有成效，从而使企业的产品质量得到有力的保证。

IQC 检验员的主要工作职责如下。

1. 来料检验

严格按照有关的技术文件标准和物料检验作业指导书的指引，依次进行各项操作，完成各种类型物料的检验，完成送检物料的合格与不合格的判定。

2. 处理物料质量问题

对检验过程中发现的质量问题以及生产和市场反馈的重大物料质量问题进行跟踪处理，

并在IQC内部建立预防措施等。

3. 全过程物料类质量问题统计、反馈

统计来料接收、检验过程中的质量数据，以周报、月报形式反馈给相关部门，作为供应商的来料质量控制和管理的依据。

4. 参与物料有关部门的流程优化

参与物流控制环节中的相关流程优化，对于物流中和物料检验有关的流程优化提出建议和意见。

如表2-1所示为某电子制造企业的IQC岗位之间上下级关系及基本职责。

表2-1　某电子制造企业的IQC部门岗位职责一览表

岗位	上下级关系	基本职责
IQC主管	直接上级：经理助理 直接下级：物料QE组长	负责物料进料检验工作
物料QE	直接上级：IQC主管 直接下级：物料技术员	负责物料的品质控制、供应商的管理
IQC组长	直接上级：IQC主管 直接下级：领班、检验员	检验的现场管理、日常检验工作安排
IQC领班	直接上级：IQC组长 直接下级：检验员	检验的现场管理、日常检验工作安排
IQC检验员	直接上级：IQC组长 直接下级：检验员	对来料质量、数量、型号等进行检验
IQC统计员	直接上级：IQC主管 直接下级：无	IQC各种文件资料的收发、检验记录的整理保存，检验数据的统计
IQC电脑员	直接上级：IQC主管 直接下级：无	报表资料的计算机录入

四、IQC工作内容

1. 来料检验的工作准备

（1）熟悉来料检验工作规范与相关标准。

一般电子制造企业的品管部都会制订“来料检验作业规范”、“来料检验控制标准及规范程序”、“来料检验流程”、“来料不合格处理流程”、“来料免检流程”、“超期物料处理流程”、“IQC来料抽样操作指导书”、“来料不合格处理操作指导书”、“来料检验记录操作指导书”、“物料检验状态标志操作指导书”、“来料检验测试/试验样品封样指导书”、“各类物料IQC检验作业指导书”等来料检验工作规范与相关标准文件，IQC检验员必须了解并熟悉这些工作规范与标准。

（2）准备待检物料相关资料。

来料检验员对来料进行检验之前，必须依“来料检验通知单”中的物料号调出该物料的规格书档案，查阅该物料的来料检验规范或作业指导书，清楚该批物料的质量检测要点，准备必要的检测设备，并调出该物料的“进货检验履历表”，了解该物料供应商过去的交货质量情况。不可在不明来料检验方式、检验项目、检验方法及允收水平（AQL）的情况下进行验收。

（3）明确来料检验项目及方法。

在品管部制订的各物料来料检验规范或作业指导书中规定了各物料的具体来料检验项目及检验方法，来料检验员应查阅并明确待检物料的来料检验项目及方法。电子制造企业常用物料的来料检验项目一般包括如下几项。

① 包装检验：一般用目视进行验收。

② 数量检验：一般用目视、点数进行验收。

③ 外观检验：一般用目视、手感、限度样品进行验收。

④ 尺寸检验：一般用卷尺、卡尺、千分尺等量具验证。

⑤ 结构检验：一般用拉力计、扭力计验证。

⑥ 特性检验：包括电气、物理、化学、机械特性，一般采用检测仪器和特定的方法来验证。如电气特性经常使用万用表、数字电桥、示波器等仪器仪表来检验。

（4）来料检验方式选择。

① 来料检验的类别。来料检验的类别如图 2-6 所示，一般可分为两类：一是检验，包括首件（批）样品检验、成批进货检验、定期确认检验等；二是验证，包括进货验证、货源处验证等。

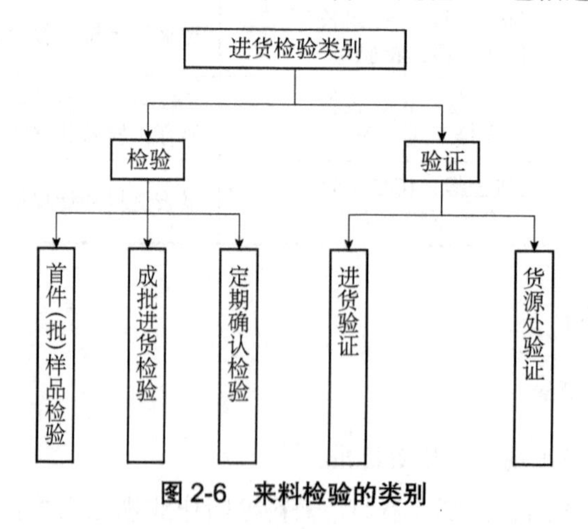

图 2-6　来料检验的类别

● 首件（批）样品检验。首件（批）样品检验的目的，主要是对供应单位所提供的产品样品质量水平进行评价，并建立具体的衡量标准，所以首件（批）检验的样品，必须在今后的产品中有代表性，以便作为以后进货的比较基准。在以下三种情况下通常应对供货单位进行首件（批）样品检验：首次交货；设计或产品结构有重大变化；工艺方法有重大变化，如采用了新工艺或特殊工艺方法，也可能停产很长时间后重新恢复生产。首件（批）样品检验一般由产品设计部门组织，品管部参与。

- 成批进货检验。成批进货检验是在供应单位正常交货时对成批物料进行的验收与检验，其目的是防止不符合质量要求的原材料、外购件和外协件等进入生产过程，为稳定正常的生产秩序和保证产品质量提供必要的条件。这也是对供应单位质量保证能力的连续性评定的重要手段。

电子制造企业在正常生产过程中的IQC主要工作内容就是进行成批进货检验。由于受供料厂商的品质信赖度及物料的数量、单价、体积等因素的影响，实际工作中对所进物料的成批进货检验方式可分为全检、抽检、免检。

全检：即全数检验，适用于来料数量少、价值高、不允许有不合格品的物料或本厂指定进行全检的关键物料。

抽检：即抽样检验，适用于平均数量较多或经常使用的重要物料，一般电子制造企业的来料均采用此种方式检验，这样既能保证质量，又可减少检验工作量。

免检：适用于生产过程稳定并对后续生产无影响的大量低值辅助性一般物料、长期检验证明质量优良且信誉很高的物料、经国家批准的免检产品或通过产品质量认证的来料，以及因生产急用而特批免检的材料。对于后者，来料检验员应跟踪生产时的质量状况。

此外，实际工作中还有一种称为符合性检验的方式。符合性检验是抽样检验的一种特殊形式，主要是针对目前没有测试环境和测试装备、不能进行性能测试的器件和长期供货质量稳定的器件，它规定不做性能检验，只做外观、储存期和包装等方面的检验。

成批进货检验既可在供货单位进行，也可在购货单位进行，但为保证检验的工作质量，防止漏检和错检，一般应制订“入库检验指导书”或“入库检验细则”，其形式和内容可根据具体情况设计或规定。进货物料经检验合格后，检验人员应做好检验记录并在入库单上签字或盖章，及时通知库房收货，做好保管工作。如检验不合格，应按不合格品管理制度办好全部退货或处理工作（退货或处理的具体工作可由归口责任部门负责）。

- 定期确认检验。在中国强制性产品认证（即3C认证）中，规定对供应商提供的关键元器件和材料要进行定期确认检验，以确保供应商的获证产品能够持续符合规定要求，并且与已获型式试验合格的样品保持一致性。所谓的关键件（关键元器件和材料）是指对最终产品的重要质量特性（如安全、环保、EMC、主要功能等）起关键作用的元器件、零部件和材料。每类产品的强制性产品认证实施规则中都会列明关键元器件、零部件和材料清单。

电子制造企业应根据外购元器件和材料的重要性、自身检测能力、检验成本及供应商的质保能力等因素，确定检验的内容，定期确认检验实施的方式、内容、周期和时机。如出现企业自身不能检测的内容，可要求供应商或委托国家认可的检测机构进行。

- 进货验证。验证是通过提供客观证据对规定要求已得到满足的一种认定方法。进货验证是通过检查供应商提供的产品规格书、检验报告、合格证等材料，判定所供应物料是否合格，是否能够接收的认定活动。

一般情况下，当电子制造企业自身无检验条件或实施成批进货检验中的免检方式时，可采用进货验证。实施进货验证前也应编制作业指导书，确定验证项目。

● 货源处验证。对于价格昂贵、生产周期长、运输路程远、加工复杂及对成品的关键特性、重要质量特性有重大影响的，或者企业缺乏检测手段的外购物料，有时也可在供方的货源处利用供方的检测设备，按照检验文件实施监督检验，判断产品的可接收性，只有货源处验证合格的产品才能发货。

电子制造企业原材料验收一般采取进厂来料检验，很少采用货源处验证。若需到供方货源处进行验证，则由品管部确定并派出检验人员进行，并做好检验原始记录和标志，以便追溯。

从以上介绍可见，IQC 并不意味着必然对产品进行实物检查，有时仅仅对供应商提供的附属检验材料进行验证。但电子制造企业内绝大多数进厂物料是要依据来料检验报告来决定是否接收的。

② 影响来料检验方式、方法的主要因素。

● 来料对产品质量的影响程度。

● 供应商质量控制能力及以往的信誉。

IQC 的宽严程度与供应商的质量保证程度有一定的关联。对于一家刚刚供货的新供应商的产品，一般按正常抽样标准来检验，甚至对一些关键物料进行全检；对于供货史很长，极少出现质量问题的供应商，则可以放宽检验，甚至免检。

IQC 检验的程度也与选择供应商的程度成反比，即：供应商的评估较松，则 IQC 的检验就要严一些；反之，供应商的评估严格，则 IQC 的检验可适当放松。

对于供应商评估相当严格或长期供货品质优良者，也可实行“免检”，或称“STS（Ship to Stock）”，只做货物名称、数量、型号等的验证即可。

● 该类货物以往经常出现质量异常。

● 来料对本企业生产成本具有较大影响。

2. 来料检验的工作流程

来料检验应遵循一定的程序才能保证检验工作的顺利开展，一般电子制造企业来料检验流程如图 2-7 所示。

（1）品管部制订“来料检验控制标准及规范程序”等来料检验标准文件，经批准后发放至检验人员执行，检验和试验的规范包括物料名称、检验项目、方法、记录要求。

（2）采购部应根据到货日期、到货品种、规格、数量等，通知仓库和品管部准备来料验收和检验工作。

（3）来料后，由仓库库管人员检查来料的品种、规格、数量（重量）、包装情况，核对相符后予以签收，填写“来料检验报告单”。将进料移至待检区，对该物料挂上“待检”标志，并通知品管部来料检验员到现场抽样验收。

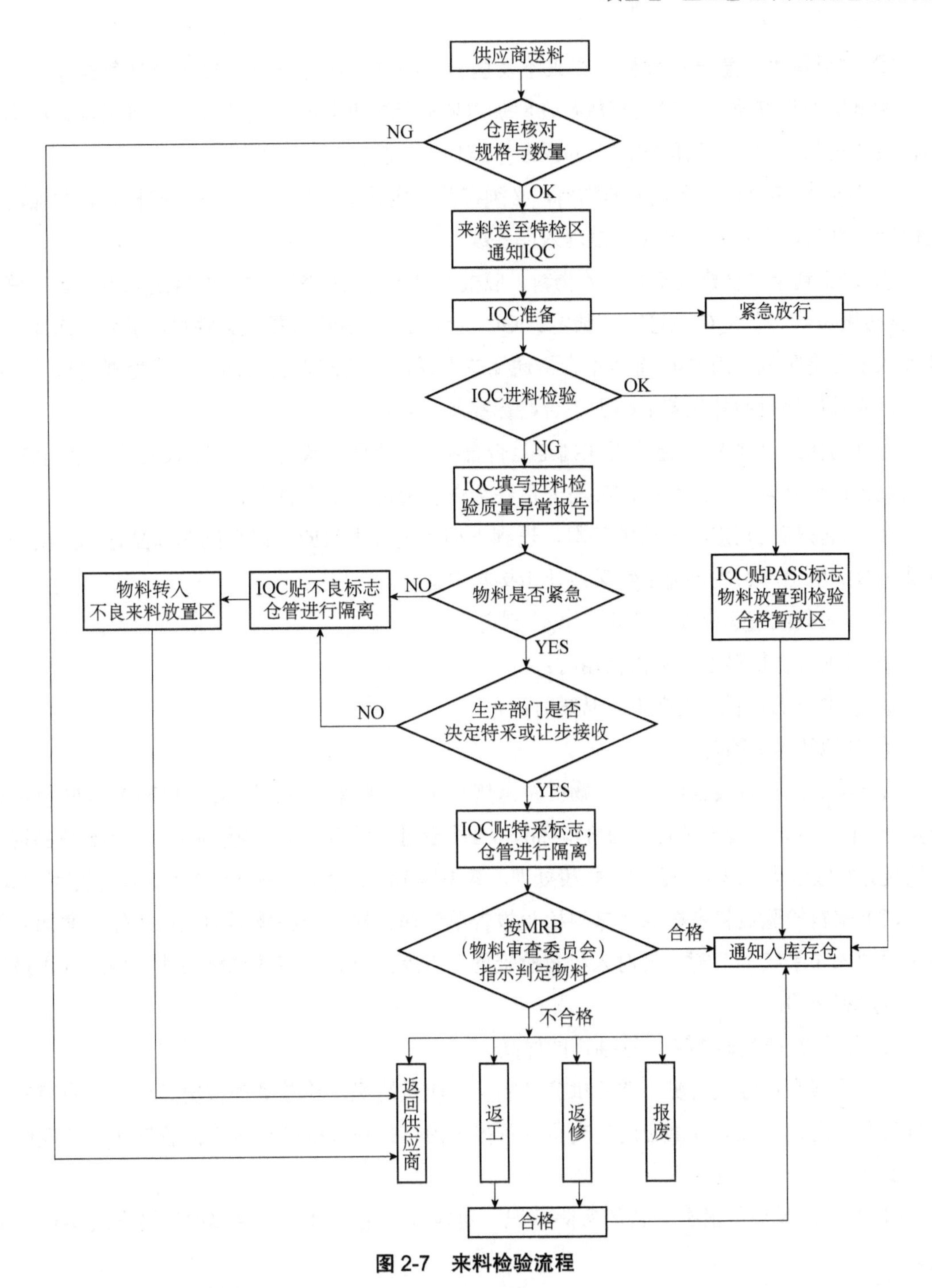

图 2-7　来料检验流程

（4）来料检验员接到检验通知后，做好检验准备工作后到标识的待检区域按“来料检验控制标准及规范程序”进行抽样。

（5）来料检验员根据“来料检验控制标准及规范程序”对来料进行检验判定，并填写“来料检验报告单”、“来料检验日报表”等，交 IQC 主管审核。

① 如果是生产急需的来料，在来不及检验就必须上线生产时，须按“紧急放行控制制度”中规定的程序执行。对紧急放行物料加以明确标志并具有可追溯性，一旦发现来料不合格，应隔离此批物料加工的产品，并采取措施加以补救。

② IQC判定合格（允收）的物料，必须在其外包装适当的位置上贴合格标签，并加注检验时间及签名，由仓库与供应商办理入库手续。

③ IQC判定不合格（拒收）的物料，应根据“不合格控制程序”的规定处理，必须填写“不合格通知单”交IQC主管审核裁定。IQC主管核准不合格（拒收）物料，不允许入库，将其移入不合格区域。由IQC将“不合格通知单”通过采购部人员通知供应商处理退货及改善事宜，并且在物料的外包装上贴上不合格标签及签名。

④ 检验时，如来料检验员无法判定是否合格，应立即请设计、工程、采购部门会同验收，共同判定是否合格，会同验收的参与人员必须在检验记录表内签名。

（6）品管部门判定不合格的物料，遇到下列状况可由供应商或采购部向品管部提出予以特殊审核或由生产部决定提出特采或让步接收申请。

① 供应商或采购部人员认定是IQC判定有误时；

② 该项符合物料生产急需使用时；

③ 该项缺陷对后续生产影响甚微时；

④ 其他特殊原因时。

决定特采或让步接收后，对该物料做隔离并挂上“特采”标志。按企业MRB（物料审查委员会）制订的原不合格项目新的检验标准作业指示进行质量判定，合格品入库，不合格品视实际情况分别做退货、返工、返修、报废处理，其中返工、返修后的物料经检验合格后方可入库。

（7）来料检验员将审核的“来料检验报告单”作为检验合格物料的放行通知，通知库管人员办理入库手续，库管人员对来料按检验批号入库，只有入库的合格品才能由库管人员控制、发放和使用。

（8）来料检验员储存和保管抽样的样品。

（9）反馈来料检验情况，并将供应商的交货质量情况及检验处理情况登记于供应商交货质量记录表内、每月汇总供应商的交货量月报表内。来料检验的记录由品管部按规定期限和方法保存。

（10）来料检验员根据来料的实际情况，对检验规格（材料、零部件）提出改善意见或建议。

（11）来料检验员定期校正检验仪器、量规，并进行保养，以保证来料检验结果的准确性。

3. 来料检验的结果处理

（1）检验合格。

① 经来料检验员验证，不合格品个数低于限定的不合格品个数时，则判定为该批货允收，

并挂上合格标志。

② 来料检验员应在“材料检验报告表”上签名，通知仓库收货或进入正常生产程序。

（2）拒收。

① 若不合格品个数大于限定的不合格品个数，则判定该送检批次为拒收，并对物料进行隔离。

② 来料检验员应及时在“材料检验报告表”上签名，盖“不合格”印章，经相关部门会签后，交仓库、采购部办理退货事宜。同时在该批送检货品上挂上“退货”标牌。

（3）特采。

所谓特采，即来料经来料检验员的检验，其质量低于允收水准，虽然来料检验员提出“退货”要求，但由于生产急需或其他原因，生产部门做出“特别采用”的要求。若非迫不得已，生产部门应尽可能不启用“特采”，即使采用，也应按严格的程序办理。

① 偏差：送检批次物料全部不合格，但只影响生产速度，不会造成产品最终质量不合格，在此情况下，经特批，予以接收。此类来料，由生产部、品管部按实际生产情况，估算出耗费工时数，对供应商做扣款处理。

② 全检：送检批次不合格品个数超过规定的允许水准，经特批后，进行全数检验，选出其中的不合格品，退回供应商，合格品办理入库或投入生产手续。

③ 返工：

- 送检批次几乎全部不合格，但经过加工处理后，来料即可接收，在此情况下，由公司对来料再处理。
- 来料检验员对加工后的物料进行重检，对合格品予以接收，对不合格品由相关部门办理退货。
- 此类来料由检验员统计所用工时，对供应商做扣款处理。

（4）紧急放行。

① 如因生产紧急，进料来不及检验而需放行时，在可追回的情况下，由生产部填写“紧急放行申请单”交品管部经理核准，执行紧急放行。批准后的“紧急放行申请单”应分发仓库、品管、使用部门等有关部门。

② IQC 留取规定数量的样品进行检查，并在批准紧急放行的物料上贴“紧急放行”标签。

③ 仓库将“紧急放行”的物料置于仓库指定区域，并办理入库手续。

④ IQC 对留取的样品进行正常检查，如发现不合格时，品管部经理在“IQC 检验报告”上写出处理意见。IQC 应立即对该批紧急放行的物料进行跟踪处理，对于尚未使用的，从使用部门收回做挑选合格品或退货处理。对已制成的半成品或成品，要由全检员进行全检。

⑤ IQC 出具的“IQC 检验报告单”上应加注“紧急放行”字样。

⑥ 如生产车间使用紧急放行的物料，那么成品 QC 应确保在使用了紧急放行物料的产品入库前，紧急放行物料的检验报告已发出并符合规定的要求。

4. 来料检验的工作原则

IQC 是公司与供应商沟通的一个窗口，同时也是控制供应商物料品质的关口，IQC 工作进行得如何，直接关系到公司产品品质成本及公司在供应商心中的形象。

（1）抽样严谨。

由于 IQC 大部分使用抽样检验，而抽样检验是一种基于概率论和数理统计的方法，因此存在风险。这种风险可能把漏检的不良品而放到生产线上去，也可能把合格品误退，从而间接造成公司的损失，所以在抽样时，一定要尽可能让样本反映母体的品质状况。在抽样计划中，根据现行的国际或国家标准，可以将风险率控制在 5%以下，但在具体抽取样本的过程中，可能因个人偏好而造成母体的随机性不够，所以在抽样方法上要特别注意严谨性。

（2）客观公正地判定品质。

① IQC 人员经常同供应商接触形成了“情感氛围”，在检验时容易形成主观的意识，造成对供应商的判定标准有差异。

② 受个人心情影响，IQC 人员心情好可能认真一点，检验和判定较为慎重；心情差则可能就是“一眼定乾坤”。

③ 受检验人员个性的影响，性急的人在判定上容易主观，因此要注意客观公正。如把不合格批次放到制程中，而发生原材料问题，首先追究的是 IQC 人员的责任。

（3）尊重供应商。

（4）以综合因素来判定。

在检验中，有时会遇到一些品质、时间、成本、效率上的冲突，如原材料需要紧急上线，而检验时发现有一点“小问题”，按原有标准不能收下，一般公司的采购策略是采用较低价格的物料，虽然与原定品质目标上有差异，但还是有可能收下的。

（5）尽量不要特采。

（6）在检验过程中标志清晰。用标签标志来区分待检品、不良品、合格品等，最好采用有颜色的标签以示区分。

2.2.2 制程检验 IPQC 岗位分布及工作内容

一、IPQC 工作岗位描述

从本质上来讲，产品的质量是设计和制造出来的，而不是检验出来的，但是我们可以通过检验来保证产品的质量。因此产品制造过程中的检验（In Process Quality Control，IPQC），简称制程检验或过程检验，是产品质量控制过程中最为重要的环节。根据 IPQC 的英文含义，有时也称为制造过程中的质量控制、制程中的质量控制或生产过程中的质量控制。其实质是指产品从物料投入生产到产品最终包装整个过程中的品质控制，其目的是：

（1）及时发现不合格品、不合格过程与操作规程等。

（2）查找问题的原因，针对产品在生产加工过程中的演变，加以查核并采取措施，可以防止大批量的不合格品发生，以免造成较大的损失。

（3）评估生产过程的稳定性和质量趋势，对异常情况采取预防措施，防止其他工序或车间也发生不合格问题。

（4）防止不合格品流入下一道工序或市场。

制程检验的主要内容包括对生产过程中各道工序的半成品质量进行检验、对各道工序操作人员的作业方式和方法进行检查、对控制计划中的内容进行点检。电子产品制造过程中的制程检验一般可分为首件检验、巡回检验、序间检验、完工检验、末件检验。

二、岗位分布

电子制造企业一般在品质管理部门（如品管部、质控部）内设置IPQC岗位。但是在企业管理非常规范、员工的质量意识很强、各道工序中的产品质量很稳定时，某些工序的制程检验也可以由生产部门自行完成或协助品质部门完成。

IPQC主要有IPQC主管、组长和巡检员等岗位，IPQC岗位工作的目的主要是防止出现大批不合格品，避免不合格品流入下道工序去继续进行加工。因此，制程检验不仅要检验产品，还要检定影响产品质量的主要工序要素（如4MlE）。实际上，在正常生产成熟产品的过程中，任何质量问题都可以归结为4MlE中的一个或多个要素出现变异而导致的，因此，制程检验可起到以下两种作用：

（1）根据检测结果对产品做出判定，即产品质量是否符合规格和标准的要求。

（2）根据检测结果对工序做出判定，即制程的各个要素是否处于正常的稳定状态，从而决定工序是否应该继续进行。

IPQC的工作场景如图2-8所示。

图2-8　IPQC的工作场景

三、IPQC岗位职责

IPQC的主要工作职责有制程检验、处理制程质量问题等。

（1）制程检验。严格按照有关的技术文件、标准、规范和作业指导书的指引，完成首件检验、巡回检验、序间检验、完工检验、末件检验等各种制程检验工作，完成产品和工序合格与不合格的判定。

（2）处理制程质量问题。对制程检验过程中发现的质量问题进行跟踪处理，负责异常发生后紧急处理措施的执行、不良品的隔离、纠正与预防措施的制订等，并以书面形式报告与记录，同时负责纠正与预防措施的跟进与执行。

（3）制程质量问题统计、反馈。根据首件检验、巡回检验、序间检验、完工检验、末件检验、异常处理等的记录，综合4M1E进行统计分析。完成周、月统计报告，并反馈给相关部门。

四、制程检验工作内容

制程检验又称为过程检验或阶段检验。制程检验的目的是在加工过程中防止出现大批不合格品，避免不合格品流入下道工序。

制程检验通常有以下五种形式。

1. 首件检验

所谓首件，是指每个生产批次或新产品投产时加工组装出的第一件产品或正常加工组装过程中因换人、换料、换工艺、换工装以及调整设备等改变工序条件后生产的第一件产品。首件可以是整机、部件、零件或某道工序完工的在制品。当大批量生产时，首件往往是指一定数量的样品。

首件检验就是首件经操作员自检合格后，再提交检验员进行检验的活动。操作员加工或组装的首件，由操作员依据有关的工艺技术资料、质量标准、相关检验资料认真进行自检，确认合格后，提交检验员进行专检。检验员依据工艺和检验标准，对有关检验项目进行检查，并做出合格与否的判定。若首件经检验判定合格，检验员则通知操作员进行正常生产，同时对首件做好首件标志。若首件经检验判定不合格，检验员则通知操作员具体的不合格项目和严重程度。操作员必须查清产生不合格品的原因并在消除该原因之后，再生产第二个首件，经自检合格后交检验员检查，经检验员专检合格后则可正常加工和装配；经检验员专检不合格的，则由车间和班组研究解决后再生产第三个首件，第三个首件自检合格后交检验员检查。第三个首件经检验员检验合格则转入正常生产；若经检验员专检不合格则暂停生产，由车间人员通知工艺部门产品主管人员和品管部负责人到现场与车间人员一起研究解决，直至生产出合格首件后方可转入正常生产。

另外，凡新产品、新工艺、加工条件（设备、模具、工装、夹具）变更及重大设计更改等，在首件检验的基础上，检验员必须按规定认真填写首件检验报告，交品质部、工艺部门审查。

首件检验在实际工作中实行“三检制”，即先由操作员自检，再由班组长或质量员复检，最后由检验员专检。

2. 巡回检验

巡回检验简称巡检，是对生产过程和生产的产品所进行的巡回监督检查与抽查。巡检要求检验人员在生产现场对生产工序进行巡回质量检验。

在产品正常生产加工组装过程中，检验员和班组长要定期和不定期地对所管辖范围进行巡检。巡检的主要内容有：工序操作人员是否变化，材料是否变化，加工和组装方法是否改变，设备、工装和检测仪器是否处于良好状态，抽查产品的外观、组装质量和性能指标等是否符合规定要求。

巡检中，若发现生产条件出现异常，应立即通知操作者排除异常。若发现生产的产品不合格，应立即对此次抽查前生产的产品进行检查，若接连发现产品不合格，就通知操作者立即暂停生产，查清原因并解决问题后恢复生产。

巡检的频次要根据产品的生产条件，工艺是否成熟及操作人员的状况来决定。检验员应按照检验指导书规定的检验频次和数量进行，并做好记录。

对重要的产品、价值高的产品、生产周期长的产品、质量波动大的工序和工序质量控制点，应实施重点巡检，以避免出现批量性质量问题和重大质量损失。

3. 序间检验

序间检验又称在线检验或工序检验，是指在以流水线方式生产时，完成每道或数道工序后所进行的检验。一般在产品生产流水线上设置几个检验工序（也常称为检验管制点），由生产部门或品质部门派人员在此进行在线检验。但当流水线生产质量不是很稳定时，为了确保制程质量得到有效控制，在线检验应当由品质部门管理。

设置检验工序，应当考虑下列因素：

① 与全部质量特性重要性为 A 级（对应质量缺陷中的 CR 或 A 级）的质量特性、少数为 B 级（对应质量缺陷中的 MAJ 或 B 级）的质量特性以及关键部位相关联的生产工序。

② 工艺上有特殊要求，对下道工序的加工与组装有重大影响的生产工序。

③ 内外部质量信息反馈中出现问题较多的薄弱环节。

对于设计、工艺方面要求必须长期重点控制的关键、重要工序，必须设置长期的检验工序。而为了解决某一阶段出现的工序质量不稳定、不合格品较多或不良质量反馈较多等情况的特殊需要，只需要设置短期的检验工序。当这些质量不稳定因素得到有效控制并处于稳定状态时，该检验工序就可以撤销。

在线检验的实施要求介绍如下。

① 用文件形式明确工序质量控制点，用工艺流程图、QC 工程图或检验工序明细表等形式明确检验工序，确定需控制的产品质量特性。

② 编制序间检验作业指导书及相关表格。

③ 检验方法：

- 制程不稳定、数量少、价格昂贵的产品在生产时，通常使用全数检验。
- 制程稳定或大批量生产时一般使用抽样检验。
- 质量长期稳定后，可以用抽检或巡检方式检验，并由同一名检验员检验。

④ 做好检验工序作业所用检测设备的维护保养工作。

⑤ 序间检验的员工必须经过培训、考核合格后持证上岗。

⑥ 检验中发现突发性或严重性问题应立即反馈处理。当不合格品率超过一定值时，应该通知生产线暂停生产，并及时报告生产部门，由生产部门会同技术、工艺及品质部门进行对策研究及处理。

4. 完工检验

制程检验中的完工检验是指对在某一车间全部加工组装作业工序结束后的半成品、零部件进行的检验。只有通过完工检验的半成品、零部件才能进入中转仓库或转入下一生产车间。

完工检验的工作主要包括：

① 核对组装零部件的全部组装程序是否全部完成，有无尚未完成或不同规格的元器件、零件混入。必要时应采取纠正和预防措施，防止问题的再次发生。

② 核对被检零部件的主要检验项目、检验结果是否符合规范要求。

③ 复检被检零部件的外观。

④ 被检零部件应有的标志是否齐全。

有的企业把半成品、成品的完工检验都视为最终检验，统称为FQC；有的企业把半成品的完工检验称为FQC，把成品的完工检验称为FQA。

完工检验应按照作业指导书、产品图纸、检验规范等文件的规定进行。完工检验必须由专职的检验员根据情况实行全检或抽检，如果在工序加工时生产工人实行100%的自检，一般在完工检验时可实行抽检，否则应由专职的检验员实行全检。但有的企业在实行抽检时，如发现产品不合乎要求，也会进行全检，重新筛选。

5. 末件检验

末件检验是指主要靠模具、工装保证质量的零部件加工组装场合，当批量加工组装完成后，对最后加工的一件或几件进行检查验证的活动。末件检验的主要目的是为下批生产做好生产技术准备，保证下批生产时能有较好的生产技术状态。例如，采用顶针式测试工装进行电路板性能指标调测的工序都会在首件检验、序间检验后再进行末件检验，以及时发现测试工装故障所产生的测试不良现象，从而避免电路板装入机壳形成整机后再发现故障而返工。

末件检验应由检验员和操作员共同进行。检验合格后双方应在“末件检验卡”上签字。

五、制程检验的工作流程

如图2-9所示为某电子企业的IPQC流程图。

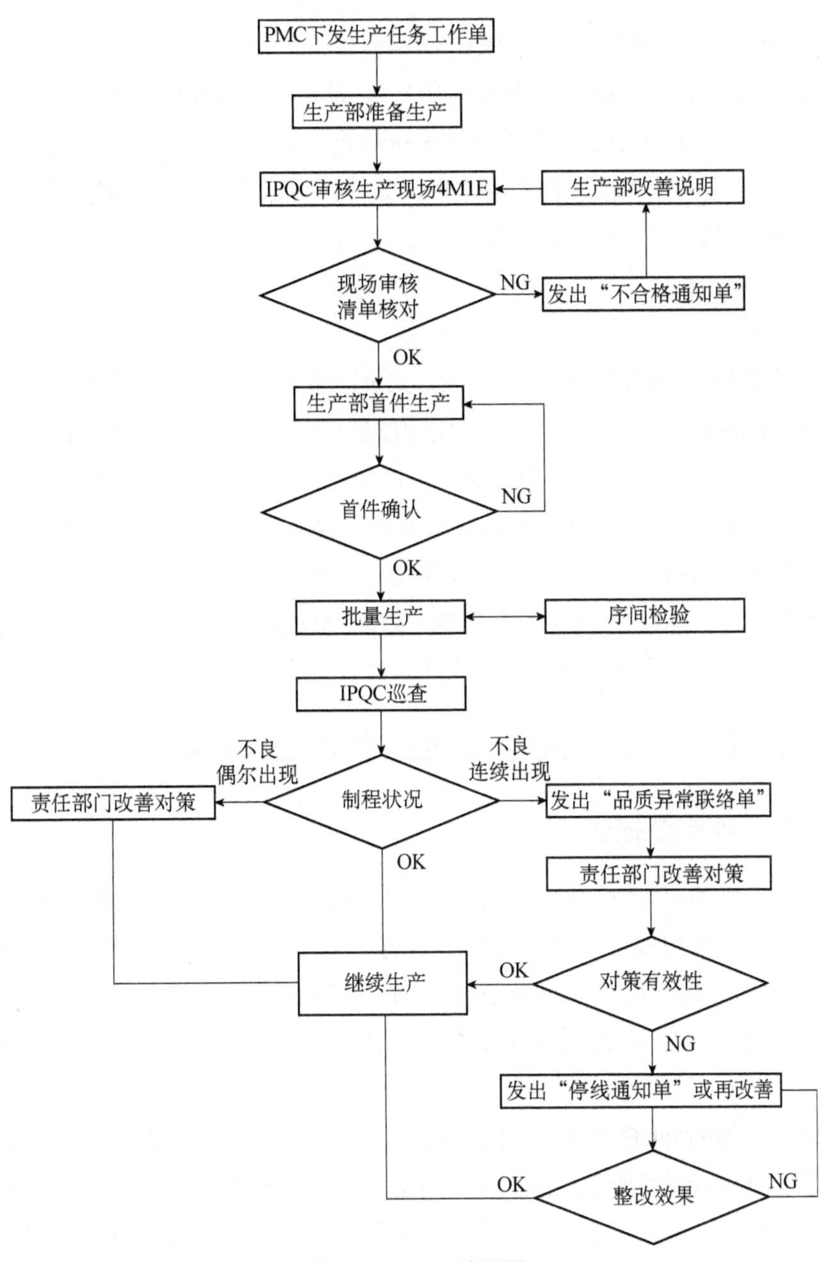

图 2-9　IPQC 流程图

（1）PMC（Production Material Control，生产及物料控制）下发生产任务工作单。

（2）生产部各生产班组依据生产任务工作单、“工位安排表”和“SIP（作业指导书）”布置生产计划和上料。

（3）IPQC 逐一核对检查表上的检验内容，包括对使用的烙铁与静电环进行测试，并且做好检查结果记录，班组长核对后签字。

（4）如生产现场检查合格，可进行首件生产。

（5）如生产现场检查不合格，通知班组长对不合格项进行改善，改善后重新检查。

（6）生产部开始生产首件。首件经操作员检验合格，并经班组长确认后，交IPQC确认。

（7）IPQC核对首件与“BOM（物料清单）”以及结构等与样板是否一致。

（8）检验人员填写两份首件检验报告，一份放置于生产现场，一份存于品质部门。

（9）IPQC确认首件合格后才能正常生产，如首件不合格，生产部需重新制作首件。

（10）生产部批量生产。根据权属关系，生产部或品质部做好序间检验工作。

（11）IPQC实施巡检。

具体工作如下：

① IPQC检查各工位使用的材料、作业方式及设备参数设定是否正确。

② 依检验标准抽检在制品以随时了解制程质量状况，适时发现问题，防止批量不良。

③ 1小时内同一项目的不良品小于5pcs，通知班组长确认原因，寻找改善对策。

④ 同一项目的不良品连续出现5pcs或每小时不良率≥10%时，IPQC通知生产部暂停作业并出具“品质异常联络单”，经生产部经理确认、品管部主管批准后，由责任部门寻找形成原因和改善对策，IPQC对改善效果进行跟踪。如无明显改善效果，应发出“停线通知单”通知生产部停工，直至达到整改效果后恢复生产。

2.2.3 出货检验（OQC）岗位分布及工作内容

一、OQC工作岗位描述

电子零部件经过生产线的组装以后形成电子产品整机，整机经线上检验合格，再进行包装后，形成成品并经检验合格才能将其入库储存。对完工后的成品在入库前所做的一系列检验通常总称为终检（Final or Finished Quality Control，FQC），就是制造过程最终检查验证（最终品质管制），亦称为制程完成品检查验证（成品品质管制）、整机检验或成品检验。

而出货检验（Outgoing Quality Control，OQC）是对已入库的成品在出货销售之前为保证出货产品满足客户品质要求所进行的检验，经检验合格的产品才能予以放行对外出货销售。出货检验（OQC）亦称为出货品质稽核或出货品质检验（出货品质管制），成品出厂前必须进行出厂检验，才能达到产品出厂零缺陷、客户满意零投诉的目标。

二、OQC岗位分布

1. FQC工作岗位

对FQC英文含义的理解上，存在两种情况：第一种是最终检验（Final Quality Cotrol），也就是成品入库前的“最终检验”；第二种情况是完工检验（Finished Quality Cotrol），这种情况下既可以是成品的也可以是半成品的，都可以称为“完工检验”。半成品完工检验后入半成品库，成品（也就是完工件）的完工检验等同于“最终检验”。

2. OQC 工作岗位

对于制成成品后立即出厂的产品，最终检验也就是出货检验；对于制成成品后不立即出厂，而需要入库储存的产品，在出库发货以前，尚需再进行一次出货检验。因此有些电子制造企业往往把最终检验和出货检验合并成一个岗位，统称为成品检验。

出货检验一般在产品出货前一周内完成。实际工作中，在产品储存时间较短的情况下，由于产品在入库前已经进行了严格的检查，所以一般无须再进行出货检验。如果仓库储存环境（如温度、湿度）对产品有影响，则需要进行出货检验。如果库存产品长时间存放（如超过一年）或超过规定期限，即使暂不出货，也需要实施定期的监督性质量检查。

电子制造企业一般在品质管理部门（如品管部、质控部）内设置 FQC 与 OQC 岗位。而 OQC 主要设置 OQC 主管、组长、领班、检验员、成品品质工程师等岗位来完成检验工作。由于成品检验及出货检验是涉及电子整机成品质检的最后一个关口，因此 FQC 与 OQC 岗位工作是电子制造企业品质控制最重要的环节。FQC 与 OQC 岗位工作主要是防止不合格产品出厂和流入到客户手中，以避免损害客户利益和本企业的信誉，同时也是全面考核产品质量是否符合规范和技术要求的重要手段。

FQC 与 OQC 的工作场景分别如图 2-10、图 2-11 所示。

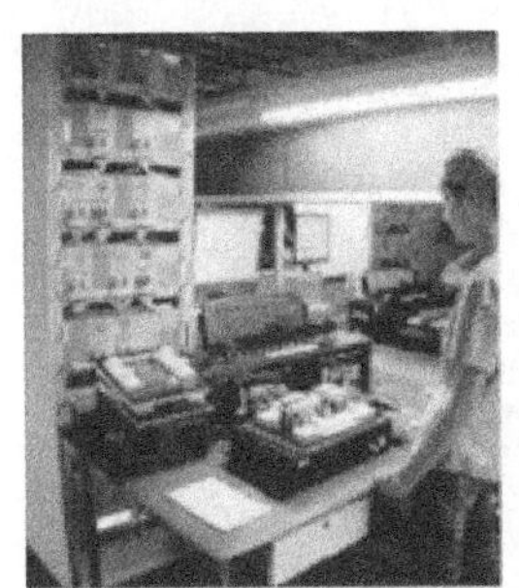

图 2-10　FQC 工作场景

图 2-11　OQC 工作场景

三、岗位职责

1. FQC 检验员的主要工作职责

（1）产品最终检验。

严格按照检验规程及其他相关规定对生产线上成品或半成品进行线上全数检验；按照公司规定的抽样方法，对成品入库前进行抽样检验和对产品进行型式试验工作，防止不合格成品入库；对于经过检验的成品，出具“FQC 检验报告”并做好相关的品质记录；根据生产计划与出货计划制订成品检验计划；放行经检验合格的产品，退回生产部经检验不合格的产品。

（2）协助处理不合格品。

对最终检验中发现的不合格品和不合格批次进行鉴定；监督不合格品的处理过程；对处理完的不合格品重新进行质量检验，直到符合相关要求。

（3）质量统计分析。

及时填写质量记录，提交质量报表；做好质量报表的统计分析工作，并及时上报给主管；对成品检验档案资料进行分类、整理、统计、登记造册。

（4）检验仪器设备管理。

严格按检验仪器的操作规程使用检验器具；负责检验器具的日常保管、保养工作；按计划及时将检验器具送检，妥善保管自己使用的印章。

2. OQC检验员的主要工作职责

（1）产品出货检验。

严格按照检验规程、其他相关规定以及公司规定的抽样方法，对成品出库前进行抽样检验，防止批量不合格成品出货（库）；对于经过检验的成品，出具“OQC检验报告”并做好相关的品质记录；根据出货计划制订成品出货检验计划并全程监控出货过程；放行经检验合格的产品，负责不合格品的标识与隔离并跟踪处理；监督仓库装卸操作规范性并监督仓库按先进先出原则出货；负责收集仓库储存保障状况；负责登记出货（库）产品批号，确保产品出厂的可追溯；每天对产品出货数量和批号进行统计、分析、汇总。

（2）协助处理不合格品。

OQC检验员这部分职责与FQC检验员一致。

（3）质量统计分析。

OQC检验员这部分职责与FQC检验员一致。

（4）检验仪器设备管理。

OQC检验员这部分职责与FQC检验员一致。

四、FQC/OQC工作内容

1. 终检与出货检验内容

（1）终检的检验内容。

终检（FQC）一般包括成品线上检验、成品入库检验和成品型式试验三方面的内容。

① 成品线上检验。检验项目有：产品功能、性能、结构尺寸、外观等；检验方法有：生产线定点检验、100%全检。

② 成品入库检验。包括成品包装、外观、结构尺寸、功能以及易于检验的性能，一般采用抽检的方式。

③ 成品型式试验。一般单指包括安全、寿命、耐振、耐冲击、环境条件等在内的可靠性测试，是对成品入库检验的补充。

由于成品型式试验通常对产品带有破坏性，因此成品型式试验也采用抽检的方式。成品型式试验是一种全面的评价试验、试验周期长，耗费的人力物力也大，因此一般情况下不可能每批产品入库或出厂时都进行全面试验。但整机厂出于对整机可靠性的高要求，大都会对每批次入库的产品采取有选择性地针对重点质量指标或客户指定的试验项目进行试验。

（2）出货检验内容。

出货检验内容一般包括成品包装检验（包装是否牢固、是否符合运输要求等）、成品标志检验（如商标批号是否正确）、成品外观检验（外观是否破损、开裂、划伤等）、成品功能与性能检验。

出货检验一般实行抽检，检验合格则放行，不合格则应及时返工或返修，直至检验合格。出货检验结果记录有时根据客户要求提供给客户。

2. 出货检验流程

出货检验工作流程如图 2-12 所示，包括 FQC 与 OQC 在内的电子整机产品检验作业流程要点如下：

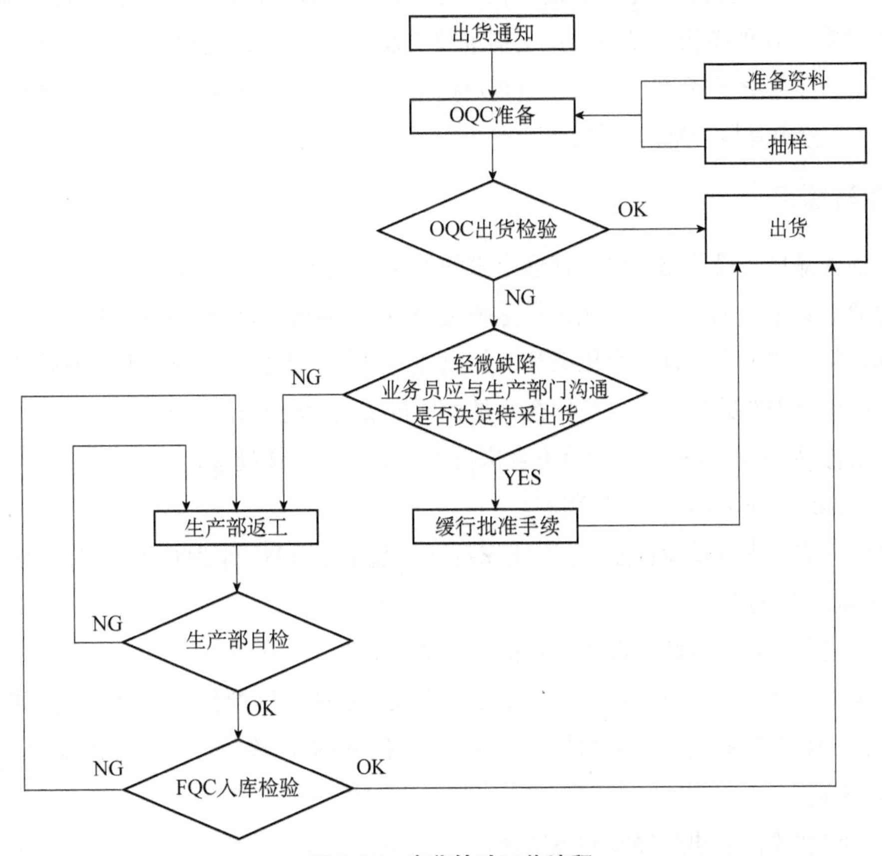

图 2-12　出货检验工作流程

① 生产部门在电子整机产品装配调试完成后，填写“产品入库单”，送质检部门并通知检验。质检人员依拟定的抽样方案到车间库房抽取样品进行检验。

② 检验人员依据产品设计技术文件、企业标准等，进行外观、功能及性能检验，并将检验

结果填入“检验记录卡（单）”，检验合格的则贴上“合格”标签，放置于标志“合格区”内。

③ 检验中对工艺的判定有疑义时，可参考相关工艺标准等。

④ 检验时若发现装配工艺内容与产品设计文件不符时，必须立即报告主管以了解实际装配要求。

⑤ 相同的不合格原因如果持续发生时，必须报告品管主管处理，必要时应填写“质量异常处理单”。

⑥ 经检验不合格的产品，要置于“不合格区”并贴上“不合格”标签。不合格品应全数退回生产部重新检修调试，并按原项目进行复检，合格的则入库，不合格的则予以返工。

⑦ 不合格品如仍需被使用时，则需依照企业特殊规定处理。

⑧ 如果在第三地直接进行交货验收，可委托第三地的交货者代为检验，并以其出具的“检验报告”作为该批货品质量验收的依据，也可派质检人员前往第三地进行货品验收。

⑨ 生产部入库的整机产品包装箱上需标识产品名称、商标、编号、生产日期、数量等。

⑩ 经检验合格的产品在出货前，当客户提出验货要求时，应在复检合格品原合格标签的旁边贴上用于标识复检合格的标签。

思考与练习

1. 产品的品质是设计出来的？管理出来的？制造出来的？检验出来的？为什么？

2. 检验器具出现测试偏差，如果你是那位OQC检验员，接下来应该怎么做？

3. 你觉得怎样才能做好一个班组长，如果你是一位班组长，你将如何开展你的工作？

4. IQC检验来料的检验依据是什么？是如何按依据检验的？

5. 如果你是OQC检验员，检验不合格批次产品时应怎样处理？

6. 简单描述一下OQC检货的程序。

7. 某一天成品来货堆积很多，这时大家都在一起帮忙验货，作为OQC的你该如何组织验货才能避免验货出错？

8. 制造过程中管控现场管理任务包括哪四个方面？

9. 某年某日某时，生产线在生产某型三相电表过程中，巡检员巡查到端盖安装工位时，发现端盖某位置未按规定点红色油漆，如果你是那位IPQC，接下来应该怎么做？

10. 判断题

（1）AQC代表的意思是接收质量限制。（　　）

（2）4M1E是指人、机器、材料、方法、环境。（　　）

（3）测试电池或充电器输出电压时，万用表选择交流电压挡。（　　）

（4）为了避免待料，放置生产现场的原料越多越好。（　　）

（5）用电子卡尺测量外径时，被测物应夹持在测尖部。（　　）

（6）不合格是指产品的所有品质特性，不符合规定要求。（　　）

（7）只要做好品质检验，就可以保证产品品质。（　　）

（8）过程质量管控是指产品从物料投入生产到产品测试合格的制造过程质量管控。（　　）

（9）制造过程质量管控是产品在生产过程中通过设定某种品质活动来确保过程按照预定的方向发展。（　　）

（10）一般来说，电子产品的体积小、重量轻；而一些制造电子产品的机械设备精度高，控制系统复杂。（　　）

（11）生产组织标准是进行生产组织形式的生产手段。（　　）

（12）上道工序向下道工序担保自己所提供的在制品或半成品及服务的质量，满足下道工序在质量上的要求，以最终确保产品的整体质量。（　　）

（13）为在一定的范围内获得最佳秩序，对实际的或潜在的问题制订共同的和重复使用的规则的活动，称为标准化。（　　）

11. 单项选择题

（1）以下哪种有害物质不是国家限用的？（　　）

A. 镉　　B. PBB　　C. 苯　　D. 六价铬

（2）以下哪些元器件是没有极性的？（　　）

A. 电阻　　B. 二极管　　C. 钽瓷电容　　D. IC 集成块

（3）一般，检测仪器外部校准的周期是多久校准一次？（　　）

A. 6 个月　　B. 1 年　　C. 2 年　　D. 3 年

（4）色码电阻红、红、红、金表示（　　）。

A. 222Ω+5%　　B. 22Ω+5%

C. 2.2kΩ+5%　　D. 2.2MΩ+5%

（5）品质改善由谁发起（　　）。

A. 作业员　　B. 品检员　　C. 设计员　　D. 高层管理者

（6）IQC 检验原材料异常时，下面处理时效正确的是（　　）。

A. 急件 2 小时内回复，一般件 24 小时内回复

B. 一般都在 8 小时内回复即可

C. 根据生产需求时间定义处理时间

D. 由采购决定处理时间

（7）加严检验是强制使用的，其主要目的是（　　）。

A. 减少检验量　　B. 保护使用方利益

C. 提高产品质量　　D. 减低生产方风险

（8）公司出货检验的相应允许水准应该（　　）客户标准。

A. 严于　　B. 松于　　C. 严于或等于　　D. 松于或等于

（9）控制图的上、下控制限可以用来（　　）。

A. 判断产品是否合格　　B. 判断过程是否稳定

C. 判断过程能力是否满足技术要求　　D. 判断过程中心与技术中心是否发生偏移

（10）过程质量管控是指产品从物料投入生产到（　　）的制造过程质量管控。

A. 产品测试合格　　B. 产品最终包装

C. 产品从产线下线　　D. 产品包装之前

（11）制造过程质量管控是产品在生产过程中通过设定某种品质活动来（　　）。

A. 确保过程按照预定的方向发展　　B. 让过程按照预定的方向发展

C. 确保过程按照高科技的方向发展　　D. 让过程按照高科技的方向发展

（12）制造过程不仅要保持品管结果向上，还要做到（　　）。

A. 持续改善　　B. 明显改善　　C. 效果明显　　D. 用户满意

（13）电子产品制造过程是指产品从（　　）的全过程。

A. 开发、生产到推向市场　　B. 设计、生产到推向市场

C. 设计、开发到推向市场　　D. 设计、试制和批量生产

（14）制造过程具体包括产品的（　　）这三个阶段。

A. 设计、开发到推向市场　　B. 设计、生产到推向市场

C. 开发、生产到推向市场　　D. 设计、试制和批量生产

实践训练1：IQC进料检验管控技能训练

通过提供的电阻、电容，根据作业指导书完成下列来料检验报告。

来料品检验报告

<table>
<tr><td>机型</td><td></td><td colspan="2">品名</td><td colspan="2"></td><td colspan="3">货号</td><td colspan="3"></td></tr>
<tr><td>批号</td><td></td><td colspan="2">批量</td><td colspan="2"></td><td colspan="3">入库数</td><td colspan="3"></td></tr>
<tr><td>供应商</td><td></td><td colspan="2">订单号</td><td colspan="2"></td><td colspan="3">交货日期</td><td colspan="3"></td></tr>
<tr><td colspan="2">缺点性质：</td><td colspan="2">严重：</td><td colspan="2"></td><td colspan="3">轻微</td><td colspan="3">抽检数</td></tr>
<tr><td colspan="2">次品接受程度</td><td colspan="2">严重：</td><td colspan="2"></td><td colspan="3">轻微</td><td colspan="3">PCS</td></tr>
<tr><td colspan="2" rowspan="2">次品数别</td><td rowspan="2">数量</td><td colspan="2">缺陷 DEF</td><td>SP EC</td><td colspan="6">读数 READING</td></tr>
<tr><td>严重</td><td>轻微</td><td>规格</td><td>项目</td><td>1</td><td>2</td><td>3</td><td>4</td><td>5</td></tr>
<tr><td>1</td><td></td><td></td><td></td><td></td><td></td><td></td><td></td><td></td><td></td><td></td><td></td></tr>
<tr><td>2</td><td></td><td></td><td></td><td></td><td></td><td></td><td></td><td></td><td></td><td></td><td></td></tr>
<tr><td>3</td><td></td><td></td><td></td><td></td><td></td><td></td><td></td><td></td><td></td><td></td><td></td></tr>
<tr><td>4</td><td></td><td></td><td></td><td></td><td></td><td></td><td></td><td></td><td></td><td></td><td></td></tr>
<tr><td>5</td><td></td><td></td><td></td><td></td><td></td><td></td><td></td><td></td><td></td><td></td><td></td></tr>
<tr><td>6</td><td></td><td></td><td></td><td></td><td></td><td></td><td></td><td></td><td></td><td></td><td></td></tr>
</table>

<table>
<tr><td rowspan="3" colspan="2">通知有关部门
□ 生产部
□ 技术部</td><td colspan="2">1. 严重
2. 轻微</td></tr>
<tr><td colspan="2">最后处理结果</td></tr>
<tr><td>□ 合格
□ 不合格</td><td>□ 全检
□ 特采
□ 退回供应商</td></tr>
<tr><td colspan="2" rowspan="2">备注</td><td>检查员</td><td>批准人</td></tr>
<tr><td>日期　　/　/</td><td>日期　　/　/</td></tr>
<tr><td>条例</td><td colspan="3">1. 任何物料进厂，必须经由品检部抽检，合格放行则方可入仓。
2. 如因严重缺料而采用品质未符合标准的来料，则品质部必须通知有关部门。
3. 各供应商在接到品检报告通知退货时，必须在十四天内收回退货，逾期则如同损坏，恕不负责。</td></tr>
</table>

2.3　供应商质量管理（SQM）岗位职责及管理方法

前面所学的来料检验主要是一种物料被送到工厂时才进行的质量验证。它还是一种被动式质量控制，对物料的质量稳定性、电子制造企业的生产计划和交货期等都会产生不同程度的影响。在现代电子制造企业的经营生产活动中，强调供应链一体化，外购、外协部品在生产成本中所占的比例往往占总成本的一半以上或更高。例如，一个家电制造企业所需的上千种零件往往分别由两百多家供应商单独进行生产，只有使各供应商的人、财、物等资源与整机厂进行有效的整合，才能使整机厂和供应商全面提高经济效益。供应商不单单影响生产成本，更决定了企业生产产品的质量与生产过程的产出率。在激烈的市场竞争条件下，如何通过有效管理和提升供应商的质量来提高产品质量与降低成本是每个现代电子企业必须面对的难题和挑战。

供应商质量管理（Supplier Quality Management，SQM）通过对供应商进行选择、评审、培养使之成为企业的合作伙伴，随企业的发展共同成长。供应商质量管理是企业管理的重点，也是一个复杂的过程，包括招标、选择、评估、现场考核、定级、试用、试用评估、正式试用、再评估、定期确认资格等环节。

2.3.1　SQM岗位职责及供应商选择

一、岗位职责

在电子制造企业从事供应商质量管理的人员为供货商质量管理工程师（Supplier Quality Engineer，SQE），主要工作职责为：

（1）负责保障供应商所供原材料的质量，由供应商供货物料存在质量缺陷引发的问题要及时反馈给供应商，要求其进行改善。

（2）负责追踪、确认供应商的改善报告及实施效果，必要时可进行现场审核检查。

（3）负责制订进货检验部门的检验规范并制订检验计划，适时对检验员进行培训指导。

（4）可以参与供应商初始样品的评估放行工作。

（5）每月或每季度，对现有供应商的质量状况进行统计评分，对评分较低的供应商提出限期改善要求。

（6）参与新供应商的开发与审核，与采购、研发部门一起对新供应商进行考核打分。

二、供应商的选择

供应商质量管理的首要一点是供应商的选择，这是质量保证的源头。对供应商的选择应该从可能合作的供应商的鉴别开始，对潜在的供应商的质量保证能力和供应能力进行审核评估，这样从源头上控制了物料供应的质量，减少供需双方的浪费。

供应商选择的基本准则是“Q-C-D-S（Quality，Cost，Delivery，Service）”原则，也就是质量、成本、交付、服务并重的原则。在这四者中，质量因素是先决条件。

在质量方面，首先确认供应商是否建有一套稳定有效的质量保证体系（包括生产产品所需的相关证件，如营业执照、税务登记证、生产许可证等），然后确认供应商是否具有生产特定产品所需的设备和工艺能力。

在成本方面，运用价值工程的方法对所涉及的产品进行成本分析，并通过价格谈判实现成本节约。

在交付方面，要确定供应商是否拥有足够的生产能力，人力资源是否充足，是否有扩大产能的潜力。

在服务方面，通过供应商的售前、售后服务记录反映出的供应商服务质量也是供应商考核很重要的一个项目，服务及时、稳妥才能保证双方的合作有序地进行。

作为电子整机制造厂，通常都有一定的供应商评估表，它包括：供应商概况、财务状况、主要产品、科研开发、工艺设备、质量体系、检验和试验设备、主要原材料供应、竞争环境、主要用户、交货能力、价格、承诺、质量改进能力等。要综合考虑供应商厂区的规模大小、地理位置及其对整机厂业务的重视程度等进行预选。预选通常是由整机厂的专业人员对初选出来的供应商的质量保证体系进行的预审核，以确定供应商的质量保证能力能够满足供应要求。同时考虑整机厂与供应商的生产力要素能够综合协调，能保证系统整体效能的有效发挥。通过预审核后可以根据整机厂的需要，就相关技术标准、要求等与供应商进行协商，对零件的具体技术质量要求达成共识，并淘汰部分不合格的厂商或删减过多的厂商。接下来就可以要求通过预选的供应商提供样品进行鉴别、试用、小批量试用、批量使用等过程。当整机厂确认了供应商提供的样品之后就可以与该供应商签订短期的、小批量的采购合同，正式确定双方的合作关系。

在选择供应商的过程中，质量控制的要点是：对可能合作的供应商进行鉴别；对潜在的供应商进行技术质量诊断；对供应商进行预选，研究其开发及批量生产的质量和业绩；预审核文件的编制；供应商提供的证明文件的收集和确认；供应商的确认等。

选择供应商的基本策略为：

（1）综合考虑供应商的业绩、设备管理、人力资源开发、质量控制、成本控制、技术开发、用户满意度、合同执行情况等可能影响供应链合作关系的方面。

（2）供应商评价和选择过程透明化、制度化和科学化。

（3）供应商的规模和层次跟采购方相当。

（4）购买数量不超过供应商产能的 50%，反对全额供货的供应商。如果由一家供应商负责 100%的供货和 100%的成本分摊，则采购方风险较大，因为一旦该供应商出现问题，势必影响整个供应链的正常运行。不仅如此，采购方在对某些供应材料或产品有依赖性时，还要考虑地域风险。

（5）对供应商的数量进行控制，同类物料的供应商数量为 2～3 家，有主次供应商之分，避免出现独家供货的情况。这样可以降低管理成本，提高管理效果，从而保证供应的稳定性。

（6）与重要供应商结成供应链战略合作关系。电子制造企业（简称电子整机厂）的发展，在一定程度上取决于物料供应商的支持力度，战略合作关系尤为重要。

2.3.2 供应商质量管理方法

一、供应商的审核

对供应商的审核有第二方和第三方审核，通常电子制造企业对供应商的审核是要求各供应商建立 ISO 9000 质量保证体系并获得相关认证，同时结合本企业的要求安排专业审核人员对供应商进行第二方审核。第二方审核的目的是通过整合双方的资源来提高供应商的质量保证水平，及时发现质量隐患防止批量事故发生以减少双方的经济效益损失。

在审核过程中要求审核人员有相当的专业技术知识和管理经验，通过双方有效的沟通将各自的资源优势进行调整以实现互补。例如，电子制造企业可以发挥集团大采购的优势为供应商采购某些原材料，双方共享检验和试验设备等。按照双赢的原则，经过不断的审核、改进、提高，增强整体竞争力。

二、建立供应商档案

产品较复杂有一定规模的电子制造企业通常都有数十甚至上百家供应商，在审核合格后如何保证其长期稳定的供应能力，需要对其进行长期、动态的监控。对审核后评定合格的供应商，应建立统计数据表，就质量问题、准时交货等进行统计分析，每季度或每半年进行等级评定，选优淘劣。

企业要建立供应商的质量记录档案，最适宜的方法是利用公司的内部网络，建立一个供应商信息共享的数据统计分析平台。其中包括从质检采购、计划、生产、售后服务、客户处获得的质量信息，如：

（1）供应商的能力调查表。

（2）供应商的样品测试报告。

（3）供应商产品验收月报/季报。

（4）供应商考核评价资料。

（5）供应商产品质量问题反馈单及用户投诉记录。

（6）供应商的现场评定记录。

企业利用这些资料，为动态管理提供必需的依据。定期考核评价是对供应商实施动态管理的有效手段，它能将整机厂、供应商有效地联系在一起，使问题在最短的时间内得到解决。企业可以根据自身特点确定评价的方式，无论采取何种方式，其结果都应记录在数据分析平台中，归入供应商质量档案。对质量问题发生比较多的供应商减少订货或不进货。同时，对候补供应商进行评定，考核评价的结果只存在数据分析平台中。对供应商实行有效的动态管理，对提高供应商的产品质量起到良好的促进作用。

即使没有企业内部网络，同样也应该将供应商的相关信息加以整理、集中，并按照各供应商的供应状况进行适时调整。定期对各供应商进行评估，将信息及时反馈给供应商并跟踪供应商的改进情况。

三、供应商质量管理要点

（1）传统的来料质量管理主要是针对IQC的内部管理，对外则作为一种被动式的关系。因追求质量的提升及企业、供应商双赢的局面，IQC来料质量管理将转变为供应商的源头质量管理。企业不是被动地与供应商打交道，而是要主动地引导、改变、管理、维护它们之间的质量保证体系，在一定程度上协助供应商完成企业的改革。

（2）采购方定期或不定期地对供应的产品进行质量检测或现场检查。采购方对重要的供应商可派遣专职驻厂员，或者经常对供应商进行质量跟踪与检查。

（3）采购方要减少对个别供应商的过分依赖，分散采购风险。

（4）采购方制定各采购件的验收标准、与供应商的验收交接规程。

（5）对选定的供应商，公司与之签订长期供应合作协议，在该协议中具体规定双方的权利与义务、双方互惠条件。

（6）采购方可在供应商处设立供应商联合品质工程师（Supplier Joint Quality Engineer，SJQE，也常称客、供协调员或客户对应工程师）。SJQE是最先由DELL公司提出的一个工种。DELL的下属外包企业都会因为对应DELL而设立SJQE，每个SJQE都须经由DELL考核合格后才准许上岗。SJQE就相当于DELL驻供应商处的品质工程师。SJQE的职能是在供应商处让供应商感觉到DELL（客户）就在身边，SJQE通过扮演客户的角色，从而达到提高供应商供货质量的目的。

（7）采购方定期或不定期地对供应商进行等级评比，制订和执行相关奖惩措施。

（8）每年对供应商进行重新评估，不符合要求的予以淘汰，从候选供应商队伍中再补充合格的供应商。

（9）采购方对重点材料供应商进行质量监控管理。

（10）当管控供应商材料的制程参数变更或设计变更时需采购方确认、批准。

思考与练习

1. 请思考如下问题：某家大型电子制造企业制订了年度供应商实地考察计划，要求每季度对所有的 100 多家供应商进行实地考察，这意味着每年度采购部门要拜访 400 多次供应商。采购人员花费了大量时间，感觉力不从心。如果你是 SQM 人员，接下来该怎么做？

2. 请思考如下问题：遇到这样一个供应商，公司询价，迟迟不回复，下订单了，迟迟不发 P/I，只有每天打电话催促，该供应商系列的迟缓行为延误了公司的货期。如果你是 SQM 人员，接下来该怎么做？

3. 采购部于 2003 年 6 月，向 ABC 印刷公司购买了一批彩盒，采购单编号为#98125，为了包装产品出厂给客户，审核员检查了已认可供应商名单，该 ABC 印刷公司不在认可名单上，采购员解释说，该供应商的价格最低，且已让检验员验证。试问采购员这样做正确吗？为什么？

4. 在成品检验分析会上发现有一些产品判定为不合格，审核员问这批产品现在何处，检验人员说该批产品已经重新返工，所以未检验已出厂了。试问检验员所说的正确吗？为什么？

5. 审核员在原料仓库发现 6 个未经检验标有“客户来料”字样的箱子，仓库主管解释说，这是客户送来的一批特殊电子零件，指定安装在为他们制造的产品上，这些零件既然由客户提供，质量当然由他们负责，我们不用验证。试问仓库主管所说的符合质量体系标准中相关规定吗？为什么？

6. 排序题。

（1）对供应商评估的过程有 6 个步骤，请将正确的顺序填在右侧的括号中。

建立跨职能的评估小组　（　　）

收集供应商的名单及资料　（　　）

列出评估因素及确定权数　（　　）

通过对供应商的问卷调查和实地考察　（　　）

逐项评估供应商的履行能力，进行量化打分　（　　）

综合评价并确定供应商　（　　）

（2）对初选供应商的过程有 6 个步骤，请将正确的顺序填在右侧的括号中。

确定供应商群体范围　（　　）

真正了解供应商　（　　）

与供应商进行初步谈判（　　）

向供应商发放认证说明书（　　）

供应商提供项目供应报告（　　）

确定三家以上的初选供应商（　　）

7. 单选题。

（1）对一个正在运作的供应链管理而言，若能找到可以为采购及供应等部分贡献力量的（　　），同时和他们进行合作，是相当有必要的。

A. 供应商　　B. 承运商　　C. 证券商　　D. 保险商

（2）以下对供应商选择策略不正确的是（　　）。

A. 减少供应商数量，使采购活动尽量集中，降低采购成本

B. 选择独家供应商，与其建立长期合作关系

C. 选择有专业优势的供应商，让其积极参与产品开发或过程开发

D. 在提供同质产品的前提下，选择报价最低的供应商

（3）采购方可以选择一个或多个供应商，下列哪项不是使用一个供应商的原因（　　）。

A. 供应商是某种关键部件或工序的唯一所有者

B. 集中购买可以获得折扣或较低运费

C. 获得更低的价格

D. 某个供应商能够提供很有价值的、非常出色的产品或服务质量

（4）在对供应商实地考察中，应该使用统一的评分卡进行评估，并着重对其（　　）进行审核。

A. 技术　　B. 产品质量　　C. 设备　　D. 管理体系

（5）采购方应按一定的（　　），科学合理地评价供应商，以便选择合适的供应商。

A. 程序　　B. 关系　　C. 指示　　D. 愿望

（6）在选择评价供应商时，质量权数适当放小，主要是针对以下哪一类产品（　　）。

A. 供求平衡的平稳产品　　B. 供小于求紧俏产品

C. 供大于求滞销产品　　D. 以上都不是

（7）在选择评价供应商时，质量、价格的权数适当放大，主要是针对下列哪一类产品（　　）。

A. 供求平衡的平稳产品　　B. 供小于求紧俏产品

C. 供大于求滞销产品　　D. 以上都不是

（8）在选择评价供应商时，质量因素是主要的，其次才是价格因素，主要是针对下列哪一类产品（　　）。

A. 供求平衡的平稳产品　　B. 供小于求紧俏产品

C. 供大于求滞销产品　　D. 以上都不是

（9）下面四个改进方法中哪一个是最具主动性的选择方法（　　）。

A. 允许员工选择他们最熟悉的方法　　B. 利用顾客识别改进方法

C. 模仿竞争对手的改进努力　　D. 用廉价材料替代

（10）供应商认证应该由（　　）负责。

A. 采购部门　　B. 专门的跨职能资源开发部门

C. 技术部门　　D. 质量部门

项目 3 品质管理方法

【项目描述】

品质管理指以质量为中心，以全员参与为基础，目的在于通过让客户满意而达到长期成功的管理途径。但要做好品质管理并不容易，正确的方法才是关键，正确而有效的工作方法可以解决工作中发生的各种各样的问题，提高工作效率，达到改进效果。学生通过本项目的学习，可以掌握品质管理的各类方法，并能熟练将品质管理方法运用于实际管理，能发现及分析产品生产各个环节的品质管理问题，从而找到解决途径。

【学习目标】

1. 掌握 5W2H 方法解决逻辑与条理问题；
2. 掌握 QC 七大手法解决品质管理问题；
3. 掌握 5S 管理方法解决现场管理问题；
4. 掌握 8D 方法解决系统问题；
5. 掌握检验标准与方法降低进料至出货的品质风险。

【能力目标】

1. 能运用 5W2H 方法梳理事件要点，找到问题解决方法；
2. 能运用 QC 的各类统计方法发现及分析产品生产各个环节的品质管理问题，从而找到解决途径；
3. 能运用 5S 管理方法进行生产现场管理，提升工作效率，减少产品的品质问题；
4. 能运用 8D 的系统方法解决产品的品质事件；
5. 能运用正确的检验标准和方法把控产品的品质风险，实现提升产品品质与工作效率。

3.1 5W2H 方法

职场问题①：小 Z 是个新入职场的应届生，工作也有 6 个月了，领导对他的评价是，态度积极，但成果堪忧，做事没条理，没思路。职场中，像小 Z 这样的应届生真是不少，甚至有些工作很多年的职场人士，也有这样的问题。

职场问题②：工作中，经常有这种情形发生：每天都很忙，但无成效；总是被领导和同事催促；领到任务不知如何下手；不知道如何与同事对接。其实这些都是缺乏逻辑和条理造成的。

如何提升逻辑和条理，学会使用 5W2H 方法就可以迎刃而解了。5W2H 方法又叫七何分析法，是“二战”中美国陆军兵器修理部首创的，简单、方便，易于理解、使用，富有启发意义，广泛用于企业管理和技术活动，对于决策和执行性的活动措施也非常有帮助，也有助于弥补考虑问题的疏漏。

一、5W2H 方法定义

发明者用五个以 W 开头的英语单词和两个以 H 开头的英语单词进行设问，发现解决问题的线索，寻找发明思路，进行设计构思，从而搞出新的发明项目，这就叫作 5W2H 方法，如图 3-1 所示。

图 3-1　5W2H 方法

图中 7 个关键词的具体含义如下：

（1）What——是什么/何事？目的是什么？做什么工作？

（2）How——怎么做/如何做？如何提高效率？如何实施？方法怎样？

（3）Why——为什么/何因？为什么要这么做？理由何在？原因是什么？为什么会造成这样的结果？

（4）When——何时？什么时间完成？什么时机最适宜？

（5）Where——何地？在哪里做？从哪里入手？

（6）Who——谁/何人？由谁来承担？谁来完成？谁负责？

（7）How much——多少/何价？做到什么程度？数量如何？质量水平如何？费用产出如何？

二、5W2H 方法特点

1. 广泛适用

5W2H 方法可用于项目设立、产品创新、服务方案（计划）、人员管理（人际关系）、工作任务安排、问题汇报（沟通）、问题分析等方面。

2. 提高效率

运用5W2H方法可以达到全面思考，避免遗漏，界定准确，表达清晰，紧抓主要矛盾，杜绝盲目。

3. 使用简单

5W2H方法便于理解、方便使用，易于跟其他分析管理工具搭配使用。

三、5W2H方法案例分析

案例1：工作任务布置案例

部门主管对文员张小姐布置任务："张小姐，你将这份调查报告复印2份，于下班前送到总经理室交给总经理；请留意复印的质量，总经理要带给客户参考。"

想一想主管是否把关键信息表达清楚了，张小姐听了这句话是否能将工作做好？先用5W2H方法来剖析一下这句话表述的关键信息：

Who——张小姐

How——复印品质好的副本

Where——总经理室

Why——要给客户做参考

What——调查报告

When——下班前

How much——2份

案例2：工作汇报案例

各部门主管：

接销售部通知明日（8月18日）公司有重要客人验厂，请各部门负责人做好相关接待工作并于8月17日下午安排和督导本部门人员：

（1）搞好各自区域的卫生。

（2）统一着夏季工衣和佩戴厂牌等。

（3）客人来时请注意礼节和礼貌。

（4）准备好相关文件及记录。

用5W2H方法来剖析一下关键信息如表3-1所示。

表3-1 案例2

信息	描述
Who	各部门主管
When	明日（8月18日）、8月17日下午
Why	公司有重要客人验厂
What	安排和督导本部门人员
Where	公司

续表

信息	描述
Who	各部门主管
How	（1）搞好各自区域的卫生 （2）统一着夏季工衣和佩戴厂牌等 （3）客人来时请注意礼节和礼貌 （4）准备好相关文件及记录
How much	搞好卫生、统一着装

案例 3：工作计划案例

要求 7 月 16 日打 50 尺红色绒面交给客户（7 月 3 日通知），具体如表 3-2 所示。

表 3-2　案例 3

信息	描述
What	打 50 尺红色绒面样板
Why	按照客户要求，有大货要下
Who	由小何负责，小王协助
When	7 月 3 日与 7 月 16 日之间完成
Where	在公司的实验室做，用 1 号实验转鼓
How	选择 1 号工艺路线，小王负责称料，看鼓；小何负责调色，对板，选择蓝皮（5 级：6 级比例为 1：2，2～4 尺规格）
How much	要花费 5 天时间，2 吨水，50 元钱的化料，5 度电，5 个人工，20 张蓝皮（2～4 尺规格）

四、5W2H 方法的重要性

工作中想要有逻辑与条理，就要学会思考，在领到工作任务之后，不要马上就开始去做。做事之前，一定要进行思考，而思考时按 5W2H 方法来进行，充分酝酿和推演，可以更好地梳理出事情的来龙去脉，制订全面而细致的实施计划。

What——要做什么事情，确定内容和目标。

When——目标达成所需要的时间，确定起止时间点。

Who——有谁参与，确定主负责人及参与人的角色和职责。

Where——在什么地方做？确定不同区域之间的沟通方式和责任人。

Why——为什么要这么做？与目的必须保持高度一致。

How to do——具体怎么做？确定行动方案和计划。

How much——需要什么资源？确定已有的资源，没有的资源如何获得？

面对任何工作或任务，我们都可以运用 5W2H 方法来思考，这样可以有助于思路的逻辑和条理化，并且可以帮助我们找到问题的根源所在，并依此制订有针对性的行动来进行预防或改善，从而保证工作和任务的有效达成。

工作内容千变万化，但工作思路和方法其实是统一的，有了正确的工作思路和方法，要解决的就是具体的操作；没有正确的工作思路和方法，眼里就只有困难和问题。

5W2H方法，只是一个基本方法，在应用的时候，一定要关注扩展。例如When，不是简单地确定起止时间即可，要把每一项工作任务的起止时间都确认出来。What，也不是简单地确定做什么事情就可以的，要把各个环节要做的事情都一一确认才可以。

阅读材料

1. 大野耐一的5-Why分析

有一次，大野耐一先生看见生产线上的机器总是停转，虽然修过多次但仍不见好转，便上前询问现场的工作人员。

（1-Why）问："为什么机器停了？"答："因为超过了负荷，保险丝就断了。"

（2-Why）问："为什么超负荷呢？"答："因为轴承的润滑不够。"

（3-Why）问："为什么润滑不够？"答："因为润滑泵吸不上油来。"

（4-Why）问："为什么吸不上油来？"答："因为油泵轴磨损、松动了。"

（5-Why）问："为什么磨损了呢？"答："因为没有安装过滤器，混进了铁屑等杂质。"

经过连续五次不停地问"为什么"，找到问题的真正原因（润滑油里面混进了杂质）和真正的解决方案（在油泵轴上安装过滤器）。由现象推其本质，因此找到永久性解决问题的方案，这就是5-Why分析。

2. 华盛顿杰弗逊纪念馆的5-Why分析

20世纪80年代，美国政府发现华盛顿的杰弗逊纪念馆受酸雨影响损坏严重，于是请了家咨询公司来调查。下面是顾问公司与大楼管理人员的一段对话。

问：为什么杰弗逊纪念馆受酸雨影响比别的建筑物更严重？

答：因为清洁工经常使用清洗剂进行全面清洗。

问：为什么要经常清洗？

答：因为有许多鸟在此拉屎。

问：为什么会有许多鸟在此拉屎？

答：因为这里非常适宜虫子繁殖，这些虫子是鸟的美餐。

问：为什么这里非常适宜虫子繁殖？

答：因为里面的人常年把窗帘关上，阳光照射不到屋内，阳台和窗台上的尘埃形成了适宜虫子繁殖的环境。

拉开窗帘，杰弗逊纪念馆的问题就这么轻易解决了。

实践训练1：运用5W2H方法制订培训计划，填写表3-3。

表 3-3　5W2H 培训计划

信息	描述
What	培训的内容是什么？
Why	为何培训？
Who	谁应参加培训？谁来培训？
When	什么时间组织培训？
Where	在哪里进行培训？
How	采用何种方式进行？如何检验成果？
How much	培训内容的层次（程度）如何？

3.2　QC 七大手法

QC 七大手法是常用的统计管理方法，又称为初级统计管理方法（品管七大手法）。

在品质管理工作中，为了了解生产过程、产品的品质状况，需要从一批产品中，客观地抽取一部分样品进行测试，从而取得一批数据进行加工整理，通过对这一部分样品的研究，运用统计推断方法预测推断总体的品质状况，从而找出产品品质的波动规律。这就是品质管理中的数理统计方法。

常用的统计方法有查检表、层别法、柏拉图、因果图、散布图、管制图、直方图，这就是通常所说的“品管七大手法”。

下面介绍数据相关概念及注意事项。

1. 数据

数据就是根据测量所得到的数值和资料等事实。因此形成数据最重要的基本观念就是数据=事实。

2. 运用数据应注意的事项

① 收集正确的数据。

② 避免主观判断。

③ 要把握事实真相。

3. 数据的种类

① 定量数据：长度、时间、重量等测量所得的数据，也称计量值；以缺点数、不良品数来作为计算标准的数值称为计数值。

② 定性数据：以人的感觉判断出来的数据，例如，水果的甜度或衣服的美感。

4. 整理数据应注意的事项

① 在问题发生后要制订对策之前，一定要有数据作为依据。
② 要清楚数据使用的目的。
③ 数据的整理，改善前与改善后所具备的条件要一致。
④ 数据收集完成之后，一定要马上使用。

3.2.1 查检表

查检表就是将需要检查的内容或项目一一列出，然后定期或不定期地逐项检查，并将问题点记录下来的方法，常用的查检表的名称有：查核表、点检表、诊断表、改善用查检表、满意度调查表、考核表、审核表、5S 活动检查表、工程异常分析表等。

一、查检表分类

一般而言查检表可依其工作的目的或种类分为下述两种。

1. 点检用查检表

在设计时即已定义用处，只做是非或选择的标记，其主要功用在于确认作业执行、设备仪器保养维护的实施状况或为预防事故发生，以确保安全使用，此类查检表主要用于确认检核作业过程中的状况，以防止作业疏忽或遗漏，例如教育训练查检表、设备保养查检表、行车前车况查检表等。

2. 记录用查检表

此类查检表用来搜集计划资料，应用于不良原因和不良项目的记录，做法是将数据分为数个项目类别，以符号、划记或数字记录的表格或图形。由于常用于作业缺失、品质良莠等记录，故亦称为改善用查检表。

二、查检表制作应注意的事项

（1）明了制作查检表的目的。
（2）决定查验的项目。
（3）决定查验的频率。
（4）决定查验的人员及方法。
（5）相关条件的记录方式，如作业场所、日期、工程等。
（6）决定查检表格式（图形或表格）。
（7）决定查检记录的方式及符号，如正、+++、△、√、○。

三、点检用查检表案例

案例 1：表 3-4 所示为机器设备异常保养点检表。

表 3-4　机器设备异常保养点检表　　___月份

项　　目	日　　期					
	1	2	3	4	……	31
漏油						
漏水						
	1	2	3	4	……	31
漏气						
……						
查核者						
异常处理						

案例 2：表 3-5 所示为管理人员日常检点查核表。

表 3-5　管理人员日常检点查核表　　___月份

项　　目	日　　期							
	1	2	3	4	5	6	……	31
人员服装								
工作场地								
机器保养								
机器操作								
工具使用								
……								
查核者								
异常处理								

案例 3：表 3-6 所示为上班前服饰及携带物品的查检表。

表 3-6　上班前服饰及携带物品的查检表

<table>
<tr><td colspan="8">上班时的服饰及携带物品</td><td>备注</td></tr>
<tr><td colspan="2">区分</td><td>周一</td><td>周二</td><td>周三</td><td>周四</td><td>周五</td><td>周六</td><td rowspan="9"></td></tr>
<tr><td rowspan="4">携带</td><td>钱包</td><td>√</td><td>√</td><td>√</td><td rowspan="4"></td><td rowspan="4"></td><td rowspan="4"></td></tr>
<tr><td>手机</td><td>√</td><td>√</td><td>√</td></tr>
<tr><td>钥匙</td><td>√</td><td>√</td><td>√</td></tr>
<tr><td>小笔记本</td><td>√</td><td>√</td><td>√</td></tr>
<tr><td rowspan="4">服饰</td><td>领带</td><td>√</td><td>√</td><td>√</td><td rowspan="4"></td><td rowspan="4"></td><td rowspan="4"></td></tr>
<tr><td>头发</td><td>√</td><td>√</td><td>√</td></tr>
<tr><td>皮鞋</td><td>√</td><td>√</td><td>√</td></tr>
<tr><td>全身服饰
是否协调</td><td>√</td><td>√</td><td>√</td></tr>
</table>

实践训练 2：分析一个案例。

王老板开了一家小餐馆，主要经营盒饭、咖喱饭、牛排、烧肉、拌沙拉、烤面包片。王老板每天按自己计划的量进货并准备食物，但每天都会有不同的食物剩下来造成了很大的浪费。王老板就开始琢磨了，怎么能让每天准备的货和卖出去的差不多呢？后来王老板做了一张食物卖出份数的统计表（见表 3-7）。经过一周的记录，终于摸清了食物的销量。

表 3-7　一周销售统计

单位：份

菜　单	星期一	星期二	星期三	星期四	星期五	星期六	星期日
烤面包片	16	12	14	17	16	18	1
咖喱饭	22	17	20	22	17	18	22
牛排	3	5	4	6	7	4	20
拌沙拉	4	5	4	4	3	5	7
盒饭	2	5	4	5	2	3	7
烧肉	1	2	1	0	2	1	1

可见一张小小的统计表，虽然只是一个简单的每天工作的记录，却帮王老板掌握了货物流动的重要信息。大家再想想，从这张表中还能看出什么有用信息？

实践训练 3：设计一个点检用查检表（检查内容自定义）。

四、记录用查检表案例

案例 1：收集计量或计数资料，通常使用划记法，如表 3-8 所示。

表 3-8　不良次数统计

修整项目	划记法	次数/次
尺寸不良	正 一	6
表面斑点	下	3
装配不良	正 下	8
电镀不良	正 正 丅	12
其他	正	5

案例 2：5S 活动评分用查检表示例，如表 3-9 所示。

表 3-9　5S 现场诊断表

	诊 断 内 容	计　点		
地板	1 无污染且干净			
	2 物品放置是否占用通道			
	3 物品堆放是否整齐			
	4 有无垃圾灰尘			

续表

	诊 断 内 容	计	点	
地板	5 零件、制品有无掉落			
	6 有否放置不需要的东西			
壁面	1 门窗玻璃有否灰尘污染			
	2 门窗框架有无灰尘			
	3 告示板视觉观感是否良好			
	4 壁面有无挂贴不需要的东西			
天花板	1 有无污染或蜘蛛丝			
	2 日光灯有无油灰污染			
	3 吊式告示板视觉观感是否良好			
输送机	1 配线配管是否良好			
	2 日光灯有无污染灰尘			
	3 工作台面有无垃圾灰尘污垢			
	4 工作台面有无放置多余东西			
	5 作业指导书有否挂示			
	6 作业指导书挂示视觉是否良好			
	7 输送带内侧有无灰尘进入			
	8 滚轮有无垃圾沾着			
	9 脚架部分有无灰尘			
机械	1 配线配管是否良好			
	2 有无灰尘污染			
	3 有否挂示作业指导书			
	4 作业指导书挂示视觉是否良好			

案例3：某检验状况记录查检表示例，如表3-10所示。

表3-10　检验状况记录查检表

作业者	机械	不良种类＼日期	5/1	5/2	5/3	……	合计
A	1	尺寸	5	0	3		41
		缺点	4	1	4		52
		材料	0	0	0		3
		其他	0	0	0		5
B	2	尺寸	1	4	8		28
		缺点	2	2	1		13
		材料	1	2	3		30
		其他	0	0	1		2

实践训练4：设计一个点检用查检表（检查内容自定义）。

3.2.2　层别法

一、何谓层别法

层别法就是针对部门、人别、工作方法、设备、地点等所收集的数据，按照它们共同的特征加以分类、统计的一种分析方法，也就是为了区别各种不同原因对结果的影响，而以个别原因为主，分别统计分析的一种方法。

二、如何做层别

一般以4M1E来做层别，“4M1E”是指“人”“机器”“材料”“方法”“环境”5个方面。一般而言，问题的发生都包含这五大要素，这5个要素的具体含义如下。

人（Man）的因素：人员的思想、意识、个体差异、配合度、能力等。

机器（Machine）因素：对问题有影响的所有软、硬件条件，比如机器设备的功能、准确度、机械能力等。

材料（Material）因素：材料是否合格、适宜且及时等。

方法（Method）因素：方法是否合理、过程是否受控、是否标准化等。

环境（Environment）因素：内部、外部环境因素的影响，比如噪声、温度、湿度、灰尘、污染等。

“4M1E”在品质管理工作中使用很广，比如在制订品质管理计划、分析和解决问题、策划品质管理工程时都会用到。“4M1E”是各类统计工具的应用基础，通常与各类QC手法结合起来运用。

三、层别的对象和项目

（1）有关人的层别。

（2）机械设备的层别。

（3）作业方法、条件的层别。

（4）时间的层别。

（5）原材料零件类别。

（6）测量检查的层别。

（7）环境气候的层别。

（8）制品的层别。

四、层别法在QC手法运用中的注意事项

QC七大手法中的柏拉图、查检表、散布图、直方图和管制图都必须以发现的问题或原因

来做层别法。例如，制作柏拉图时，如果设定太多项目或设定项目中其他栏所占的比例过高，就不知道问题的重心，这就是层别不良的原因。另外直方图的双峰型或高原型都是由于层别的问题导致的。这些内容将在后续 QC 手法的使用中具体阐述。

五、层别法应用案例

层别法一般和柏拉图、直方图等其他 QC 七大手法结合使用，也可单独使用。例如，抽样统计表、不合格类别统计表、排行榜等。

案例 1：××公司注塑机系三班轮班，上周三个班所生产的产品均为同一产品，为了能具体得知各班的产量及不合格率状况，以便采取有效控制措施，设计了如表 3-11 所示的统计表，该表以班别来加以统计。

表 3-11　各班的产量及不合格率状况表

班别项目	A	B	C
产量（件）	10000	10500	9800
不合格率（%）	0.3	0.4	0.2

通过上面的统计表可见，以班别来加以统计，可得知各班的产量及不合格率状况，便于有依据地采取措施。

层别法采用的是一种系统概念，即在于要想把相当复杂的资料进行处理，就需懂得如何把这些资料有系统有目的地加以分门别类、归纳及统计。

案例 2：管理工作上的层别法应用。

某公司将营业计划与实际比较，发现营业成绩未达成目标。那么在管理工作上就可以用层别法的概念先做分类的工作，如以商品类别作业绩比较表，查出哪种商品出了问题（见图 3-2）。

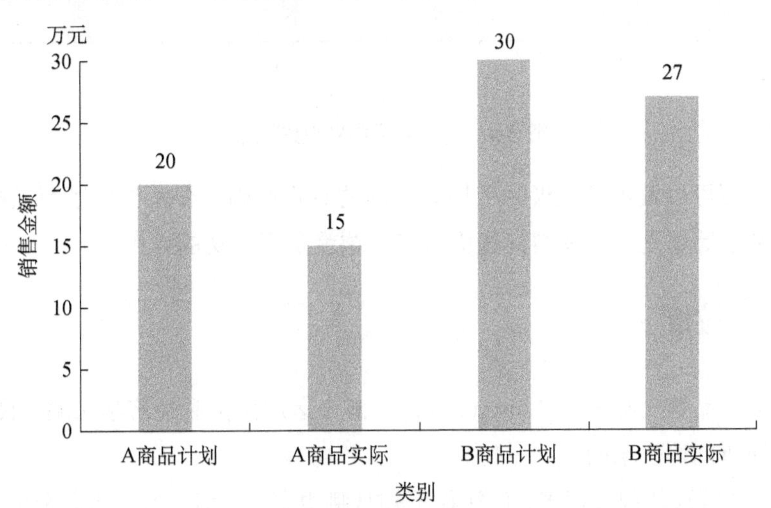

图 3-2　商品类别业绩比较

如以营业单位销售落后业绩商品的层别化再比较即可发现各单位对这种商品的销售状况（见图 3-3）。

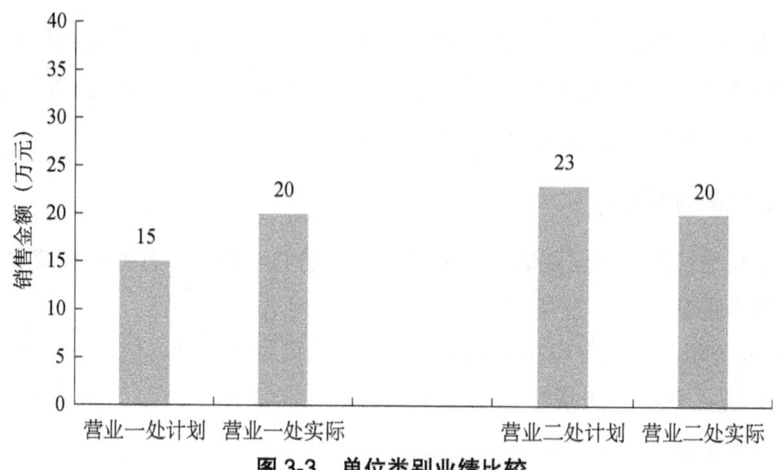

图 3-3　单位类别业绩比较

如对业绩不理想的单位，按营业人员类别进行比较即可发现各营业人员的状况，如此问题将更加明确化（见图 3-4）。

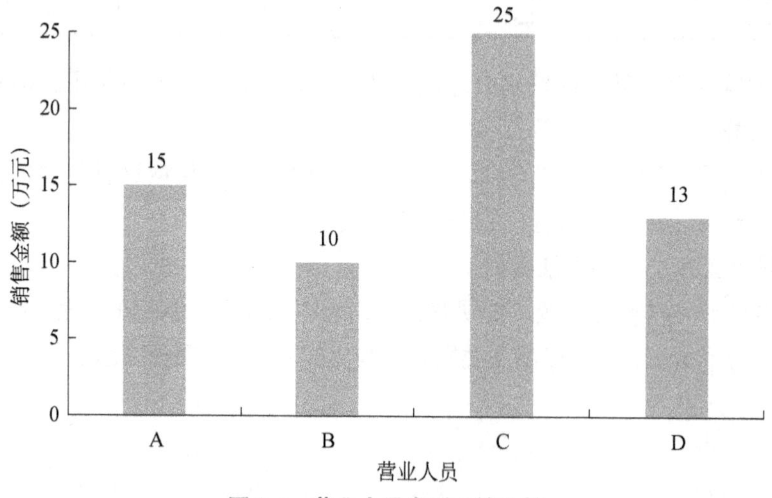

图 3-4　营业人员类别业绩比较

从以上的介绍可以发现管理者为了探究问题的真正原因，分别使用了商品类别、单位类别、营业人员类别等层别法，使得问题更清楚，这就是层别法的作用。

3.2.3　柏拉图

柏拉图是美国品管大师朱兰（Joseph Juran）博士运用意大利经济学家柏拉图（Pareto）的统计图加以延伸所创造出来的。

在工厂里，要解决的问题很多，但往往不知从哪里着手，但事实上大部分的问题，只要能找出几个影响较大的要因，并加以处置及控制，就可解决 80%以上的问题。

柏拉图是根据归集的数据，以不良原因、不良状况发生的现象，系统地加以项目类别（层别）分类，计算出各项目所产生的数据（如不良率、损失金额）及所占的比例，并依照大小顺序排列，再加上累积值的图形，对柏拉图中比例估计最多的项目着手进行改善，较为容易得到改善成果。

一、柏拉图的作用

柏拉图可以帮助我们找出关键的问题，抓住重要的少数及有用的多数，适用于数值统计，有人称为 ABC 图，又因为柏拉图的排序是从大到小，故又称为排列图。柏拉图的作用有：

（1）降低不合格品的依据。

（2）决定改善目标，找出问题点。

（3）可以确认改善的效果。

二、柏拉图的制作方法

（1）确定不良的分类项目。

（2）确定数据收集区间，并且按照分类项目收集数据。

（3）记入图表纸并且依数据大小排列画出直方形。

（4）点上累计值并用线连接。

（5）记入柏拉图的主题及相关数据。

三、柏拉图的制作要点

（1）柏拉图有两个纵坐标，左侧纵坐标一般表示数量或金额，右侧纵坐标一般表示数量或金额的累积百分数。

（2）柏拉图的横坐标一般表示检查项目，按影响程度大小，从左到右依次排列。

（3）绘制柏拉图时，按各项目数量或金额出现的频数，对应左侧纵坐标画出直方形，将各项目出现的累计频率，对应右侧纵坐标描出点子，并将这些点子按顺序连接成线。

四、柏拉图应用案例

案例 1：某部门将上个月生产的产品做出统计，总不良数为 414 个，用层别法依不良项目类别做出统计表如表 3-12 所示，做出该统计表的柏拉图如图 3-5 所示。

表 3-12　层别统计表

顺位	不良项目	不良数（件）	占不良总数比率（%）	累积比率（%）
1	破损	195	47.1	
2	变形	90	21.7	68.8
3	刮痕	65	15.8	84.6
4	尺寸不良	45	10.9	95.5
5	其他	19	4.5	100
合计		414	100	

由图3-5可以看出，该部门某月产品不合格主要来自破损，占了不合格产品总数的47.1%，前三项不合格产品（破损、变形、刮痕）所占比例加起来超过了不合格产品总数的80%以上，处理时应以前三项为重点。

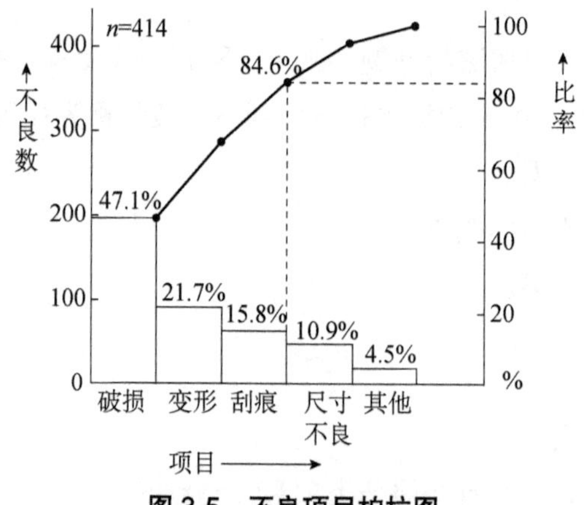

图3-5　不良项目柏拉图

案例2：沿用上题，发现主要不良项目为破损，此破损为当月生产许多产品的破损总和，再将产品类别用柏拉图法分析如下。

破损不良数=195件，依产品类别的层别统计表如表3-13所示。

表3-13　层别统计表

顺位	产品	不良数（件）	占不良总数比率（%）	累积比率（%）
1	A	130	66.7	
2	B	35	17.9	84.6
3	C	10	5.1	89.7
4	D	8	4.1	93.8
5	其他	12	6.2	100
合计		195	100	

对应柏拉图如图3-6所示。

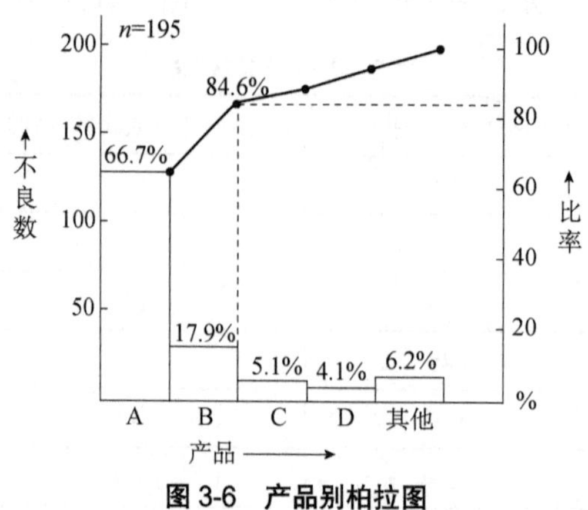

图3-6　产品别柏拉图

由图3-6可知，在上个月的产品中，光是A产品在破损这一项就占了整个部门的不合格产品总数的31.4%（47.1%×66.7%=31.4%）。在进行消灭不良的活动中，即以此项为第一优先对象。

A产品+B产品两项合计超过不合格产品总数的80%，故A、B产品为重点处理产品。

实践训练5：某纸业公司在年底将本年度内的品质损失进行统计分析。依项目类别（层别）统计如表3-14所示，其中光是第一项破损，就占了总损失的55.2%。试做出对应柏拉图，并说明需改善项目。

表3-14　层别统计表

顺位	不良项目	年度损失额（万元）	损失百分比（%）	
			本项目	累计
1	破损	55		
2	变颜色	22		
3	包装污损	7.8		
4	张数不齐	6.7		
5	其他	8		
6	合计	99.5		

实践训练6：由下面查检表（表3-15）做出对应柏拉图，并分析可节约的支出项目。

表3-15　查检表

支出项目	支出金额（元）	累计金额（元）	累计比率
伙食费	10 253	10 253	41%
零用钱	5 000	15 250	61%
水电费	3 750	19 000	76%
教育费	2 000	21 000	84%
交际费	1 000	22 000	88%
其他	3 000	25 000	100%
合计	25 000	25 000	

3.2.4　因果图

所谓因果图，又称特性要因图，主要用于分析品质特性与影响品质特性的可能原因之间的因果关系，通过把握现状、分析原因、寻找措施来促进问题的解决，是一种用于分析品质特性（结果）与可能影响特性的因素（原因）的一种工具，又称为鱼骨图。

首先提出这个概念的是日本品质管理权威石川馨博士，所以因果图又称石川图。因果图，可使用在一般管理及工作改善的各种阶段，易于使问题的要因明朗化，帮助找到针对性的方案来解决问题，从而使管理工作更加得心应手。

在因果图实际使用中，寻找要因时可结合“4M1E”5个要素开展。

一、因果图的特点

（1）简捷实用，深入直观。

（2）它看上去有些像鱼骨，问题或缺陷（后果）标在“鱼头”外。

（3）鱼骨上长出鱼刺，表示产生问题的可能原因。

二、因果图的制作方法

（1）确定问题或质量的特征。

（2）确定大要因。

（3）确定中小要因。

（4）确定影响问题点的主要原因。

（5）填上制作目的、日期及制作者等数据。

三、因果图的绘制步骤

（1）决定评价特性。

自左向右画一横粗线代表制程，并将评价特性写在箭头的右边，以“为何×××不良”（评价特性）的方式表示，如图3-7所示。

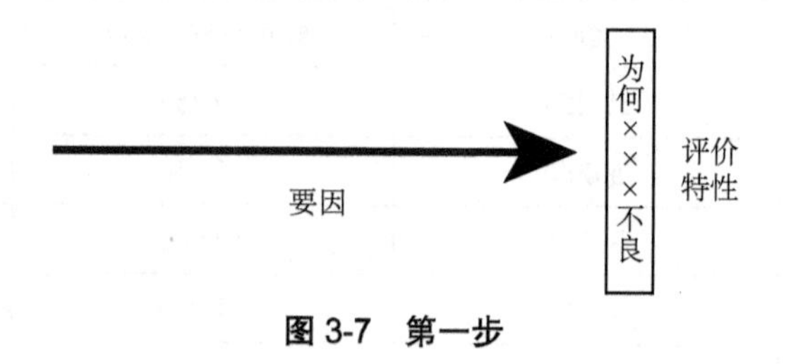

图3-7 第一步

（2）列出大要因。

大要因可依据制程类别分类，亦可依4M1E来分类；大要因以□圈起来，加上箭头的大分支到横粗线，如图3-8所示。

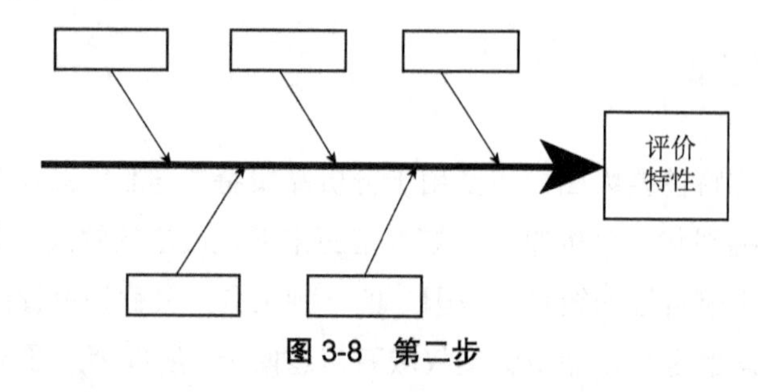

图3-8 第二步

（3）依各要因分别细分，记入中要因、小要因，如图 3-9 所示。

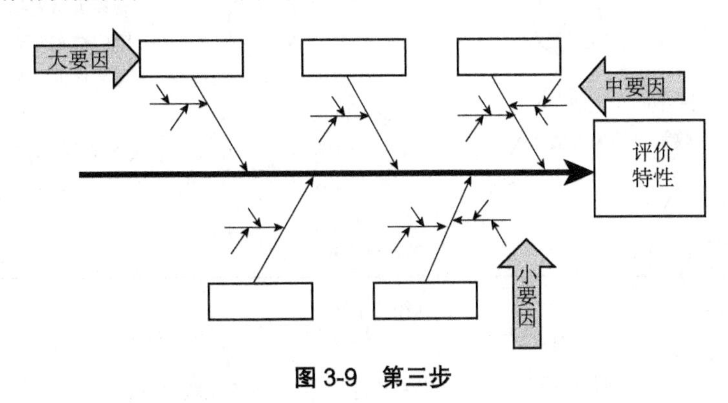

图 3-9　第三步

（4）最末端必须是能采取措施的小要因。

四、注意事项

（1）严禁批评他人的构想和意见。

（2）意见愈多愈好。

（3）欢迎自由奔放的构想。

（4）顺着他人的创意或意见发展自己的创意。

五、应用案例

案例 1：因果图示例如图 3-10 所示。

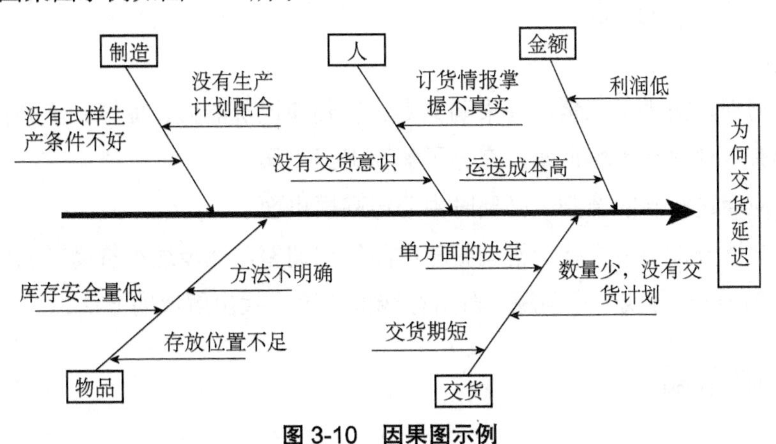

图 3-10　因果图示例

案例 2：某公司总经理带领大家用因果图分析“进货价格高”这一问题。经过大家的集体讨论，最后在这 5 个方面找出了所有可能导致进货价格高的原因，并且经过讨论，确定了几个最重要的因素，并用星号标出（见图 3-11）。

经过因素的归纳，找出了公司进货价格高的主要原因包括以下几个方面：

（1）公司员工自身素质不高，谈判能力不足，对外界反应迟钝等。

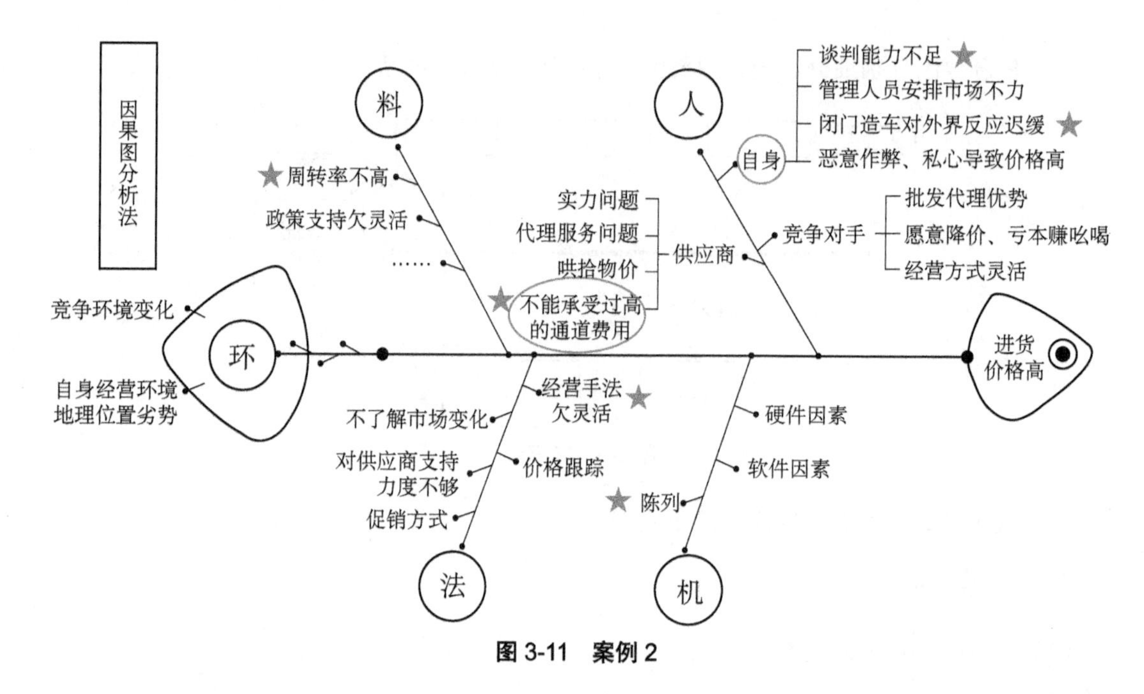

图 3-11　案例 2

（2）供应商不能承受过高的通道费用。

（3）公司商品陈列有问题，让厂商无信心。

（4）商品周转率不高，导致积压严重，产生滞销，厂商不肯送新货。

（5）经营手法欠灵活，表现在进货方式、付款方式等方面。

导致问题产生的根源已经找到，公司领导层经过研究，实施了如下的解决方案，最后很好地解决了进货价格高的问题。

解决方案：

（1）加强培训，提高员工素质（采购原则、谈判和议价能力、促销、陈列技巧）。

（2）科学有效地进行市场调研，充分了解和把握市场。

（3）与供应商进行新的谈判，必要时由公司高层出面。

（4）在有效谈判前提下进行价格调整与产品结构调整，逐步缩小价高产品比例。

实践训练 7：自己寻找一个问题，分析影响的原因，找出解决的方法。

3.2.5　散布图

将因果关系所对应变化的数据分别描绘在 *X-Y* 轴坐标系上，以掌握两个变量之间是否相关及相关的程度如何，这种图叫作“散布图”，也称为“相关图”。

一、散布图制作

（1）收集相对应数据，至少 30 组上，并且整理写到数据表上。

（2）找出数据之中的最大值和最小值。

（3）划出纵轴与横轴刻度，计算组距。通常纵轴代表结果，横轴代表原因。组距的计算应以数据中的最大值减最小值再除以所需设定的组数求得。

（4）将各组对应数据标示在坐标系上。

（5）必须填上资料的收集地点、时间、测定方法、制作者等项目。

二、散布图的分析

散布图的分析一般来说有 6 种形态。

（1）当 X 增加，Y 也增加，也就是说，表示的原因与结果有相对的正相关，如图 3-12 所示。

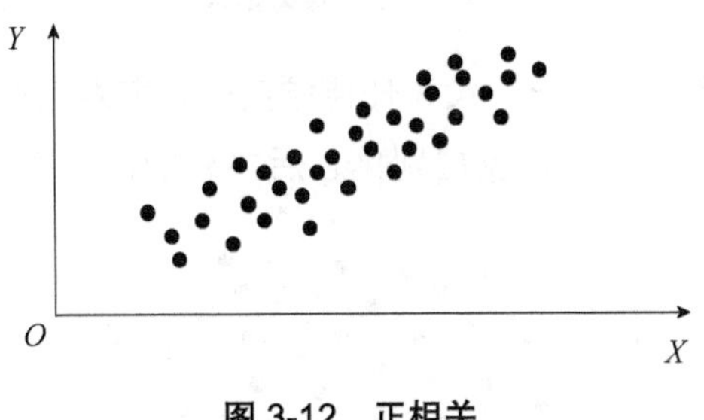

图 3-12　正相关

（2）散布图中点的分布较广但是有向上的倾向，这个时候 X 增加，一般 Y 也会增加，但非相对性，也就是说，X 除受 Y 因素的影响外，可能还有其他因素的影响，有必要进行其他要因再调查，这种形态叫作似有正相关，也称为弱正相关，如图 3-13 所示。

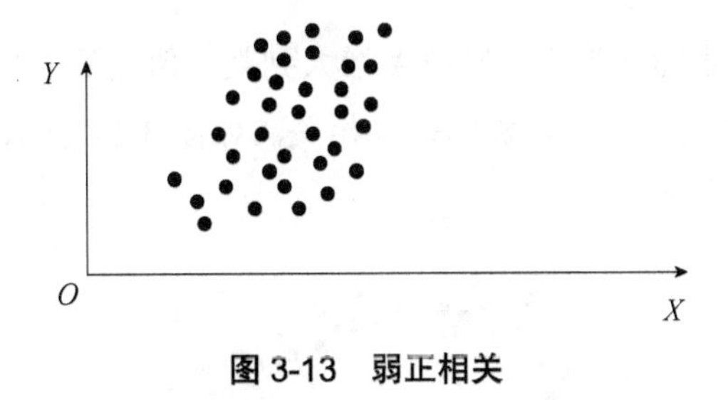

图 3-13　弱正相关

（3）当 X 增加，Y 反而减小，而且形态呈现一直线发展的现象，这种形态叫作完全负相关，如图 3-14 所示。

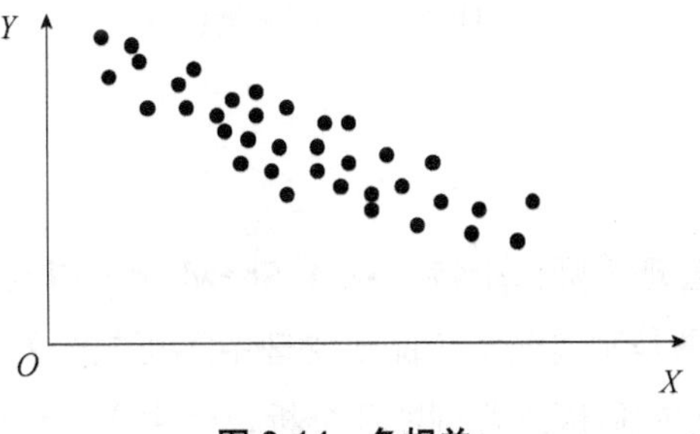

图 3-14　负相关

（4）当 X 增加，Y 减小的幅度不是很明显，这时的 X 除受 Y 因素的影响外，尚有其他因素影响 X，这种形态叫作非显著性负相关，称为弱负相关，如图 3-15 所示。

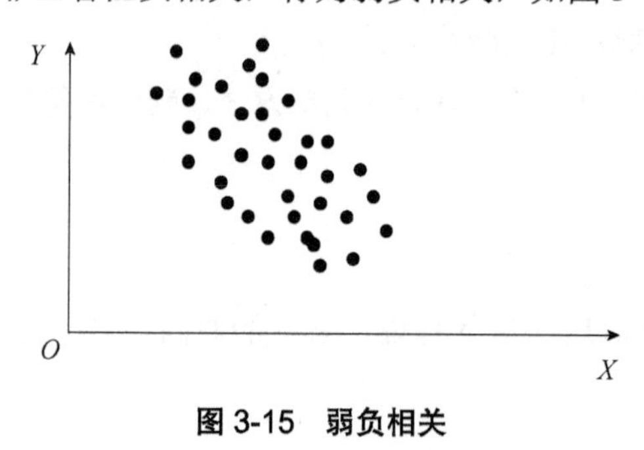

图 3-15　弱负相关

（5）如果散布点的分布呈现杂乱，没有任何倾向时，称为无相关，也就是说，X 与 Y 之间没有任何的关系，这时应再一次将数据层别化之后再分析，如图 3-16 所示。

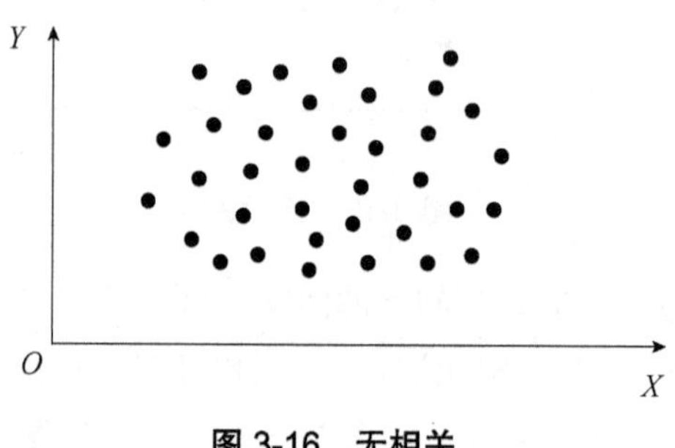

图 3-16　无相关

（6）假设 X 增大，Y 也随之增大，但是 X 增大到某一值之后，Y 反而开始减小，因此产生散布图点的分布有曲线倾向的形态，称为曲线相关，如图 3-17 所示。

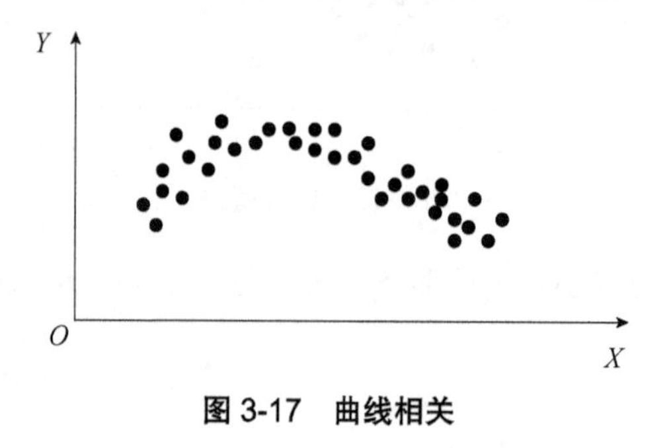

图 3-17　曲线相关

3.2.6　管制图

管制图是由美国品质管理大师修哈特（W. A. Shewhart）博士所发明的，是一种带控制界限的质量管理图表。管制图是制造业实施品质管理中不可缺少的重要工具，通过设置合理的控制界限，对引起品质异常的原因进行判断和分析，使生产过程处于正常、稳定状态。

一、管制图的特点

管制图是对生产过程质量的一种记录图形，图上有中心线和上下控制界限，并有反映按时间顺序抽取的各样本统计量的数值点。中心线是所控制的统计量的平均值，上下控制界限与中心线相距数倍标准差。多数的制造业应用三倍标准差控制界限，如果有充分的证据也可以使用其他控制界限。

管制图的基本式样如图 3-18 所示，由两个坐标轴和三条横向线条组成，纵坐标表示品质特性值，横坐标表示样本代码或时间（年月日），三条横线条中有两条虚线，一条实线，上、下两条虚线称为上、下控制界线，分别用符号 UCL 和 LCL 表示，中间的实线叫中心线，用符号 CL 表示。这三条横线界定了制程可接受的变异范围。

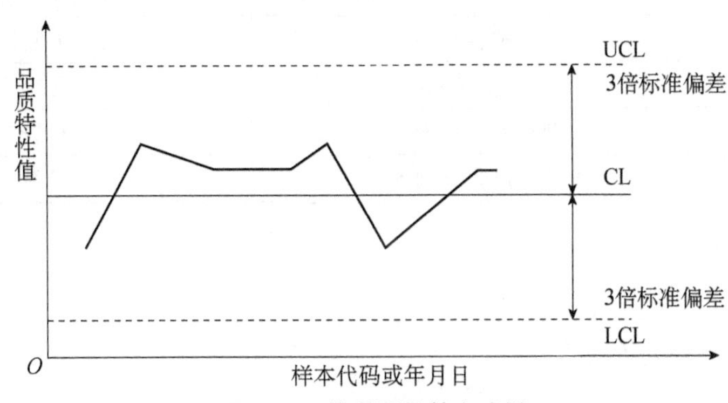

图 3-18　管制图的基本式样

二、管制图的作用

影响产品质量的因素很多，一般在制造的过程中，无论是多么精密的设备、环境，其品质特性一定都会有变动，绝对无法做完全一样的制品；而引起变动的原因可分为偶然（机遇）原因和异常（非机遇）原因。偶然（机遇）原因是不可避免的原因、非人为的原因、共同性原因、一般性原因，是属于管制状态的变异；而异常（非机遇）原因是可避免的原因、人为的原因、特殊性原因、局部性原因等。对于这些非机遇原因是不可让其存在的，必须追查原因，采取必要措施，使制程恢复正常管制状态，否则会造成莫大的损失。

（1）管制图能够随时监控产品的生产过程，及时发现质量隐患，以便改善生产过程，减少废品和次品的产出。

（2）以预防为主的质量控制方法，通过观察管制图上品质特性值的分布状况，分析和判断生产过程是否发生了异常，一旦发现异常就要及时采取必要的措施加以消除，使生产过程恢复稳定状态。

（3）应用管制图来使生产过程达到统计控制的状态。

三、管制图的分类

常用的管制图有计数值和计量值两大类，它们分别适用于不同的生产过程，每类又可细分为具体的管制图，具体分析如下。

1. 计数值管制图

（1）何谓计数值。

产品制造的质量评定标准有计量型态，例如，直径、容量；然而将有些质量特性定义为“良品或不良品”，将更合理。所谓计数值就是可以计数的数据，如不良品数、缺点数等。

（2）计数值管制图的类型。

计数值管制图的类型如表3-16所示。

表3-16 计数值管制图类型

数据	名称	管制图
计数值	不良率管制图	P管制图
	不良个数管制图	PN管制图
	缺点数管制图	C管制图
	单位缺点数管制图	U管制图

（3）P管制图实例。

① 运用条件。

- 产品不是良品就是不良品。
- 抽样放回。
- 彼此独立进行。

② 计算公式。

- 样品不良率计算公式为：$p=\frac{x}{n}$。
- 标准偏差公式为：$S=\sqrt{\frac{p(1-p)}{n}}$。
- 上下限计算公式如下：

管制上限（UCL）$=\overline{p}+3\sigma=\overline{p}+3\sqrt{\frac{\overline{p}(1-\overline{p})}{n}}$。

中心线（CL）$=\overline{p}$。

管制下限（LCL）$=\overline{p}-3\sigma=\overline{p}-3\sqrt{\frac{\overline{p}(1-\overline{p})}{n}}$。

上式中，x为不良品，n为样本数，$\overline{p}$为平均不良率，p为样品不良率，σ为标准偏差。

- 下限计算结果可能为负数，因为二项分配并不对称，且其下限为零，故当管制下限出现小于零的情况，应取0表示。平均不良率应用加权平均数来计算（用不良数总数与全体的样本总数之比）。

③ 应用案例。

案例：宝光厂生产MOUSE用的包装袋，检验其底部是否有破损，若有即包装为不良品，取 30 个样本，每个样本数为 50 个，这些样本是在机器每天三班制的连续工作每半小时取一次而得的。检验数据统计表如表 3-17 所示。

表 3-17　数据统计表

样本数	不良数	样本数	不良数	样本数	不良数
1	8	11	5	21	10
2	16	12	24	22	18
3	9	13	12	23	15
4	14	14	7	24	15
5	10	15	13	25	26
6	12	16	9	26	17
7	15	17	6	27	12
8	8	18	5	28	6
9	10	19	13	29	8
10	5	20	11	30	10

计算结果如下：

平均不良率：$\overline{p}=\dfrac{\sum d_i}{\sum x_i}=0.233$（CL）

用 $\overline{p}$ 当作真实过程不合格的估计值，可以计算管制上限和下限，如下：

$$\text{UCL}=\overline{p}+3\sqrt{\frac{\overline{p}(1-\overline{p})}{n}}=0.412$$

$$\text{LCL}=\overline{p}-3\sqrt{\frac{\overline{p}(1-\overline{p})}{n}}=0.054$$

P 管制图如图 3-19 所示。

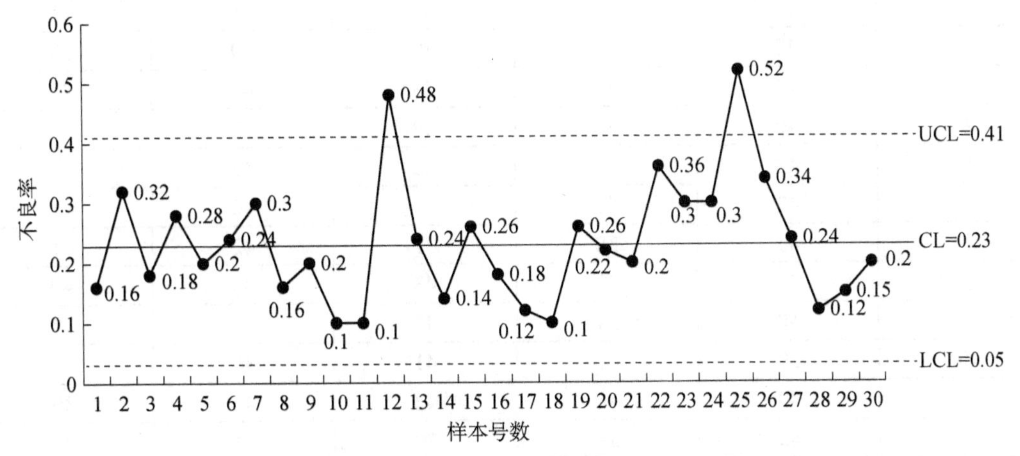

图 3-19　P 管制图

针对管制图进行分析：由管制图我们可以发现，来自样本 12 及 25 的两点超出管制上限，故制程处在非管制状态，必须进一步探讨是否有异常原因。分析样本 12 得知，在这半小时里，有一批新进的原料被使用，所以这异常的现象是由于新原料加入引起的。而在样本 25 那半小时里，有一个没有经验的员工在操作此机器，而使样本 25 有这么高的不良率。

2. 计量值管制图

作为管制制程的计量值管制图，一方面以平均数管制图管制平均数的变化，以全距管制其变异的情形。下面将介绍平均数与全距管制图，将就管制图在制程中的每一步详加描述。

（1）计量值管制图的类型。

计量值管制图的种类如表 3-18 所示。

表 3-18　计量值管制图类型

数　据	名　称	管 制 图
计量值	平均数与全距管制图	$\bar{X}-R$ 管制图
	平均数与标准偏差管制图	$\bar{X}-S$ 管制图
	个别值管制图	X 管制图

（2）平均数与全距管制图实例。

某厂制造铜棒，为控制其质量，选定内径为管制项目，并决定以 $\bar{X}-R$ 管制图来管制该制程的内径量度，并于每小时随机抽取 5 个样本测定，共收集最近制程数据 125 个，将其数据依测定顺序及生产时间排列成 25 组，每组样本 5 个，记录数据如表 3-19 所示。整理并计算数据如表 3-20 所示。

表 3-19　记录数据表

样本组	X_1	X_2	X_3	X_4	X_5
1	40	40	38	43	41
2	40	42	39	39	39
3	42	39	41	43	40
4	40	40	39	42	41
5	42	39	42	43	40
6	43	41	41	40	41
7	43	38	37	42	41
8	37	43	43	35	40
9	40	39	42	41	44
10	39	41	41	36	38
11	40	44	42	40	39
12	43	38	39	41	42
13	38	40	36	39	41
14	36	35	39	38	39

续表

样本组	X_1	X_2	X_3	X_4	X_5
15	40	39	40	39	38
16	42	46	46	47	47
17	36	40	43	41	43
18	37	39	40	38	42
19	40	37	39	39	43
20	47	40	39	36	40
21	40	37	40	43	42
22	39	39	39	40	45
23	31	33	35	39	35
24	40	40	40	41	42
25	46	44	41	41	39

表 3-20　整理并计算数据

样本组	1	2	3	4	5	6	7	8	9
各组平均数	40.4	39.8	41	40.4	41.2	41.2	41.2	39.6	41.2
全距	5	3	4	3	4	2	6	8	5
样本组	10	11	12	13	14	15	16	17	18
各组平均数	39	41	40.6	38.8	37.4	41.2	45.6	40.6	39.5
全距	5	5	5	5	4	9	5	7	5
样本组	19	20	21	22	23	24	25		
各组平均数	39.6	40.4	40.4	40.4	34.6	40.6	42.2		
全距	6	11	6	6	8	2	7		

计算如下：

$\overline{X}$=40.264，$\overline{R}$=5.48

N=5，A_2=0.577，D_4=2.115，D_3=0

公式中，A_2、D_3、D_4为常系数，决定于子组样本容量，其系数值见表 3-21。

表 3-21　系数表

N	2	3	4	5	6	7	8	9	10
D_4	3.27	2.57	2.28	2.11	2.00	1.92	1.86	1.82	1.78
D_3	*	*	*	*	*	0.08	0.14	0.18	0.22
A_2	1.88	1.02	0.73	0.58	0.48	0.42	0.34	0.34	0.31

注：对于样本容量小于 7 的情况，LCL 可能在技术上为一个负值。在这种情况下没有下控制限，这意味着对于一个样本数为 6 的子组，6 个“同样的”测量结果是可能成立的。

$\overline{X}$ 管制图上下限：CL= $\overline{X}$ =40.264

$UCL=\overline{X}+A_2\overline{R}=43.4249$

$LCL=\overline{X}-A_2\overline{R}=37.1031$

$\overline{R}$管制图上下限：

$CL=\overline{R}=5.48$

$UCL=D_4\overline{R}=11.5867$

$LCL=D_3\overline{R}=0$

$\overline{X}$管制图如图3-20所示。

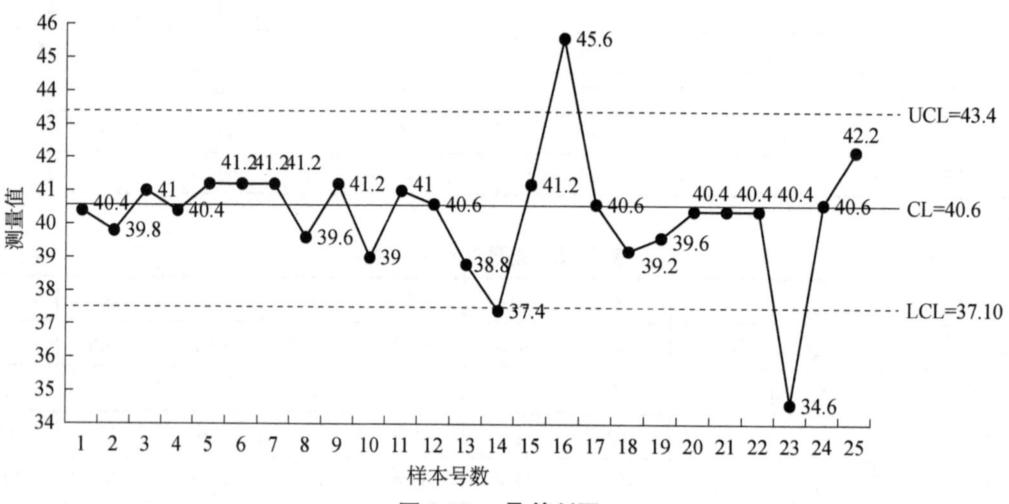

图3-20　$\overline{X}$管制图

$\overline{R}$管制图如图3-21所示。

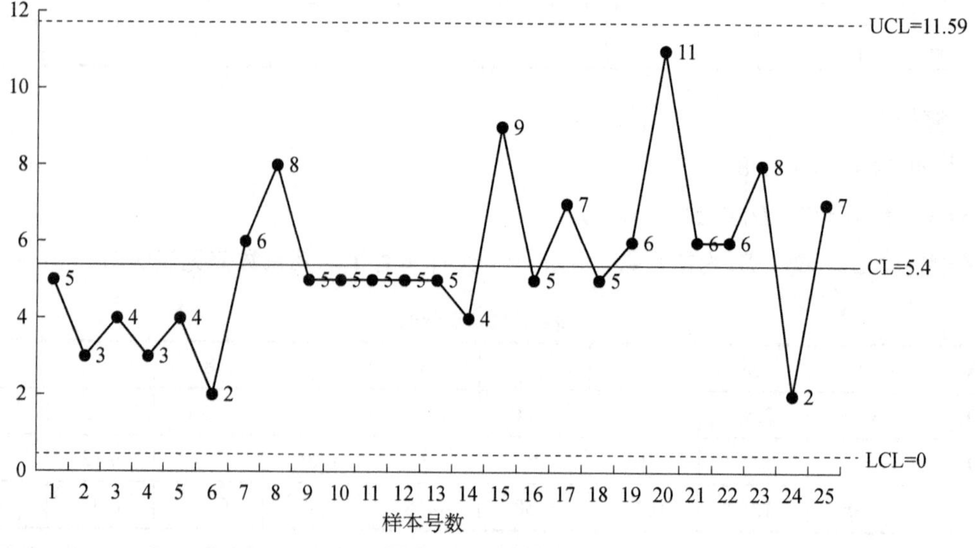

图3-21　$\overline{R}$管制图

分析结论：

在$\overline{X}$管制图中第16个及第23个样本组的点分别超出管制上限及管制下限，表示制程平均发生变化，而$\bar{R}$管制图并无点超出界限或在界限上，表示制程变异并未增大。

四、管制图的判别

管制状态，意指制程安定，管制状态也称安定状态。我们无法知道制程的真正状态，只能对制程的某种特性值收集数据，将其绘在管制图上，由管制图来观察制程的状态。

1. 判定基准

在判定制程是否处于管制状态，可利用以下基准：

① 管制图的点没有逸出界外。

② 点的排列方法没有习性，呈随机现象。

2. 正常管制状态情形

在正常管制的状态下，管制图上的点子应是随机分布的，在中心线的上下方约有同等数量的点，中心线近旁点最多，离中心线越远点越少，且不可能显示有规则性或系统性的现象。归纳得到下面两种情形：

① 管制图上的点，大多数集中在中心线附近，少数出现在管制界限附近，且为随机分布。

② 一般管制图上的点，25 点中有 0 点，35 点中有 1 点以下，100 点中有 2 点以下，超出管制界限外时，可称为安全管制状态。

以上两点仅作为参考，在实际中应灵活运用，实际分析。

3. 非随机管制界限内的判定

（1）判定法则。

利用点的排法判定是否处在管制状态，可依据以下法则：

① 点在中心线的一方连续出现。

② 点在中心线的一方出现很多时。

③ 点在接近管制界限出现时。

④ 点持续上升或下降时。

⑤ 点有周期性变动时。

（2）连串。

在中心线与管制上限之间或中心线与管制下限之间，连续七点或八点有异常发生，且在中心线的上方或下方出现的点较多：

① 连续 10 点以上或至少有 10 点。

② 连续 14 点以上或至少有 12 点。

③ 连续 17 点以上或至少有 14 点。

④ 连续 20 点以上或至少有 16 点。

（3）点子出现在管制界限附近，三倍标准偏差与二倍标准偏差间：

① 连续3点中有2点。

② 连续7点中有3点。

③ 连续10点中有4点。

④ 管制图中的点的趋势倾向。

（4）连续7点以上一直上升或一直下降，趋势以向某一个方向连续移动。

实践训练8：某公司为管制最终产品的灌装重量，在每小时自制程中，随机取5个样本来测定其重量，共得25组数据（见表3-22），试根据这些数据绘制 $\overline{X}$ 管制图及 $\overline{R}$ 管制图（规格值为60kg±5kg）。

表3-22　记录数据

测定值								测定值							
样组	X_1	X_2	X_3	X_4	X_5	X	R	样组	X_1	X_2	X_3	X_4	X_5	X	R
1	56	61	64	62	58	60.2	8	14	58	60	57	59	61	59.0	4
2	59	61	62	60	60	60.4	3	15	61	61	61	62	61	61.2	1
3	58	62	62	62	64	61.6	6	16	63	59	63	56	58	59.8	7
4	64	60	60	56	60	60.8	8	17	59	58	60	60	62	59.8	4
5	63	59	59	53	59	60.6	4	18	57	59	59	60	62	59.4	5
6	57	64	61	61	61	60.8	7	19	62	60	62	57	59	60.0	5
7	59	62	62	61	60	60.8	3	20	58	58	62	58	62	59.6	4
8	57	55	63	60	61	59.2	8	21	61	62	60	59	64	61.2	5
9	57	56	63	60	61	59.4	7	22	56	63	61	61	60	60.2	7
10	58	62	60	58	61	59.8	4	23	60	58	60	60	60	59.6	2
11	58	61	60	60	56	59.0	5	24	64	59	60	61	60	60.8	5
12	58	61	63	60	60	60.4	5	25	61	61	60	56	61	59.8	5
13	62	62	61	58	63	61.2	5								

实践训练9：某磁砖厂为要彻底管制品质，特别针对某一制程站的完成品之釉面外观不良加以抽检，每4个小时抽检150个样品，其不良情形如表3-23所示，请绘制管制图。

表3-23　不良情形

样组	1	2	3	4	5	6	7	8	9	10	11	12	13
不良数	6	3	1	6	4	6	5	2	8	1	6	2	0
不良率%	4	2	0.7	4	2.7	4	3.3	1.3	5.3	0.7	4	1.3	0
样组	14	15	16	17	18	19	20	21	22	23	24	25	26
不良数	3	5	2	9	1	4	5	3	1	9	5	5	102
不良率%	2	3.3	1.3	6	0.7	2.7	3.3	2	0.7	6	3.3	3.3	0

3.2.7　直方图

直方图又称质量分布图，是一种统计报告图，由一系列高度不等的纵向条纹或线段表示数据分布的情况，一般用横轴表示数据类型，纵轴表示分布情况。

一、直方图的作用

直方图是表示资料变化情况的一种主要工具。它可以将杂乱无章的资料，解析出规则性，一目了然地看出产品质量特性的分布状态，直观地了解中心值或分布状况，便于判断总体质量分布情况。通过观察图的形状，判断生产过程是否稳定，预测生产过程的质量。

（1）显示质量波动的状态。

（2）较直观地传递有关过程质量状况的信息。

（3）通过研究质量波动状况之后，就能掌握过程的状况，从而确定在什么地方集中力量进行质量改进工作。

二、直方图的特点

直方图主要作为观察用，主要为观察直方图的分布图形，将可得到 3 种状况。

1. 柱状图形呈钟形曲线

① 制程显得正常，且稳定。

② 变异大致源自机遇原因。

若呈现的是一种双峰或多峰形分布，则显得不正常或制程中有两个标准。

2. 制程中心值

直方图的平均值与规格中心值是否相近，可作为调整制程的依据。

3. 制程是否有能力符合工程规格

依据直方图散布状况来衡量制程是否具有达到工程能力的水准。

直方图用于了解制程全貌，自直方图上看出分配中心倾向（准确度）及分配的形状、散布状态（精密度）与规格关系。如图 3-22 所示，从图中可以看出，一组的产品虽然准确度还可以但精密度差，二组的情况刚好相反，三组的准确度及精密度都差，四组两者皆可以。

三、直方图的制作步骤

（1）收集数据并且记录在纸上。

（2）找出数据中的最大值与最小值。

（3）计算全距。

（4）确定组数与组距。

（5）确定各组的上组界与下组界。

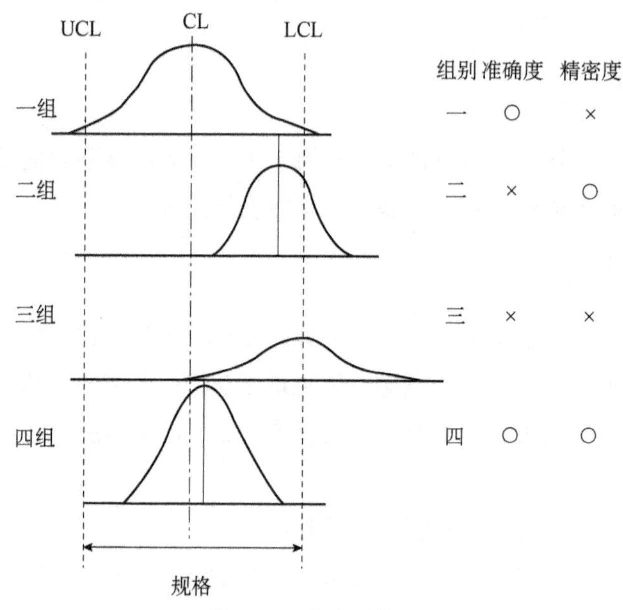

图 3-22　分布形状图

（6）确定组的中心点。

（7）制作次数分配表。

（8）制作直方图。

四、直方图运用方法及应用案例

1. 运用方法

（1）求全距（R）。

$R=L-S$　（L 为最大值，S 为最小值）

（2）确定组数（K）。

组数过少，虽可得到相当简单的表格，但却失去了次数分配的本质；组数过多，虽然表列详尽，但无法达到简化的目的（应先除去异常值再分组）。

分组不宜过多，也不宜过少，一般用数学家史特吉斯提出的公式计算组数，其公式如下：

$$K=1+3.32\ \lg N$$

一般对数据之分组也可参考表 3-24。

表 3-24　分组表

N（数据）	组数
50～100	6～10
100～250	7～12
250 以上	10～20

（3）组距（C）

$$C=全距/组数=R/K$$

组距一般取 5、10 或 2 的倍数（也可根据实际情况调整）。

（4）决定各组之上下组界。

最小一组的下组界=最小值−测定值的最小位数/2

测定值的最小位数确定方法为：如数据为整数，取 1；如数据为小数，取小数所精确到的最后一位（0.1，0.01，0.001，…）。

最小一组的上组界=下组界+组距

第二组的下组界=最小一组的上组界

其余以此类推。

（5）计算各组的组中点。

各组的组中点=（下组距+组距）/2

（6）制作次数分配表。

将所有数据依其数值大小记入各组的组界内，并计算出其次数。

（7）制作直方图。

横轴表示测量值的变化，纵轴表示次数。将各组的组界标示在横轴上，各组的次数多少，则用柱形画在各组距上。

2. 应用案例

案例：测量 50 个蛋糕的重量，N=50，重量规格=310g±8g，测量 50 个重量数据并记入表 3-25 中，从表中可知，L=320（最大值）、S=302（最小值），制作直方图并分析制程状况。

表 3-25　重量数据表

1	308	317	306	314	308
2	315	306	302	311	307
3	305	310	309	305	304
4	310	316	307	303	318
5	309	312	307	305	317
6	312	315	305	316	309
7	313	307	317	315	320
8	311	308	310	311	314
9	304	311	309	309	310
10	309	312	319	312	318
行最大	315	317	319	314	320
行最小	304	306	302	303	304

（1）全距 $R=L-S=320-302=18$。

（2）将其分成7组。

（3）组距 $C=18\div7=2.57$，取 $C=3$。

（4）第一组下界 $=S-1/2=302-0.5=301.5$。

第一组上界 $=301.5+3=304.5$。

第二组依此类推。

（5）划次数分配表，如表3-26所示。

表3-26　次数分配表

组	组界	中心值	次数
1	301.5～304.5	303	4
2	304.5～307.5	306	10
3	307.5～310.5	309	13
4	310.5～313.5	312	9
5	313.5～316.5	315	8
6	316.5～319.5	318	5
7	319.5～322.5	321	1

（6）制作直方图，如图3-23所示。

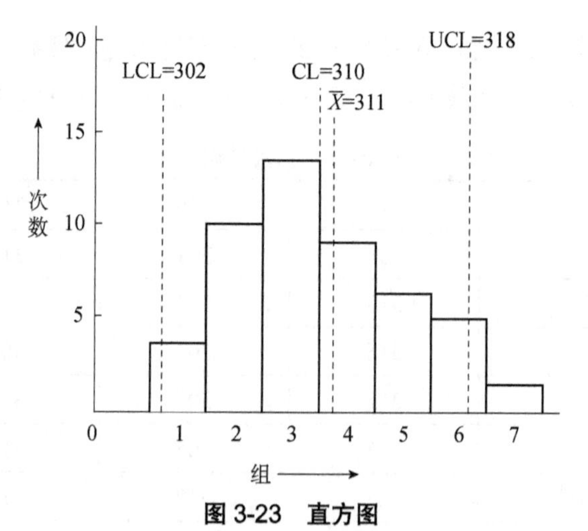

图3-23　直方图

五、直方图的常见形态与判定

（1）正常形：显示中间高，两边低，有集中的趋势，表示规格、重量等计量值的相关特性都处于安全的状态之下，制品工程状况良好，如图3-24所示。

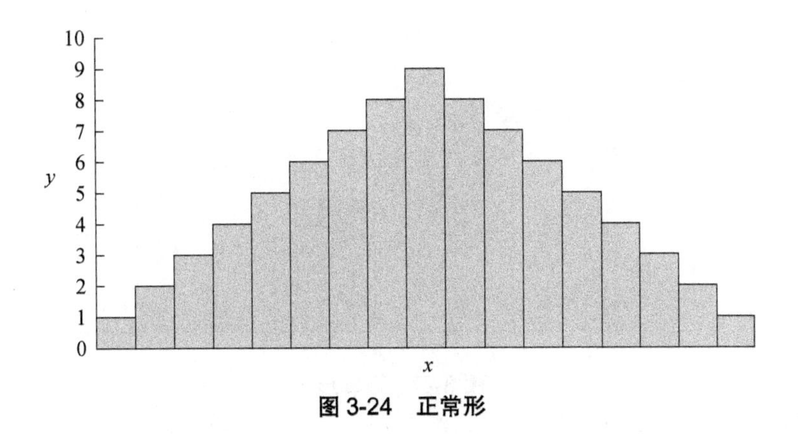

图 3-24　正常形

（2）缺齿形：显示缺齿形图案，图形的柱形高低不一，呈现缺齿状态，这种情形一般大都是制作直方图的方法或数据收集方法不正确所产生的，如图 3-25 所示。

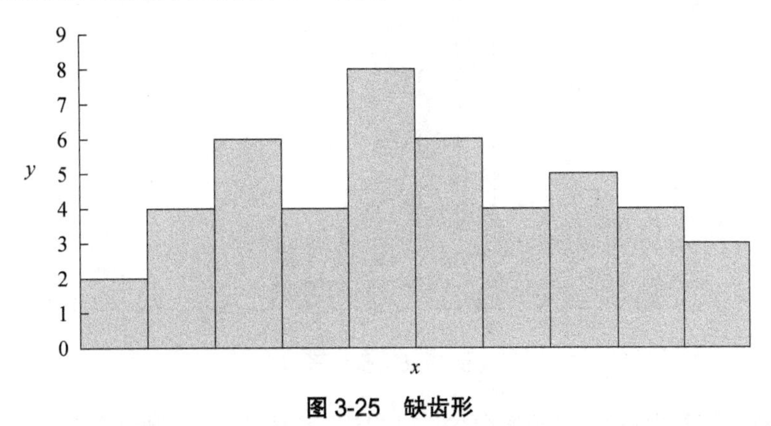

图 3-25　缺齿形

（3）偏态形：显示为高处偏向一边，另外一边拖着尾巴，这种偏态形在理论上是由于规格值无法取得某一数值以下所产生的，在质量特性上并没有问题，但是应检讨尾巴拖长在技术上是否可接受，例如，工具的松动或磨损也会出现拖尾巴的情形，如图 3-26 所示。

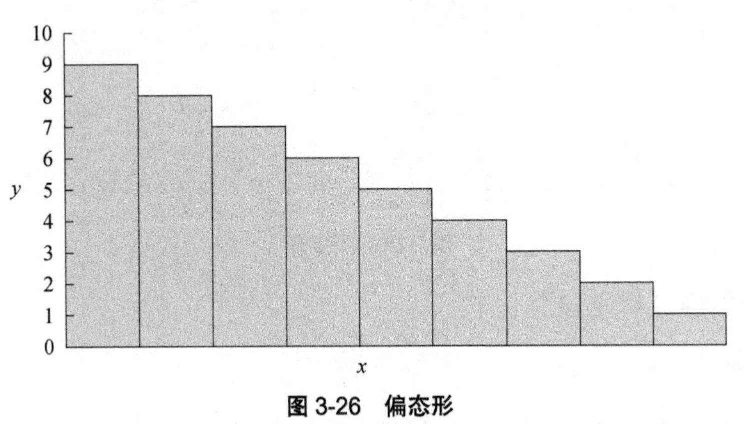

图 3-26　偏态形

（4）双峰形：有两种分配相混合，例如两台机器或两种不同原料间有差异时，会出现此种情形，因测定值受不同的原因影响，应予甄别后再制作直方图，如图 3-27 所示。

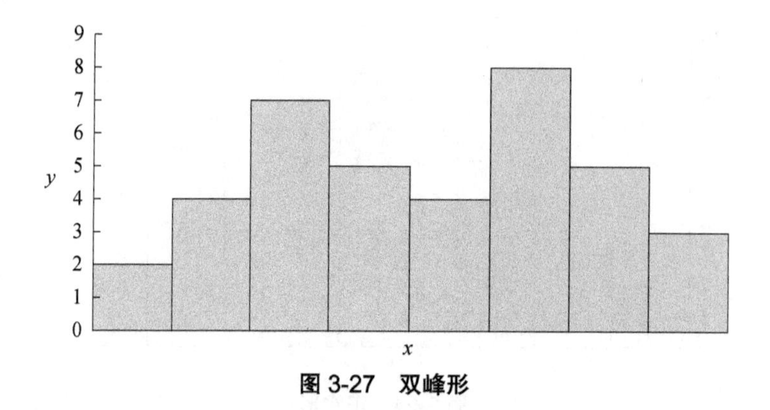

图 3-27　双峰形

（5）离散形：其是由测定时数据有错误、工程调节错误或使用不同原材料所引起的，故一定有异常源存在，只要去除，即可制造出合规格的制品，如图 3-28 所示。

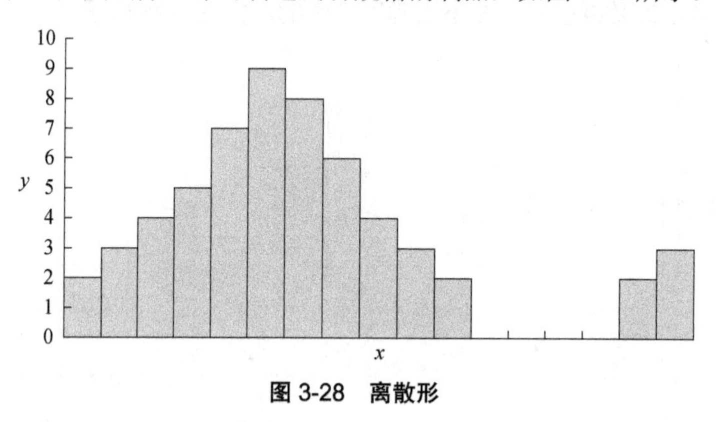

图 3-28　离散形

（6）高原形：不同平均值的分配混合在一起，应设置层别之后再制作直方图，如图 3-29 所示。

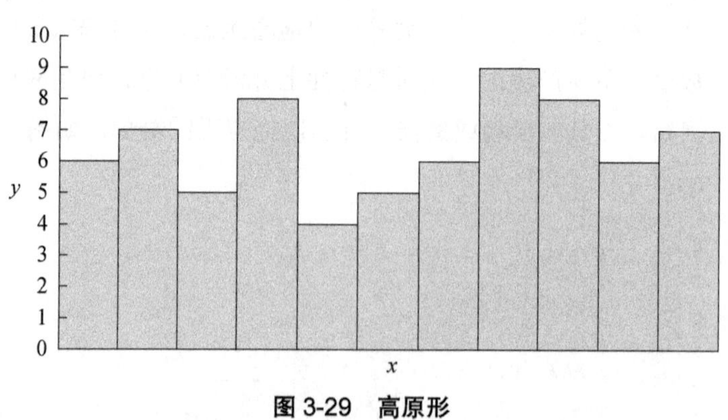

图 3-29　高原形

六、与规格值或标准值作比较

1. 符合规格

（1）理想型：制品良好，能力足够。制程能力在规格界限内，且平均值与规格中心一致，平均值加减 4 倍标准偏差为规格界限，制程稍有变大或变小都不会超过规格值是一种最理想的直方图，如图 3-30 所示。

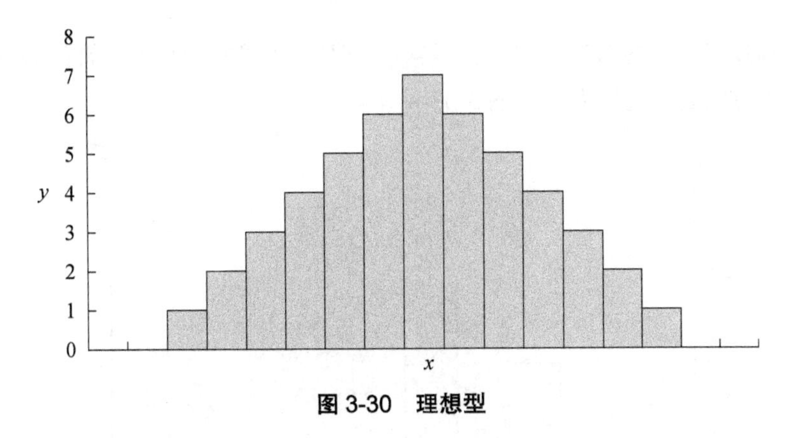

图 3-30　理想型

（2）一侧无余裕：制品偏向一边，而另一边有余裕，若制程再变大（或变小），很可能会有不良发生，必须设法使制程中心值与规格中心值吻合才好，如图 3-31 所示。

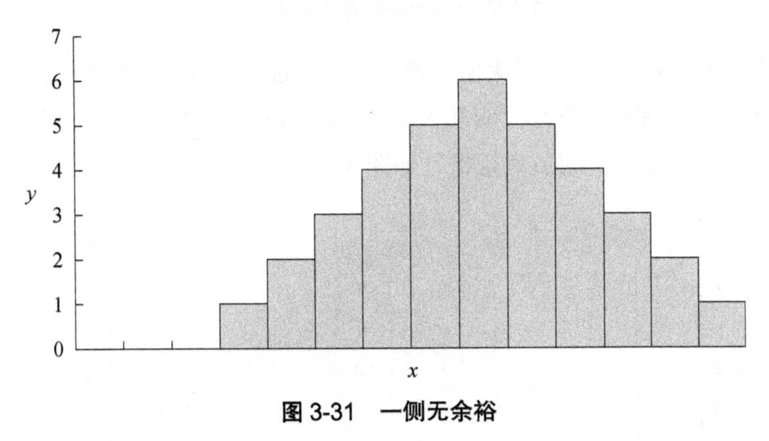

图 3-31　一侧无余裕

（3）两侧无余裕：制品的最小值均在规格内，其中心值与规格中心值吻合，虽没有不良发生，但若制程稍有变动，则会有不良品发生的危险，要设法提高制程的精度才好，如图 3-32 所示。

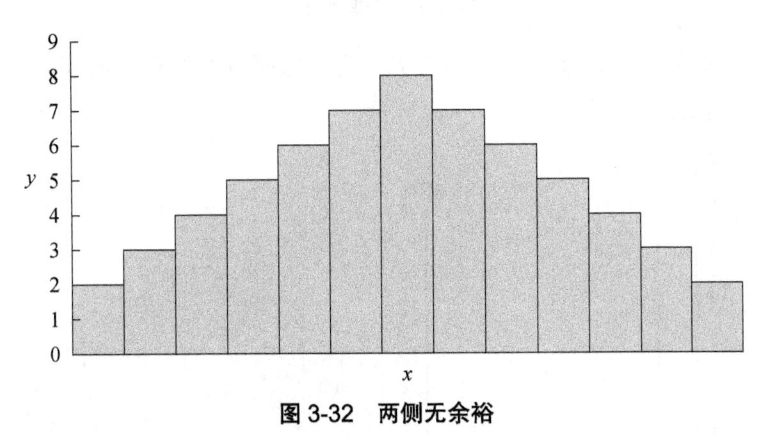

图 3-32　两侧无余裕

2. 不符合规格

（1）平均值偏左（或偏右）。如果平均值偏向规格下限并伸展至规格下限左边，或偏向规格上限并伸展到规格上限的右边，但制程呈常态分配，此即表示平均位置的偏差，应从固定的设备、机器等方向去追查原因，如图 3-33 所示。

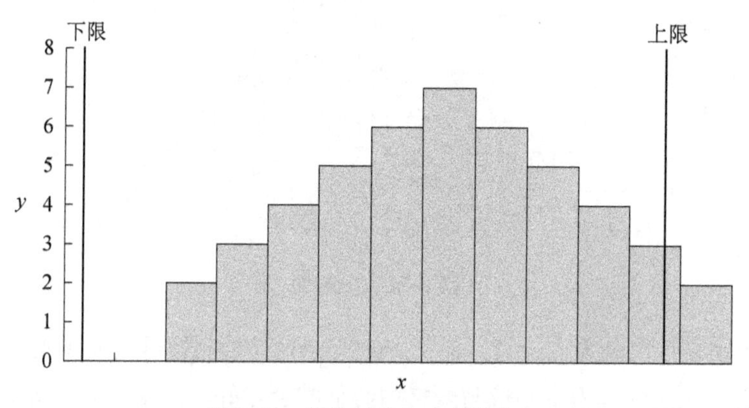

图 3-33　平均值偏左（或偏右）

（2）分散度过大。实际制程的最大值与最小值均超过规格值，有不良品发生（斜线规格），表示标准偏差太大，制程能力不足，应从人员、方法等方向去追查原因，要设法使产品的变异缩小，或是规格订得太严，应放宽规格，如图 3-34 所示。

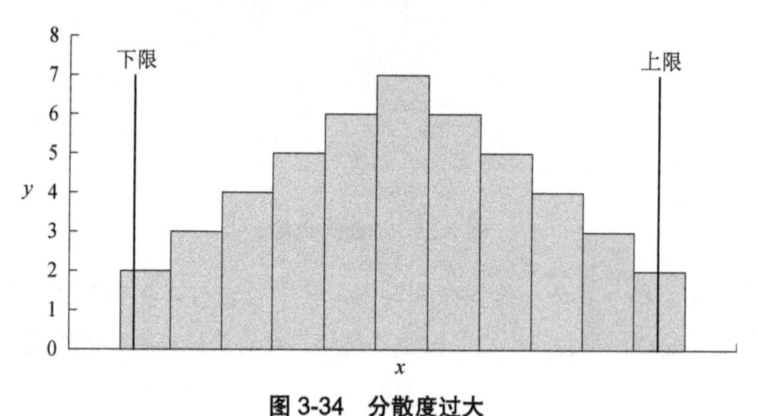

图 3-34　分散度过大

（3）完全不符合规格。表示制程的生产完全没有依照规格进行，或规格订得不合理，根本无法达到规格，如图 3-35 所示。

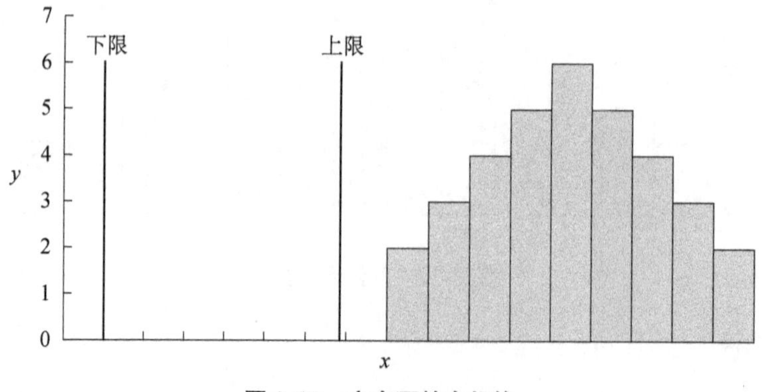

图 3-35　完全不符合规格

实践训练10：某电缆厂有两台生产设备，最近经常有不符合规格值（135～210g）的异常产品发生，今就A、B两台设备分别测定50批产品，请解析并回答下列问题：

（1）制作全距数据的直方图。

（2）制作A、B两台设备的层别图。

（3）叙述由直方图所得的情报。

收集数据如表3-27所示。

表3-27　收集数据表

A设备					B设备				
175	179	168	165	183	156	148	165	152	161
168	188	184	170	172	167	150	150	136	123
169	182	177	186	150	161	162	170	139	162
179	160	185	180	163	132	119	157	157	163
187	169	194	178	176	157	158	165	164	173
173	177	167	166	179	150	166	144	157	162
176	183	163	175	161	172	170	137	169	153
167	174	172	184	188	177	155	160	152	156
154	173	171	162	167	160	151	163	158	146
165	169	176	155	170	153	142	169	148	155

3.3　5S管理

5S管理起源于日本，是指在生产现场对人员、机器、材料、方法等生产要素进行有效的管理，是日本企业独特的一种管理办法。日本企业将5S管理作为管理工作的基础，推行各种品质的管理手法，第二次世界大战后，产品品质得以迅速提升，奠定了日本经济大国的地位，而在丰田公司的倡导推行下，5S管理对于塑造企业的形象、降低成本、准时交货、安全生产、高度的标准化、创造令人心旷神怡的工作场所、现场改善等方面发挥了巨大作用，逐渐被各国的管理界所认识。随着世界经济的发展，5S已经成为工厂管理的一股新潮流。

一、5S管理法

1. 5S管理简介

5S包括整理（Seiri）、整顿（Seiton）、清扫（Seiso）、清洁（Seiketsu）、素养（Shitsuke），又被称为“五常法则”或“五常法”。如图3-36所示为车间5S管理现场。

图 3-36　车间 5S 管理现场

5S 管理通过规范现场、现物，营造一目了然的工作环境，培养员工良好的工作习惯，其最终目的是提升人的品质。

2. 5S 管理的作用

① 提高企业形象。
② 提高生产效率。
③ 提高库存周转率。
④ 减少故障，保障品质。
⑤ 加强安全，减少安全隐患。
⑥ 养成节约的习惯，降低生产成本。
⑦ 缩短作业周期，保证交期。
⑧ 改善企业精神面貌，形成良好企业文化。

二、5S 管理内容

1. 整理

在工作现场分开必要物品和不必要物品，及时处理不必要物品，仅保留必需品，如图 3-37 所示。

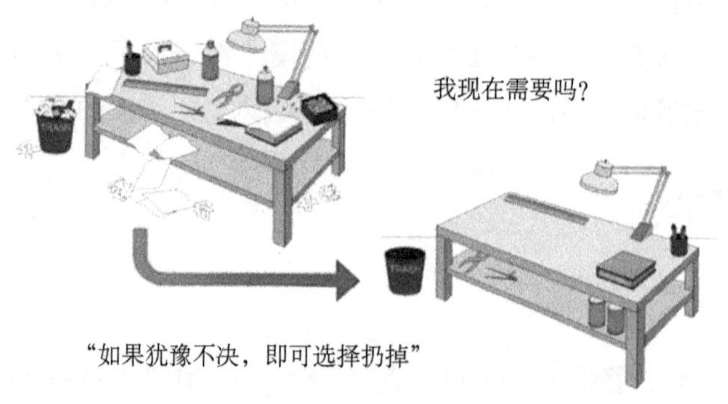

图 3-37　5S 之整理

① 目的。生产过程中经常有一些残余物料、待修品、待返品、报废品等滞留在现场，既占据了空间又妨碍生产，包括一些已无法使用的工夹具、量具、机器设备，如果不及时清除，会使现场变得凌乱。

“整理”主要清理工作现场所占用的有效“空间”，达到腾出空间，空间活用；防止物件误用、误送；塑造清爽的工作场所的目的。

② 推行方法。“整理”可以说是 5S 的出发点，也是首要任务。工作现场经过整理之后，可以过滤掉很多不需要的物品而开创很多空间，使后续的 4S 发挥更好的效果。

（1）深切体认，建立共识。

- 确认不需要的物品会占用有用的空间。
- 多余的库存会造成许多浪费。
- 不需要的物品规定不得带进厂内。

（2）工作场所，全盘点检。

点检出哪些是不需要的东西，多余的库存。具体场所及物品如表 3-28 所示。

表 3-28　点检场所及物品

场所	物品
办公场地（包括现场干部的办公桌、区域）	办公桌面上的物品
	办公桌抽屉及橱柜
	架子上的书籍、文件、档案、图表
	公告栏、广告牌
	墙上标语及海报
地面（特别注意内部、死角）	设备、工模夹具、台车、拖板车
	不良的半成品、材料
	油桶、油箱、油罐、油污
	盆景或空花盆
	垃圾桶、纸屑、烟蒂
室外	堆置在场外的废铁、材料
	料架、台车、垫板上的未处理物品
	杂草、垃圾
工模夹具架上	不用的工模夹具
	损坏的工模夹具
	有无其他非工模夹具
工具架、工具箱	铁锤、扳手、刀具
	测微计、游标卡尺等量具
	破布、手套等消耗品
	工具架（箱）本身

续表

<table>
<tr><td rowspan="4">零件仓库</td><td>原材料、呆料、废料</td></tr>
<tr><td>储存架、柜子、箱子、塑料带</td></tr>
<tr><td>垫板、磅秤</td></tr>
<tr><td>标示牌、标签</td></tr>
<tr><td rowspan="2">天花板</td><td>配线配管、吊扇、灯架、灯管</td></tr>
<tr><td>蜘蛛网、灰尘</td></tr>
</table>

（3）制订“需要”与“不需要”的基准。

● 工作现场全面盘点之后，对所有的物品进行过滤，判明哪些是“需要”的，哪些是“不需要”的。

● 根据上面的过滤情况，制订整理“需要”与“不需要”的基准表。

（4）不需要物品“红单作战”（大扫除）。

● 红单作战就是使用红色标签对工厂内各个角落的不需要的物品，不管是谁，都可以发掘，并加以整理的方法。它是整理工作所运用的方法之一。

● 设定红单的张贴基准，分为超出期限者、物品变质者、物品可疑者3种。

● 红单作战之后的处理方式为先小集中，再大集中。

● 红单作战生产基准的型式。

型式一——生产计划未来一个月内要使用的物品是必要的，其他就是不需要的，如图3-38所示。

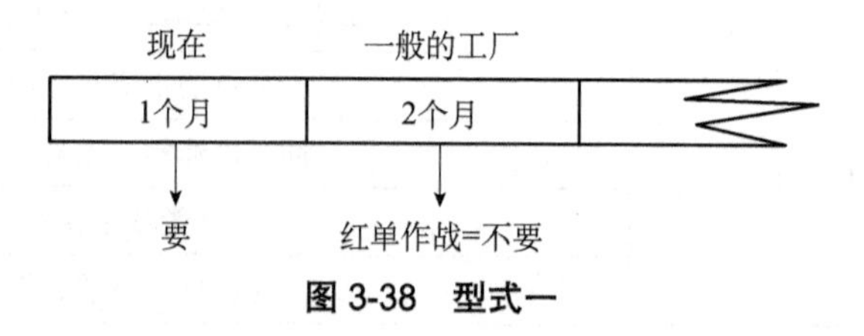

图3-38　型式一

型式二——生产计划未来一周内要使用的物品是必要的，其他就是不需要的，如图3-39所示。

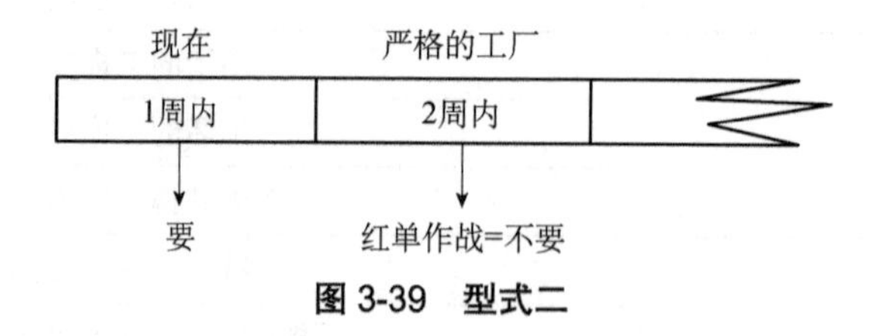

图3-39　型式二

型式三——在生产计划中，在过去一个月都没有用过的物品就是不需要的，如图3-40所示。

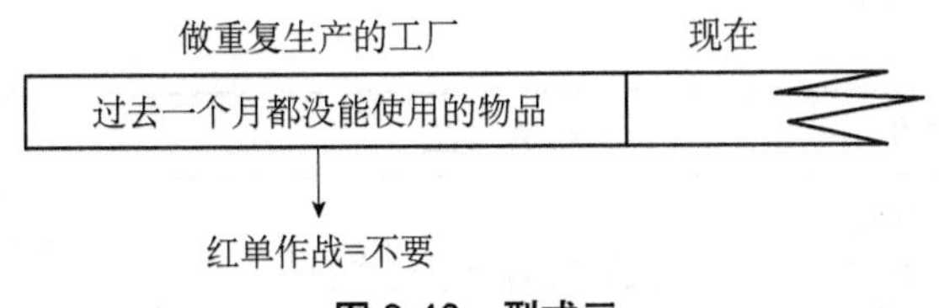

图 3-40　型式三

- 红单库存。红单库存可以分为不良品、报废品、呆滞品和头尾材料，如图 3-41 所示。

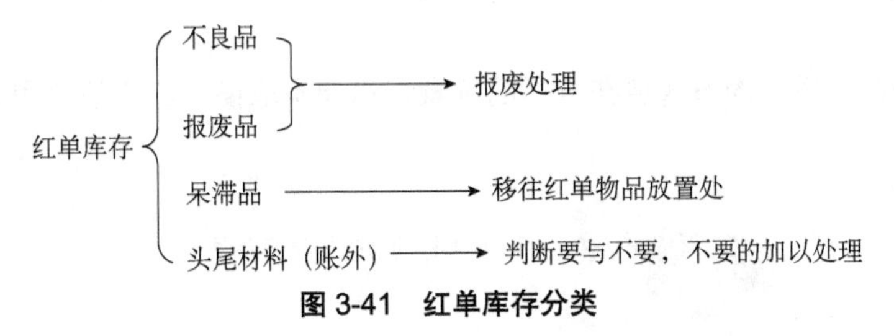

图 3-41　红单库存分类

（5）不需要物品的处置。

- 实行再分类。
- 根据再分类的种类别进行处理，如图 3-42 所示。

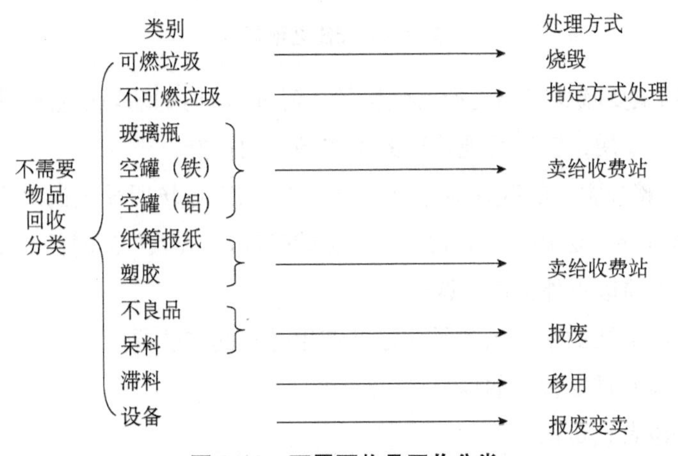

图 3-42　不需要物品回收分类

- 配合环保部门的“资源回收办法”作业。

（6）需要的物品要调查使用频度，以决定必要量，具体如表 3-29 所示。

表 3-29　需要的物品调查使用频度

区分	使用频度	保管方法	建议方式
没用	全年一次也没有用过	丢弃	指定方式处理
少用	平均两个月到一年使用一次	集中后再分类管理	集中场所（如工具室、仓库）
普通	平均一到两个月使用一次以上	置于工作场所	公共场地（如置放区、柜子）

续表

区分	使用频度	保管方法	建议方式
常用	一周使用数次 一日使用数次 每小时都会使用	在工作区内随手可取得	如机台旁、工具箱 （个人保管）

2. 整顿

把需要的物品以适当的方式放在合适的位置，以便拿取简单、方便使用且安全保险，如图3-43所示。

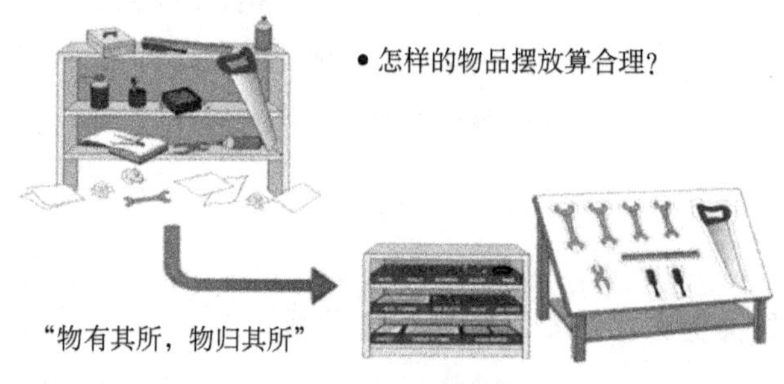

图3-43　5S之整顿

① 目的。整顿主要减少工作现场所浪费的“时间”，达到缩短前置作业时间；压缩库存量；防止物件误送、误用；塑造目视管理的工作场所的目的。

② 推行方法。整顿主要的改善对象是“时间”，而工作场所最大的时间浪费在于“准备时间”，也就是工作中的“选择”、“寻找”所花费的时间，“寻找”的时间越少越好。那为什么会产生“寻找”呢？原因不外下面“四无”：

- 无整理——不需要的东西太多了（这是产生寻找的首要原因）。
- 无定位——没有规定置放的地方。
- 无标示——没有设定标示。
- 无归位——没有放回所规定的位置。

如何推行好整顿，可以从以下几点做起。

（1）落实整理工作。

参考“整理”部分来进行。

（2）决定置放场所。

- 经整理所留下的需要的物品都要定位（决定置放场所位置）。
- 可以用“沙盘推移图”或“缩小比例图”来做模拟，便于配置。
- 依照使用频率，来决定置放场所。
- 考虑搬运的灵活性，切忌随意置放。
- 堆放的高度不能过高（低于120cm）。

- 尽量避免将物品置放在有灰尘、污秽场所。
- 不良品箱要放在明显处。
- 不明物不能放在生产现场。
- 广告牌应置放在容易看到的地方，且不妨碍视线。
- 材料应置放在不变质、不变形的场所。
- 油、甲苯等不能放在有火花的场所。
- 危险物、有机物等应在特定场所保管。
- 纸箱不能放在潮湿场所。
- 当无法避免将物品放在定位线外时，可竖起“暂放”牌子，并将理由、放至何时等信息注明其上。

（3）决定置放方法。

- 置放有架子、箱子、袋子等方式。
- 在置放顺序上，物品尽量安排先进先出。
- 在置放注意事项上，要吻合形状、体积大小。
- 尽量利用架子往立体发展，提高收容率。
- 同类物品要集中置放。
- 长条物料应横放或束紧安全立放。
- 危险场所应有覆盖、栅栏等设置。
- 单一或少数不同物品要避免集中置放，应个别分开定位（如工具等）。
- 在污染多的场所，量具类工具应加玻璃门。
- 油料应用金属容器封存。
- 边角废料应依照材料性质类别设定容器。
- 清扫工具用悬挂方式放置。
- 以生产的形态来决定物品的置放方式。

按机能类别置放：依照同类同型物品各自集中保管，使用时再个别去取用。它较适合于大量的类别少的反复生产的物品。

按群组类别置放：将同时要用的物品，成套组合置放保管，而在使用时，整组抽出动用。它较适合于少量多种个别生产的物品。

（4）划线定位。

- 定位方式，如图 3-44 所示。

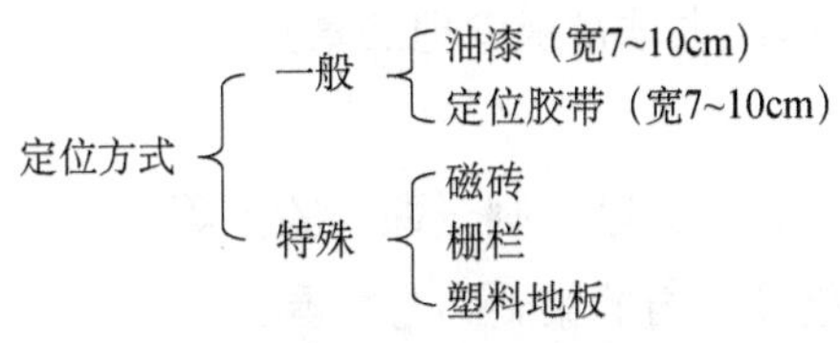

图 3-44　定位方式

● 定位颜色区分。

不同物品的置放，可用不同颜色定位，以示区分。

黄色：一般走道线，区域划分线，细部定位线。

白色：工作区域，置放待加工材料或半成品。

绿色：工作区域，置放加工完成工件或成品。

红色：不良品区。

蓝色：待回收或暂放区。

红斑马线：不得置放，不得进入。

● 定位的形态。

全格法：根据物体的外观形状，用线条框起来的做法，如图3-45所示。

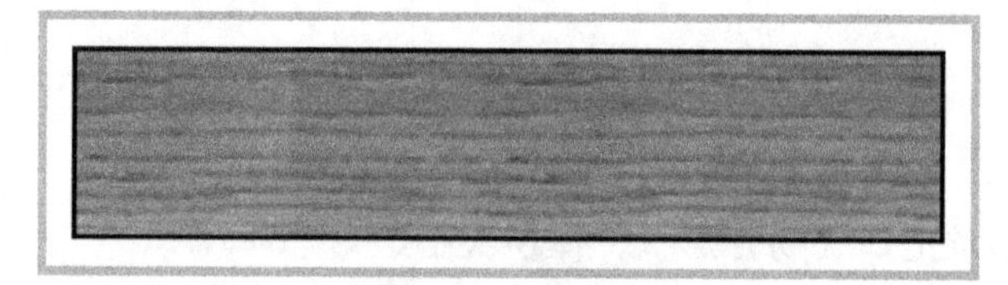

图3-45 全格法

直角法：只定出物体关键角落，而不用整体框起来，如图3-46所示。

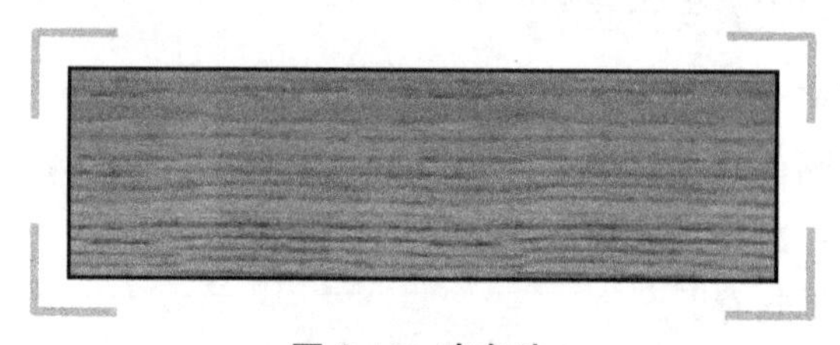

图3-46 直角法

影绘法：依照物体的外观形状，实际涂满者，如图3-47所示。

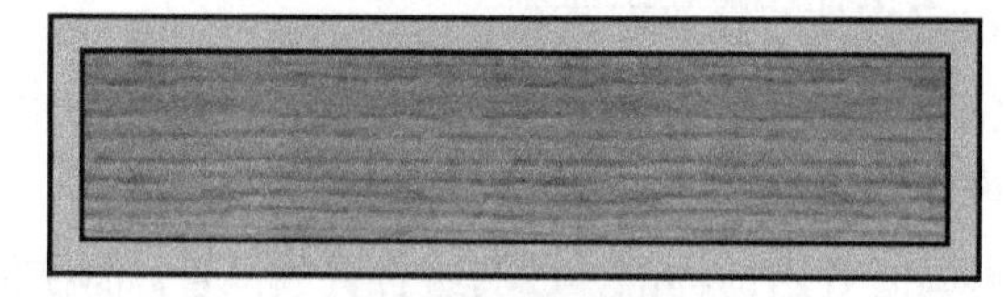

图3-47 影绘法

以上三种做法，要根据实际状况选择使用。

（5）标示。

① 标示是整顿的最终动作，也是目视管理的重点。

② 标示可分下列两种：

● 场所的标示，如模具室、工具室、制一课、验区等。

● 品名项目的标示，如模具室内的第###号模具。

③ 标示之后，可以避免误取、误用，减少工作时的失误。

3. 清扫

清扫即清除工作场所内的脏污，并防止脏污的发生，保持工作场所干净亮丽，如图 3-48 所示。

图 3-48　5S 之清扫

① 目的。清扫主要是消除工作现场各处所发生的“脏污”，达到减少工伤，保证质量，塑造高作业率的工作场所的目的。

② 推行方法。“脏污”是一切产生异常与不良的根源，必须通过清扫，将脏污根除。

（1）落实整顿工作。

参考“整顿”部分的重点来进行。

（2）例行扫除，清理污物。

● 规定例行扫除的时段。

如：每日 10 分钟、每周 30 分钟、每月 1 小时、每季 2 小时、每年 4 小时。

● 在清扫中发现不方便的地方要加以改善。

如：A. 地面凹凸不平；

B. 地板脱落；

C. 墙壁、天花板脱落；

D. 机器设备擦不到的地方；

E. 死角。

● 很细微的地方也要清扫到，不能只做表面工作。

● 清扫用品用完后要弄干净，而且要定位归位。

● 不能使用的清扫工具也要加以清除。

（3）调查脏污的来源，彻底根除。

● 确认脏污与灰尘对生产质量的影响。

如：在印刷作业上造成斑点，使印刷品不良；涂装表面不平整；塑料射出成型产品产生黑点。

- 调查脏污的根源。
- 检讨对策。

（4）废弃物置放区的规划与定位。

- 室内外各主要人行出入地点置放垃圾桶或环保箱。
- 各加工现场角落的地点可置放废料桶或废料台车。
- 废弃物置放区的桶或箱均要加以定位画线。
- 废弃物、垃圾置放的规划，应配合环保措施，以区分“可燃物”或“不可燃物”的方式分别设定。
- 垃圾场的置放要分区、分类、分物且加标示。

（5）废弃物（不需要物品）的处置参考“整理”部分说明。

（6）建立清扫基准，共同遵行。

- 设定组别或个人“清扫责任区域划分图”并公告说明。
- 建立“清扫基准”供清扫人员遵行，内容如下：

场所　××

清扫方法、重点　××

判定标准　××

周期　××

清扫时机　××

使用时机　××

责任者　××

使用清扫工具、用品　××

- 上级定期实施诊断及检查。

4. 清洁

将前面的3S（整理、整顿、清扫）活动实施的做法制度化、规范化，并贯彻执行及维持。如果不能贯彻执行及维持，几天后就会变得杂乱无章，如图3-49所示。

① 目的。清洁主要通过整洁美化的厂区与环境发现“异常”，达到提高产品品位，塑造洁净的工作场所，提升公司形象的目的。

② 推行方法。整理、整顿、清扫是“动作”，而清洁则是“结果”，也就是在工作现场彻底执行整理、整顿、清扫之后，所呈现的状态便是“清洁”。

（1）落实前3S工作。

- 彻底执行前3S之各种动作。
- 多加利用文宣活动，维持新鲜的活动气氛。

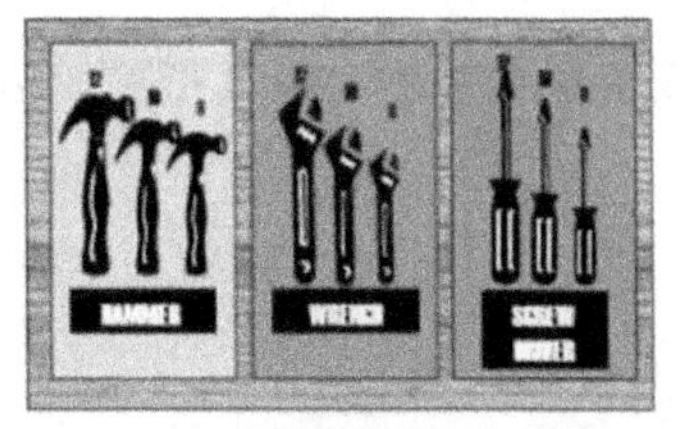

第一天…OK

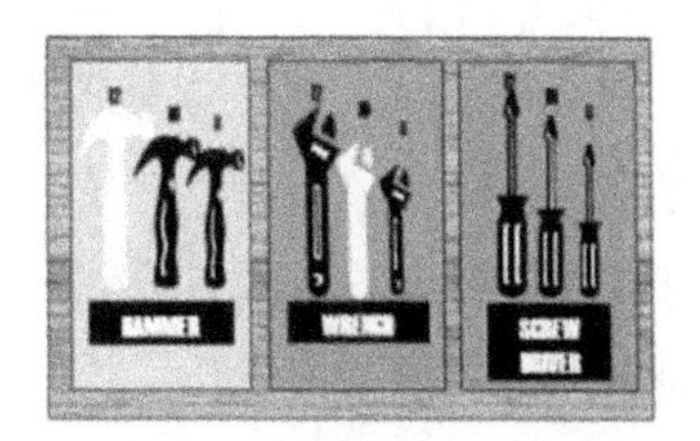

第二天…

第三天……

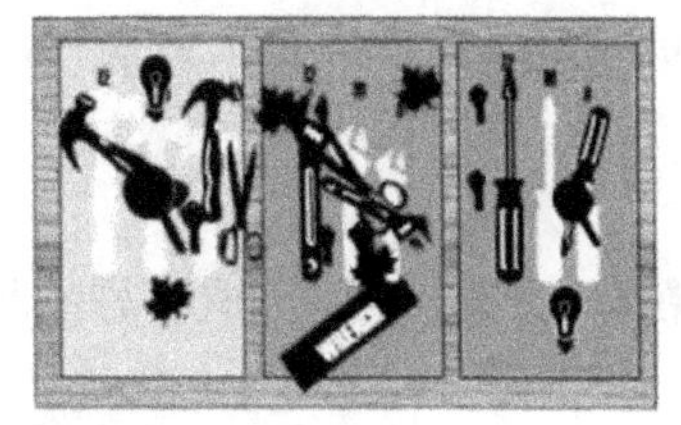

第四天……

图 3-49　5S 之清洁

（2）设法养成“洁癖”的习惯。

● 若没有“洁癖”的习惯，则地上纸屑、机器上污物就会视若无睹，不去清扫擦拭。

● “洁癖”是清洁之母，也是零异常的基础。

● 前 3S 活动意识的维持，有助于“洁癖”的养成。

（3）建立可视化的管制方式。

● 由“整顿”的定位、画线、标示，彻底塑造一个地、物明朗化的现场，而达到目视管理的要求。

● 如果一个被定为置放“半成品”的地方，放了“不良品”或者是一个被定为置放“垃圾”的地方，而放了“洗手精”，都可视为“异常”，要加以处理。

● 除了地、物的目视管理之外，对于设备、设施则要加强目视管理的效果，以避免生产异常，其做法举例如下，大家可以依此类推。

设备润滑方面：以润滑油的种类区分，用颜色标签，贴附在加油口的旁边，使人易于识别；以上、下限的标示来管理油量。

仪表类方面：如温度表、压力表、电流表等仪表的表面要按规定制造标准值；用颜色（红、黄、绿）来区分标准、非标准或危险等警告标志。

温度感应标签：设备因运转会产生高温，为了防止过热发生危险，可用温度感应标签来监测。

传动或运转方面：马达、皮带、链条等要加以“运转中”或“周转方面”的标示。

螺丝、螺帽松开的标示。

阀门、闸门等关闭程度的标示。

（4）设立“责任者”制度，加强执行。

● 参考清扫“责任者”的设定方式。

● “责任者”（负责的人）必须以较厚卡片及较粗字体标示，而且张贴或悬挂于责任区最明显易见的地方。

（5）配合每日清扫做设备清洁点检。

● 建立“设备清洁点检基准表”。

● 将“设备清洁点检基准表”直接悬挂在“责任者”旁边，并且用胶套保护，避免脏污。

● 作业人员或责任者，务必认真执行，逐一点检工作，不随便、不造假。

5. 素养

人人按章操作、依规行事，养成良好的习惯，使每个人都成为有教养的人，如图 3-50 所示。

图 3-50　5S 之素养

① 目的。素养主要通过持续不断的前 4S 活动，改造人性，提升道德，美化“人质”（人的品质、水准），达到养成良好习惯，塑造守纪律的工作场所的目的。

② 推行方法。素养是 5S 管理的重心。因此素养不但是 5S 管理的“最终结果”，而且也是企业经营者或各级主管所期盼的“终极目的”。因为如果企业里的每一位同事都有良好的习惯，并且都能遵守规定规划，那么身为经营者或主管一定非常轻松，工作命令必能贯彻，现场纪律必定统一，而推动各项管理活动也必定会落实执行，成效非凡。

在一个都能正确实行公司规则的工作环境内，所表现出来的状况，如图 3-51 所示。

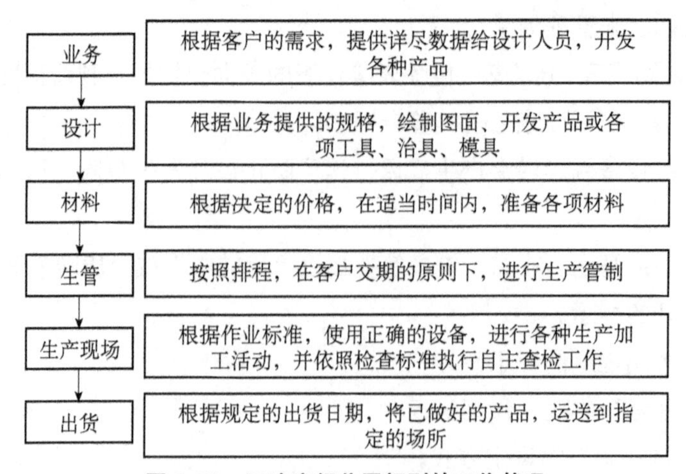

图 3-51　正确实行公司规则的工作状况

达到以上地步，则现场不会有错误发生，也不会有争执、冲突，更不会延误交期，可以使公司正常运营、降低成本，进一步持续下去，所谓自主管理也就能够水到渠成。

（1）落实持续推动前 4S 活动。

- 前 4S 活动是基本动作，也是手段，主要借此基本动作或手段，使员工在无形当中养成一种保持整洁的习惯。
- 透过前 4S 活动的持续实践，创造一个可以让员工实际体验而养成“洁癖”的作业场所。
- 前 4S 活动若不落实，则第 5S（素养）就无法达成。
- 身为主管干部，要能不断督促部属，加强前 4S 活动的执行与改善，以此来改变其行为和气质。
- 在 5S 管理达到预期水准及定型化之后，可选定在当年年底（12 月）暂时停止各项考评活动，以后选定每年的某一月份为“整理整顿月”，重点加强执行即可。

（2）建立共同遵守的规则或约束。

- 除非是公司政策性的决定，否则一般性的规则与约束尽量采取员工参与协商方式来设定其内容。
- 共同遵守的规则或约束，概括如下：

A. 各类管理规定，如出勤管理规定，请假管理规定等。

B. 各项现场作业标准。

C. 制程标准或检查重点。

D. 安全卫生守则。

E. 服装仪容规定。

F. 工作点检规定。

- 各种规则或约束应尽量口语化，越简单越好，能够让员工一看就懂。
- 各种规则或约束在制订时，要满足下列两个条件，即对公司或管理有帮助；员工乐于遵行。否则，花了很多时间制订下来的规则，只是一些形式条文，如同“花瓶”而已。

（3）将各种规则或约定目视化。

- 目视化的目的，在于让那些规则或约定用眼睛一看就能了解，而不必再伤脑筋去判断。
- 规则或约定目视化的做法如下：

A. 订成管理手册（配合漫画方式表达）。

B. 制成图表。

C. 画成漫画。

D. 做成标语、广告牌。

E. 印成卡片。

F. 绘成识别图案，别在制服上面。

- 目视化场所及地点应选定在明显并且容易被看到的地方。

● 一旦活动结束或规划、约定有所变更时，原先的各种目视化措施，如标语、广告牌要注意收回或更新。

（4）实施各种教育训练。

● 新进人员规则与约定倡导训练。

● 在职人员新订规则或约定的解说。

● 全公司月会精神讲话。

● 各部门早会精神讲话。

● 各部门在职训练（含专业训练）。

● 通过各种训练使思想统一及建立行为共识。

（5）违反规则或约束给予纠正。

● 身为主管，见到部属有违犯事项，要当场给予指正，否则部属会因没受到纠正而一错再错，或把错误当作“可以做”而做下去。

● 在纠正或指责时，切忌客气，客气推动不了事情。

● 强调因事纠正，不要对人有偏见而指责。

● 在执行纠正或指责时，应一视同仁讲究原则，以免造成部属的怨恨与冲突。

（6）接受指责纠正，立即改正。

● 要求被纠正者，立即改正或限期改正。

● 绝对禁止任何借口。

● 要求改正之后，主管必须再做复查，直到完全改正为止。

（7）推动各种精神提升活动。

● 早会。

● 聘请知名人士临厂做全员感性演讲。

● 推动方针管理或目标管理。

● 实施适合本公司的员工自主改善活动。

● 推行礼貌运动。

● 开展公司内社团活动。

根据公司进一步发展的需要，有的公司在原来5S管理的基础上又增加了安全（Safety），即形成了6S管理；有的企业还增加了节约（Save），形成了7S管理；也有的企业加上习惯化（Shiukanka）、服务（Service）及坚持（Shikoku），形成了10S管理，有的企业甚至推行12S管理，但是万变不离其宗，都是从5S管理里衍生出来的，例如，在整理中要求清除无用的东西或物品，这在某些意义上来说，就涉及到了节约和安全，例如，横在安全通道中的无用的垃圾，这就是安全应该关注的内容。

实践训练11：观察图3-52，讲一下你对办公桌主人的评价。

图 3-52　实践训练图

实践训练 12：观察如图 3-53 所示两幅图，哪一幅图更容易找出缺失的数字？这体现了 5S 管理中的哪一个的重要性？

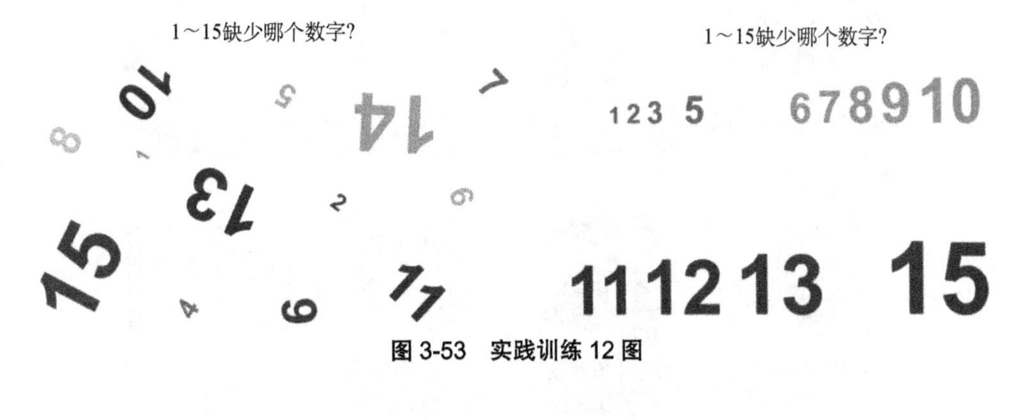

图 3-53　实践训练 12 图

3.4　8D 方法

一、8D 方法的起源

“二战”期间，美国政府率先采用一种类似 8D 的流程——“军事标准 1520”，又称为“不合格品的修正行动及部署系统”。1987 年，福特汽车公司首次用书面形式记录下 8D 法，在其一份课程手册中这一方法被命名为“团队导向的问题解决法”（Team Oriented Problem Solving）。当时，福特的动力系统部门正被一些经年累月、反复出现的生产问题搞得焦头烂额，因此其管理层提请福特集团提供指导课程，帮助解决难题。

二、8D 方法的概念

8D 方法又称团队导向的问题解决方法、8D 问题求解法（8D Problem Solving），是福特公司处理问题的一种方法。它提供了一套符合逻辑地解决问题的方法，同时对于统计制程管制与实际的品质提升架起了一座桥梁。

8D 方法是发现真正肇因的有效方法，并能够采取针对性措施消除真正肇因，执行永久性矫正措施。8D 方法创造了能够帮助探索“允许问题逃逸的控制系统”，对逃逸点的研究有助于提高控制系统在问题再次出现时的监测能力，而预防机制的研究则有助于系统将问题控制在初级阶段。

8D 方法要求建立一个体系，让整个团队共享信息，努力达成目标，是处理问题的一种方法，也适用于制程能力指数低于其应有值时有关问题的解决，对不合格产品问题的解决，面对顾客投诉、反复频发问题以及需要团队作业问题的解决。

三、8D 方法的 8 个步骤

8D 方法是解决问题的 8 条基本准则或称 8 个工作步骤，如图 3-52 所示。

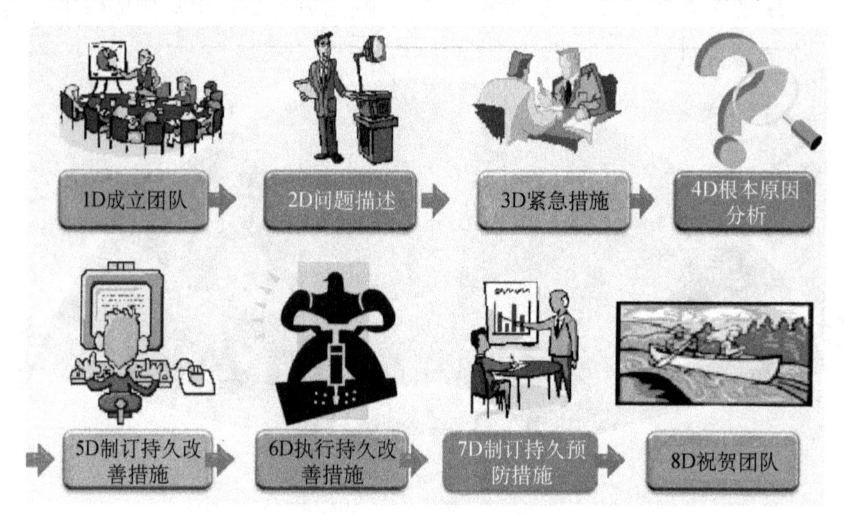

图 3-52　8 个工作步骤

8D 方法的 8 个步骤具体含义如下。

1. 1D—成立团队

具体要求：

① 团队成员应具备工艺/产品的知识。

② 有配给时间并授予权限。

③ 应具有所要求的、能解决问题和实施纠正措施的技术素质。

④ 团队小组必须有一个组长。

关键要点：

① 成员资格，具备工艺、产品的知识。

② 存在团队目标。

③ 确定分工。

④ 按照程序实施。

⑤ 小组建设。

2. 2D—问题描述

具体要求：

① 找到问题症结。

② 防止问题再发生。

③ 使用5W2H方法来描述问题。

关键要点：

① 收集和组织所有有关数据以说明问题。

② 问题说明是所描述问题的特别有用的数据的总结。

③ 审核现有数据，识别问题，确定范围。

④ 细分问题，将复杂问题细分为单个问题。

⑤ 问题定义，找到和客户所确认问题一致的说明，“什么东西出了什么问题”。

3. 3D—紧急措施（临时措施）

具体要求：

① 减少客户受到问题的影响。

② 实施临时性的围堵措施，比如换货、补货。

③ 确保临时措施有效。

④ 持续到永久性改善措施确认生效。

关键要点：

① 评价紧急响应措施。

② 找出和选择最佳“临时抑制措施”。

③ 提出决策。

④ 实施，并做好记录。

⑤ 验证（DOE、PPM分析、控制图等）。

4. 4D—根本原因分析

具体要求：

① 比较分析问题，描述收集到的资料。

② 识别可能的原因——可采用直方图，测验每个原因。

③ 找出最可能的原因，予以证实。

关键要点：

① 评估可能原因列表中的每个原因。

② 确定原因可否使问题排除。

③ 验证。

④ 控制计划。

5. 5D—制订持久改善措施

具体要求：

① 确认永久性的纠正措施。

② 确认该措施的执行不会造成其他任何不良影响。

关键要点：

① 重新审视小组成员资格。

② 做出决策，选择最佳措施。

③ 重新评估临时措施，如必要则可重新选择。

④ 验证。

⑤ 管理层承诺执行永久纠正措施。

⑥ 控制计划。

6. 6D—执行持久改善措施

具体要求：

① 执行永久性的纠正措施，监视其长期效果。

② 运用统计方法比较改善前后的指标，可以采用柏拉图、管制图。

③ 用量化指标来确认对策落实效果。

④ 永久改善措施被确认生效后，停止紧急对策。

关键要点：

① 重新审视小组成员。

② 执行永久纠正措施，废除临时措施。

③ 利用故障的可测量性确认故障已经被排除。

④ 控制计划、工艺文件修改。

7. 7D—制订持久预防措施

具体要求：

① 修正必要的系统，避免再次发生错误。

② 必要时提出针对体系本身改善的建议。

③ 横向展开，对问题进行预防。

关键要点：

① 选择预防措施。

② 验证有效性。

③ 做出决策。

④ 组织、人员、设备、环境、材料、文件重新确定。

8. 8D—祝贺团队

具体要求：

① 对小组工作进行总结并祝贺。

② 保留重要文件。

③ 将小组工作的成果和心得形成文件。

④ 认可小组的集体力量及做出的贡献。

关键要点：

① 有选择地保留重要文档。

② 浏览小组工作，将心得形成文件。

③ 了解小组为解决问题组建的集体力量，以及对解决问题做出的贡献。

④ 必要的物质、精神奖励。

一般8D文件都是以表格形式出现的，某企业公司模板如图3-53所示。

四、8D方法的运用举例

案例1：2011年6月，某企业为某主机厂配套的一种继电器因外场“三包”故障率超标，收到了主机厂的质量信息单，要求该企业整改。

该企业运用8D流程整改如下。

1. 成立小组

工厂立即成立了以总质量师为组长，设计、工艺、质量、销售等人员为成员的解决问题小组。

2. 说明问题

用可量化的术语，详细说明问题。

（1）界定问题。

① 问题出现的时间、发现问题的时间、问题持续的时间等。

② 问题发生的地理位置和发生故障的部位。

③ 问题发生的数量或频率。

******公司8D分析报告**

编号：

部品名称:		供应商名称:		报告日期：	
部品编码:		部品型号:		反馈日期：	
反馈部门:		整机型号		受理者：	
不良品数量:		样品批号：			

Discipline1：	组织成员	Date
组长：	部门\职务	
成员：	部门\职务	

Discipline2：	问题描述	Date

Discipline3：	原因分析	Date	Owner	Approved
产生原因：				
流出原因：				

Discipline4：	执行临时措施及对策	Date	Owner	Approved
已出库品临时措施				
库存品临时措施：				

Discipline5：	根本性改善对策	Date	Owner	Approved
产生原因对策：				
流出原因对策：				

Discipline6：	效果确认	Date	Owner	Approved
对策是否执行：				
改善后不良率：				

Discipline7：	防止再发生方案	Date	Owner	Approved
同类产品排查：				
相关文件的修订：				

Discipline8：	(小组)总结

制作人:		确认：		批准：	

图 3-53　8D 分析报告

④ 现场专家及售后服务工程师的观点。

经过上述界定，该继电器使用过程中存在失效问题，自 2000 年 9 月初开始时有发生。本次从主机厂返回“三包”产品共28只，外场故障率为0.6%。经检查发现，主要由于触点烧蚀引起继电器失效。

（2）问题的严重性。

① 顾客的意见、态度对销售量及组织竞争优势产生的负面影响。

② 对产品性能、可靠性、安全性、舒适性的影响。

③ 现场拆换、维护造成的直接经济损失。

④ 与同类产品的差距。

主机厂给该企业的质量问题信息单明确表示了对该企业的不满。继电器失效将导致车辆的电喇叭无声，影响行车安全。主机厂要求该企业立即整改，并计划从6月份开始对该继电器进行质量跟踪考核，若故障率仍高于0.3%，将对该企业实施惩罚性措施。这对该企业的产品销售及企业形象影响较大。

（3）确定解决问题的结果。

确定解决问题的结果即根据顾客需求设定应达到的指标。小组设定整改后的继电器的故障率<0.25%，以满足主机厂及最终顾客的要求。

3. 实施并验证临时性措施

（1）采取相应的措施。

接到质量问题信息单后，该企业立即对产品进行隔离，将所有主机厂库存产品空运回厂进行复查、筛选。

（2）采取临时性措施。

采取临时性措施的目的在于最大限度地减少顾客损失。临时性措施包括100%检查、代用、返工、维修等，小组必须制订合格标准，并通过统计技术对采取措施前后的数据进行分析及比较。在时间的安排上不能太长，而且不应引起新问题的出现。

由于该继电器为该企业独家供货，为不影响主机厂的生产，该企业采取了100%筛选、维修的临时性措施，具体技术方案如下。

① 检查该产品电气参数。

② 经打开外壳检查磁间隙、触点压力、超行程等，发现触点压力普遍偏小。小组认为，触点压力应保证大于0.5N。筛选后，剔除了触点压力小于0.5N的产品（约占有问题产品的40%）。

③ 对该产品进行环境应力筛选试验（高低温动作筛选、随机振动动作筛选），又剔除了0.2%有问题的产品。

④ 及时发出筛选后的产品，满足主机厂装车进度要求，并通知驻外服务组重点跟踪。

同时，分别抽取触点压力满足和不满足0.5N的产品各两只进行电气寿命耐久试验，预计试验时间超过11天。

4. 确定根本原因

（1）寻找所有潜在原因。

首先，通过直方图找出第一要优先解决的问题。经统计，该继电器失效机理95%为触点烧蚀，这是第一优先解决的问题。其次，采用鱼骨图，从人、机、料、法、环、管理入手，寻找所有引起触点烧蚀的潜在原因，如图3-54所示。

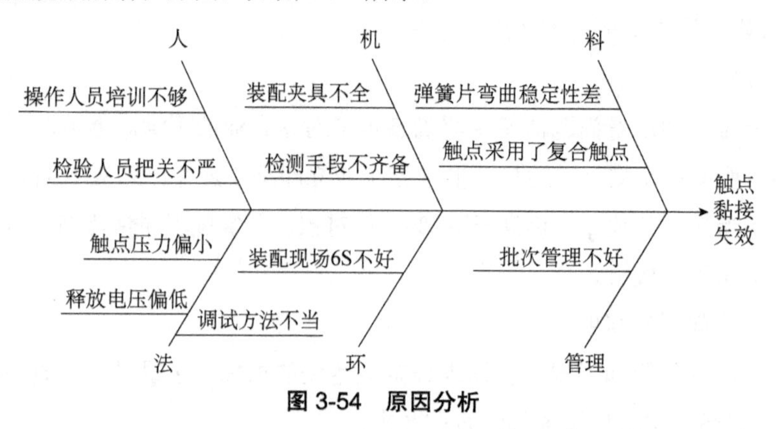

图3-54　原因分析

（2）确定根本原因。

对每一个潜在原因，通过试验、测量、检查、分析等手段，采用判别矩阵寻找并验证根本原因。

5. 选择及验证纠正措施

定量确定所选择的纠正措施，确保解决顾客的问题，并且不会发生副作用。但要对每一个措施的有效性进行验证，必要时还应对纠正措施的风险性进行评价，制订出对应的应急计划，如表3-30所示。

表3-30　应急计划

原因	实施前情况	纠正措施	目标	验证情况
弹簧片稳定性差	合格率60%	增加校正工序	合格率99.5%	合格率提高到99.7%，继电器参数离散性小
采用了复合触电	电气寿命小于5×10^4次	用纯银氧化物触点	电气寿命大于5×10^4次	抽取的4只继电器电气寿命试验结果： 1. 触电压力0.2N，18000次
触点压力偏小	电气寿命小于5×10^4次	使触点压力大于0.5N	电气寿命大于5×10^4次	2. 触点压力0.3N，48000次 3. 触点压力0.5N，93000次 4. 触点压力0.5N，大于1×10^5次
人员培训不够	考试合格率70%	培训	考试合格率100%	

6. 实施永久性纠正措施

为保证不合格原因的消除，该企业从2011年7月份对该型号继电器实施永久性纠正措施，并确定了 6 个月的外场故障率跟踪期限，以验证其有效性。

7. 防止再发生

修改管理系统、操作系统、工作惯例及程序，以防止这一问题和所有类似问题的再发生。对于该型号继电器的所有永久性纠正措施均做了验证，并对设计文件、工艺文件做了相应的修改，还增加了必要的工具及测试手段。

8. 向小组祝贺

通过座谈会等形式由高层领导对小组的集体努力和工作成果给予肯定，必要时进行表彰，以鼓励小组做出新的贡献。

总之，8D 方法是一种科学有效的实施纠正措施的工具，它将所要解决的问题以专题的形式进行充分细化，直到确定并消除产生问题的原因，防止不合格的再发生。8D 方法的实施应由组织的高层领导推动并对小组充分授权，保证小组成员有足够的时间从事活动。

3.5　检验标准与方法

为了保证出厂产品的质量，就要对产品进行检验。质量检验是借助某些技术手段和方法，对产品或服务的一种或多种质量特性（如物理尺寸、技术指标等）进行测量、检查、试验、计量，并将这些特性与规定的要求进行比较以确定其符合性的活动。

产品生产过程中质量检验的主要环节包括：

① 在供应商那里检验其产品。

② 对供应商或协作商提供的物料，进行进厂检验。

③ 在不可逆转的工序之前检验。

④ 依次在生产工序中检验。

⑤ 完工产品检验。

⑦ 产品装运之前检验。

质量检验可以实现以下目标：

① 鉴别产品（包括零部件、外购物料等）的质量水平，确定其符合程度，并进行处理。

② 判断工序质量状态，为工序能力控制提供依据。

③ 了解产品质量等级或缺陷的严重程度。

④ 改善检测手段，提高检测作业发现质量缺陷的能力和有效性。

⑤ 反馈质量信息，报告质量状况与趋势，为改进质量打好基础。

质量检验必须具备下述条件：

① 一支足够数量的、合乎要求的检验人员队伍。
② 可靠和完善的检测手段。
③ 作为依据而又明确的检验标准。
④ 一套科学而严格的检验管理制度。
电子产品不合格等级为：
① A类不合格（致命不合格，严重缺陷，致命缺陷，Critical Defect，缩写CR或CRI）。
② B类不合格（严重不合格，主要缺陷，重缺陷，Major Defect，缩写MA或MAJ）。
③ C类不合格（轻微不合格，次要缺陷，轻缺陷，Minor Defect，缩写MI或MIN）。

3.5.1 检验标准与方法

一、检验类型与方式

1. 检验类型与方式划分

检验类与方式划分如表3-31所示。

表3-31 检验类型与方式划分

划分类别	检验类型与方式
按检验产品的数量划分	全检
	抽检
	免检
按产品的生产流程划分	IQC（进料检验）
	IPQC（过程检验）
	FQC（成品检验）
	OQC（出货检验）
按检验内容划分	法律法规要求
	产品使用安全性要求
	产品使用功能要求
	产品使用性能要求
	产品使用外观要求
	产品包装要求
	产品可靠性要求
按检验场所划分	集中检验
	在线检验
	流动检验

续表

划分类别	检验类型与方式
按被检验后产品是否能使用划分	非破坏性检验
	破坏性检验
按检验目的划分	验收性质检验
	监督性质检验
按检验人员划分	自检（操作者）
	互检（操作者之间）
	专检（专职检验员）
按质量数据性质划分	计数检验
	计量检验
按检验周期划分	逐批检验
	周期检验

（1）全检。对整批产品逐个进行检验就是全数检验，简称全检，适用于来料数量少、价值高、不允许有不合格的物料，或企业指定进行全检的物料。如果整批产品逐个检验，将其中不合格品拣出来，那么这样肯定能保证出厂的产品质量。但是在破坏性试验（如检验产品的寿命）以及对大批量产品检验时，不能对产品实施全检，否则不仅会消耗大量的人力和时间，产生巨大的工作量，同时也会对产品造成破坏。

（2）免检。免检是指对符合规定条件的产品免于实施质量检查活动。它适用于大量低值辅助性材料，或经认定的免检来料，以及因生产急用而特批免检的材料。对于后者，进料检验员应跟踪其生产时的质量状况。

（3）抽检。抽检是抽样检验的简称，是从一批产品中随机抽取少量产品（样本）进行检验，根据检验结果来推断整批产品的质量。它适用于平均数量较多、经常使用的物料。

但经过抽样检验认为合格的一批产品中，还可能含有一些不合格品，所以抽样检验同时还存在这样的风险，即有可能将实际合格的判定为不合格，将实际不合格的判定为合格。所以必须要制订并使用合理的抽样方案，将抽样检验的风险降到最低，使其结果更具可接受性。

因此，对于抽样检验来说，合理的抽样方案尤为重要，那么制订方案时必须要了解抽样标准和抽样方法，后面我们详细介绍。

抽样的几个概念如表 3-32 所示。

表 3-32　抽样的几个概念

概念	定义
单位产品	为实施抽样检查的需要而划分的基本单位称为单位产品

续表

概念	定义	
批	批的定义	为实施抽样检查而汇集起来的单位产品，称为检验批、检查批或批，它是抽样检查和判定的对象。该检验批包含的单位产品数目称为批量，通常用符号 N 表示
	批的组成	构成一个批的单位产品的生产条件应尽可能相同，即应当由元器件、材料、零部件供应相同、生产仪器设备相同、生产员工变动不大、生产时期大约相同等生产条件下生产的单位产品组成批
	连续批	检验批可分为连续批和孤立批，连续批是指批与批之间产品质量关系密切或连续生产并连续提交验收的批
	批的质量表示方法	批的质量一般以不合格品百分数或每百单位产品不合格数表示
样本	样本和样本单位	从检验批中抽取用于检验的单位产品称为样本单位。样本单位的全体则称为样本。而样本大小则是指样本中所包含的样本单位数量。换个说法，样本就是指我们从批中抽取的那部分个体。抽取的样本数量常以 n 表示
	样本的取样方法	与全检相比，抽样检验存在一定的局限性，这就更需要合理地选择抽样方法，确保取样可靠，以控制生产方和使用方各自的风险。取样应以随机抽样为原则，也就是说取样要能反映检验批的各处情况，检验批中的个体被取样的机会要均等
	抽样种类	简单随机抽样、分层抽样、系统抽样、整群抽样
	样本的质量表示方法	从批中抽取的样本质量可用样本的不合格品数、样品的不合格数来表示。具有一个以上检验项目的单位产品，不合格品数和不合格数的计数方法有所差异
抽样检查方法的分类	按产品质量指标特性分类	
	按抽样检查的次数分类	
	按抽检方法型式分类	

2. 质量标准

现行的产品质量标准，从标准的适用范围和领域来看，主要包括国际标准、国家标准、行业标准、地方标准、企业标准。

我们国家现行的抽样标准是 GB/T2828.1—2012，是 2012 年修订的，名称为《计数抽样检验程序第 1 部分：按接收质量限（AQL）检索的逐批检验抽样计划》。目前国内电子企业大多使用 GB/T2828.1—2012，部分出口型企业仍在使用原美国军用标准 MIL-STD-105E。

3. GB/T2828.1—2012 抽样检验标准应用

掌握国标 GB/T2828.1—2012 的应用，要从两方面理解，一是标准中的检验水平 IL，另一个是标准中的接收质量限 AQL。

（1）检验水平 IL。检验水平用于表征判断力。检验水平高，判断能力强，接收风险小，质量保证高。GB/T2828.1 有 3 个一般检验水平，分别是检验水平Ⅰ、检验水平Ⅱ、检验水平Ⅲ；还有 4 个特殊检验水平，分别是 S-1、S-2、S-3、S-4。一般检验水平高于特殊检验水平，且等级越高，判断能力越强，也就是说Ⅲ> Ⅱ > Ⅰ >S-4> S-3 >S-2> S-1。

检验水平选择的原则为：

① 没有特别规定时，首先采用一般检验水平Ⅱ。

② 比较检验费用。若单个样品的检验费用为 a，判批不合格时处理一个样品的费用为 b，检验水平选择应遵循：

$a>b$ 选择检验水平Ⅰ；

$a=b$ 选择检验水平Ⅱ；

$a<b$ 选择检验水平Ⅲ。

③ 为保证 AQL，使得劣于 AQL 的产品批尽可能少漏过去，宜选择高的检验水平。

④ 检查费用（包括人力、物力、时间等）较低时，选用高的检验水平。

⑤ 产品质量不稳定，波动大时，选用高的检验水平。

⑥ 破坏性检验或严重降低产品性能的检验，选用低的检验水平。

⑦ 检验费用高时，选用低的检验水平。

⑧ 产品质量稳定，差异小时，选用低的检验水平。

⑨ 历史资料不多或缺乏的试制品，为安全起见，检验水平必须选择等级高的；间断生产的产品，检验水平选择的要等级高的。

其他检验水平选用条件如表 3-33 所示。

表 3-33　检验水平选用条件

检验水平	选用条件
检验水平Ⅰ	即使降低判断的准确性，对客户使用该产品并无明显影响； 单位产品的价格较低； 产品生产过程比较稳定，随机因素影响较小； 各个交验批之间的质量状况波动不大； 交验批内的质量比较均匀； 产品批不合格时，带来的危险性较小
检验水平Ⅲ	需方在产品的使用上有特殊要求； 单位产品的价格较高； 产品的质量在生产过程中易受随机因素的影响； 各个交验批之间的质量状况有较大波动； 交验批之间的质量存在较大的差别； 产品批不合格时，平均处理费用远超过检查费用； 对于产品状况把握不大的新产品

续表

检验水平	选用条件
特殊检验水平	检验费用极高； 贵重产品的破坏性检验的场合； 宁愿增加对批质量误判的危险性，也要尽可能减少样本

为了简化表格，便于记忆，GB/T2828.1 规定样本量一律用样本量字码表示，并按由小到大的样本量顺序，规定了由 A 到 S 共 17 个字母，作为样本量字码。每个字码都与一定的样本量对应。样本量字码表如表 3-34 所示。字码与样本量对应表如表 3-35 所示。

表 3-34　样本量字码表

批量	特殊检查水平				正常检查水平		
	S-1	S-2	S-3	S-4	I	II	III
2～8	A	A	A	A	A	A	B
9～15	A	A	A	A	A	B	C
16～25	A	A	B	B	B	C	D
26～50	A	B	B	C	C	D	E
51～90	B	B	C	C	C	E	F
91～150	B	B	C	D	D	F	G
151～280	B	C	D	E	E	G	H
281～500	B	C	D	E	F	H	J
501～1 200	C	C	E	F	G	J	K
1 201～3 200	C	D	E	G	H	K	L
3 201～10 000	C	D	F	G	J	L	M
10 001～35 000	C	D	F	H	K	M	N
35 001～150 000	D	E	G	J	L	N	P
150 001～500 000	D	E	G	J	M	P	Q
500 000 以上	D	E	H	K	N	Q	R

表 3-35　字码与样本量对应表

正常检验		加严检验		放宽检验	
样本量字码	样本量	样本量字码	样本量	样本量字码	样本量
A	2	A	2	A	2
B	3	B	3	B	2
C	5	C	5	C	2

续表

正常检验		加严检验		放宽检验	
样本量字码	样本量	样本量字码	样本量	样本量字码	样本量
D	8	D	8	D	3
E	13	E	13	E	5
F	20	F	20	F	8
G	32	G	32	G	13
H	50	H	50	H	20
J	80	J	80	J	32
K	125	K	125	K	50
L	200	L	200	L	80
M	315	M	315	M	125
N	500	N	500	N	200
P	800	P	800	P	315
Q	1250	Q	1250	Q	500
R	2000	R	2000	R	800
		S	3150		

如何通过表 3-34 和表 3-35 确定批量中检验样本数量，下面通过一个例子来说明。

举例：有一批电子产品的订单数是 2000 件，使用检验水平 II，正常检验一次抽样方案，确定这批订单中抽查的样本数为几件？

在样本量字母表（表 3-34）中由批量 2000 所在的行，与检验水平 II 所在的列相交处，得到样本大小字码为 K，通过表 3-35 找到 K 对应的数量是 125，所以从 2000 件中抽取检验的样本数量为 125 件，如图 3-55 所示。

（2）接收质量限 AQL。

接收质量限 AQL，是 Acceptance Quality Limit 的缩写，是指当一个连续系列批被提交验收时，可允许的最差过程平均质量水平。它是可以接收和不可以接收的过程平均的分界线。

AQL 共有 26 挡：0.010，0.015，0.025，0.040，0.065，0.10，0.15，0.25，0.40，0.65，1.0，1.5，2.5，4.0，6.5，10，15，25，40，65，100，150，250，400，650，1000。其中，AQL≤10 时，对计件、计点均适用；AQL＞10 时，则只能适用于计点数据；也就是说，对计件数据，AQL 可使用 0.010 到 10 共 16 挡，如图 3-56～图 3-58 所示。在计件数据中，P（不合格品率）值以%表示，如 AQL=0.010，实为 0.010%，即合格批的不合格品率上限值允许为 0.010%（万

分之一）。可见，挡位的数值越小，允许的瑕疵数量就越少，说明品质要求越高，检验就相对较严。

图3-56～图3-58所示表格是检验水平Ⅱ对应的AQL标准，2个缩写词Ac和Re是两个判定基准数，Ac—Accept称为接收数；Re—Reject称为拒收数。图中，⇩指使用箭头下面的第一个抽样方案；⇧指使用箭头上面的第一个抽样方案。

批　量	特殊检查水平				正常检查水平		
	S-1	S-2	S-3	S-4	Ⅰ	Ⅱ	Ⅲ
2 ～ 8	A	A	A	A	A	A	B
9 ～ 15	A	A	A	A	A	B	C
16 ～ 25	A	A	B	B	B	C	D
26 ～ 50	A	B	B	C	C	D	E
51 ～ 90	B	B	C	C	C	E	F
91 ～ 150	B	B	C	D	D	F	G
151～280	B	C	D	E	E	G	H
281 ～ 500	B	C	D	E	F	H	J
501 ～ 1 200	C	C	E	F	G	J	K
1 201 ～ 3 200	C	D	E	G	H	K	L
3 201 ～ 10 000	C	D	F	G	J	L	M
10 001 ～ 35 000	C	D	F	H	K	M	N
35 001 ～ 150 000	D	E	G	J	L	N	P
150 001 ～500 000	D	E	G	J	M	P	Q
500 000 以上	D	E	H	K	N	Q	R

图 3-55　样本字码查找

正常检查一次抽样方案

GB / T 2828.1-2012 / ISO 2859-1：1999

样本量字码	样本量	合格质量水平															
		0.010	0.015	0.025	0.040	0.065	0.100	0.150	0.250	0.400	0.650	1.000	1.500	2.500	4.000	6.500	10
		Ac Re	Ac Re	Ac Re	Ac Re	Ac Re	Ac Re	Ac Re	Ac Re	Ac Re	Ac Re	Ac Re	Ac Re	Ac Re	Ac Re	Ac Re	Ac Re
A	2														⇩	0 1	
B	3													⇩	0 1	⇧	⇩
C	5												⇩	0 1	⇧	⇩	1 2
D	8											⇩	0 1	⇧	⇩	1 2	2 3
E	13										⇩	0 1	⇧	⇩	1 2	2 3	3 4
F	20									⇩	0 1	⇧	⇩	1 2	2 3	3 4	5 6
G	32								⇩	0 1	⇧	⇩	1 2	2 3	3 4	5 6	7 8
H	50							⇩	0 1	⇧	⇩	1 2	2 3	3 4	5 6	7 8	10 11
J	80						⇩	0 1	⇧	⇩	1 2	2 3	3 4	5 6	7 8	10 11	14 15
K	125					⇩	0 1	⇧	⇩	1 2	2 3	3 4	5 6	7 8	10 11	14 15	21 22
L	200				⇩	0 1	⇧	⇩	1 2	2 3	3 4	5 6	7 8	10 11	14 15	21 22	⇧
M	315			⇩	0 1	⇧	⇩	1 2	2 3	3 4	5 6	7 8	10 11	14 15	21 22	⇧	
N	500		⇩	0 1	⇧	⇩	1 2	2 3	3 4	5 6	7 8	10 11	14 15	21 22	⇧		
P	800	⇩	0 1	⇧	⇩	1 2	2 3	3 4	5 6	7 8	10 11	14 15	21 22	⇧			
Q	1250	0 1	⇧	⇩	1 2	2 3	3 4	5 6	7 8	10 11	14 15	21 22	⇧				
R	2000	⇧		1 2	2 3	3 4	5 6	7 8	10 11	14 15	21 22	⇧					

图 3-56　正常检查一次抽样

加严检查一次抽样方案

GB / T 2828.1-2012　/ ISO 2859-1：1999

样本量字码	样本量	合格质量水平															
		0.010	0.015	0.025	0.040	0.065	0.100	0.150	0.250	0.400	0.650	1.000	1.500	2.500	4.000	6.500	10
		Ac Re	Ac Re	Ac Re	Ac Re	Ac Re	Ac Re	Ac Re	Ac Re	Ac Re	Ac Re	Ac Re	Ac Re	Ac Re	Ac Re	Ac Re	Ac Re
A	2	↓	↓	↓	↓	↓	↓	↓	↓	↓	↓	↓	↓	↓	↓	↓	0 1
B	3	↓	↓	↓	↓	↓	↓	↓	↓	↓	↓	↓	↓	↓	↓	0 1	↓
C	5	↓	↓	↓	↓	↓	↓	↓	↓	↓	↓	↓	↓	↓	0 1	↓	↓
D	8	↓	↓	↓	↓	↓	↓	↓	↓	↓	↓	↓	↓	0 1	↓	↓	1 2
E	13	↓	↓	↓	↓	↓	↓	↓	↓	↓	↓	↓	0 1	↓	↓	1 2	2 3
F	20	↓	↓	↓	↓	↓	↓	↓	↓	↓	↓	0 1	↓	↓	1 2	2 3	3 4
G	32	↓	↓	↓	↓	↓	↓	↓	↓	↓	0 1	↓	↓	1 2	2 3	3 4	5 6
H	50	↓	↓	↓	↓	↓	↓	↓	↓	0 1	↓	↓	1 2	2 3	3 4	5 6	8 9
J	80	↓	↓	↓	↓	↓	↓	↓	0 1	↓	↓	1 2	2 3	3 4	5 6	8 9	12 13
K	125	↓	↓	↓	↓	↓	↓	0 1	↓	↓	1 2	2 3	3 4	5 6	8 9	12 13	18 19
L	200	↓	↓	↓	↓	↓	0 1	↓	↓	1 2	2 3	3 4	5 6	8 9	12 13	18 19	↑
M	315	↓	↓	↓	↓	0 1	↓	↓	1 2	2 3	3 4	5 6	8 9	12 13	18 19	↑	↑
N	500	↓	↓	↓	0 1	↓	↓	1 2	2 3	3 4	5 6	8 9	12 13	18 19	↑	↑	↑
P	800	↓	↓	0 1	↓	↓	1 2	2 3	3 4	5 6	8 9	12 13	18 19	↑	↑	↑	↑
Q	1250	↓	0 1	↓	↓	1 2	2 3	3 4	5 6	8 9	12 13	18 19	↑	↑	↑	↑	↑
R	2000	0 1	↑	↓	1 2	2 3	3 4	5 6	8 9	12 13	18 19	↑	↑	↑	↑	↑	↑
S	3150			1 2													

图 3-57　加严检查一次抽样

放宽检查一次抽样方案

GB / T 2828.1-2012　/ ISO 2859-1：1999

样本量字码	样本量	合格质量水平															
		0.010	0.015	0.025	0.040	0.065	0.100	0.150	0.250	0.400	0.650	1.000	1.500	2.500	4.000	6.500	10
		Ac Re	Ac Re	Ac Re	Ac Re	Ac Re	Ac Re	Ac Re	Ac Re	Ac Re	Ac Re	Ac Re	Ac Re	Ac Re	Ac Re	Ac Re	Ac Re
A	2	↓	↓	↓	↓	↓	↓	↓	↓	↓	↓	↓	↓	↓	↓	0 1	↓
B	2	↓	↓	↓	↓	↓	↓	↓	↓	↓	↓	↓	↓	↓	0 1	↑	↓
C	2	↓	↓	↓	↓	↓	↓	↓	↓	↓	↓	↓	↓	0 1	↑	↓	↓
D	3	↓	↓	↓	↓	↓	↓	↓	↓	↓	↓	↓	0 1	↑	↓	↓	1 2
E	5	↓	↓	↓	↓	↓	↓	↓	↓	↓	↓	0 1	↑	↓	↓	1 2	2 3
F	8	↓	↓	↓	↓	↓	↓	↓	↓	↓	0 1	↑	↓	↓	1 2	2 3	3 4
G	13	↓	↓	↓	↓	↓	↓	↓	↓	0 1	↑	↓	↓	1 2	2 3	3 4	5 6
H	20	↓	↓	↓	↓	↓	↓	↓	0 1	↑	↓	↓	1 2	2 3	3 4	5 6	6 7
J	32	↓	↓	↓	↓	↓	↓	0 1	↑	↓	↓	1 2	2 3	3 4	5 6	6 7	8 9
K	50	↓	↓	↓	↓	↓	0 1	↑	↓	↓	1 2	2 3	3 4	5 6	6 7	8 9	10 11
L	80	↓	↓	↓	↓	0 1	↑	↓	↓	1 2	2 3	3 4	5 6	6 7	8 9	10 11	↑
M	125	↓	↓	↓	0 1	↑	↓	↓	1 2	2 3	3 4	5 6	6 7	8 9	10 11	↑	↑
N	200	↓	↓	0 1	↑	↓	↓	1 2	2 3	3 4	5 6	6 7	8 9	10 11	↑	↑	↑
P	315	↓	0 1	↑	↓	↓	1 2	2 3	3 4	5 6	6 7	8 9	10 11	↑	↑	↑	↑
Q	500	0 1	↑	↑	↓	1 2	2 3	3 4	5 6	6 7	8 9	10 11	↑	↑	↑	↑	↑
R	800	↑	↑	↑	1 2	2 3	3 4	5 6	6 7	8 9	10 11	↑	↑	↑	↑	↑	↑

图 3-58　放宽检查一次抽样

下面接着上文的例子来说明。

上文例子中，一批电子产品的订单数是 2000 件，使用检验水平 II，按照正常检验一次抽样方案 AQL0.10 标准，Ac 与 Re 值分别是多少？

由上文分析已知，抽取的样本量为 125 件，由图 3-59 查得：Ac=0；Re=1。

其含义是：125 件样本中，次品数≤0 就 PASS（允许接收），次品数≥1 就 FAIL（不接收）。

正常检查一次抽样方案

GB／T 2828.1-2003 ／ISO 2859-1：1999

样本量字码	样本量	合格质量水平										
		0.010	0.015	0.025	0.040	0.065	0.100	0.150	0.250	0.400	0.650	1.
		Ac Re	Ac Re	Ac Re	Ac Re	Ac Re	Ac Re	Ac Re	Ac Re	Ac Re	Ac Re	Ac
A	2	↓	↓	↓	↓	↓	↓	↓	↓	↓	↓	
B	3											
C	5											
D	8											
E	13										↓	0
F	20									↓	0 1	
G	32								↓	0 1	↑	
H	50							↓	0 1	↑	↓	1
J	80						↓	0 1	↑	↓	1 2	2
K	125					↓	0 1	↑	↓	1 2	2 3	3
L	200				↓	0 1	↑	↓	1 2	2 3	3 4	5

图 3-59 抽样方案

AQL 值一般应在产品技术条件、技术标准、验收要求、供需双方的订购合同或其他有关文件中做出规定，否则由负责部门规定，或由生产与使用方协商确定。选择 AQL 应遵循下面的原则：

① 考虑产品用途和由于产品失效所引起后果的大小，要求高的产品选择 AQL 值小些，要求低的则可大些。

② 航天产品的检验 AQL 值比军用产品小，军用产品的 AQL 值比工业产品小，工业产品的 AQL 值要比民用产品的小一些。

③ A 类不合格品（致命不合格品）的 AQL 值应比 B 类不合格品（严重不合格品）的 AQL 值小些；B 类不合格品的 AQL 值应比 C 类不合格品（轻微不合格品）的 AQL 值小些。

④ 单项检验的 AQL 值小于多项目检验。检验项目越多，AQL 值越大。

⑤ 电气性能检验的 AQL 值应小于机械性能，其次是外观性能。

⑥ 原材料、零部件检验的 AQL 值比成品检验的 AQL 值小。

⑦ 由生产方和使用方共同协商确定 AQL 值时，它是依赖于生产方可能提供的质量和使用方认为理想的质量之间的一种折中水平。需考虑生产方的生产能力，AQL 值提得过小，会使生产方的成本增加。

⑧ 使用方急需产品，生产方质量一时难以提高，AQL 值可以选适当大一些，待生产方质量改进后再调整。

⑨ 以自己实际生产水平能力确定 AQL 值。

⑩ 如果一时无法确定 AQL 值，可以给单个项目指定 AQL 值，也可给一组检验项目联合指定一个 AQL 值。

（3）抽样检验的严格度与转移规则。

抽样检验的严格度是指采用抽检方案的宽严程度。GB/T2828.1 规定了三种宽严程度，如

图3-56～图3-58分别是正常检查一次抽样方案、加严检查一次抽样方案、放宽检查一次抽样方案。

正常检验：当过程平均质量状况接近接收质量限（AQL）时所进行的检验。

加严检查：当过程平均质量状况显著劣于接收质量限（AQL）时所进行的检验。

放宽检查：当过程平均质量状况显著优于接收质量限（AQL）时所进行的检验。

GB/T2828.1属于调整型计数抽样方法、标准，它可以在连续批产品质量检验中，随着产品质量水平的状况变化，随时调整抽检方案的严格程度，如图3-60所示。转移规则如图3-61所示。如无特殊规定，一般均先用正常检验。

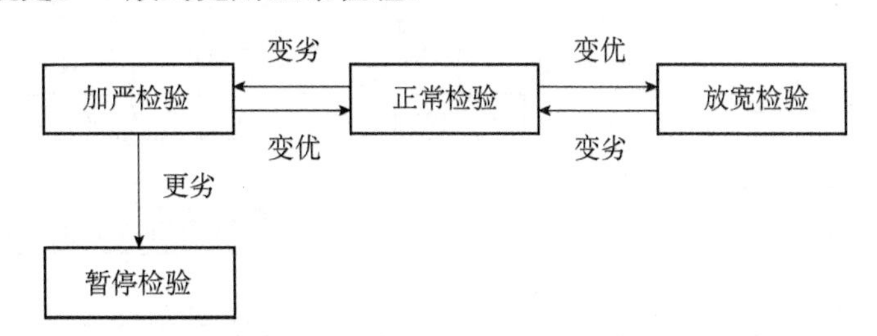

图3-60　抽样方案严格度的调整

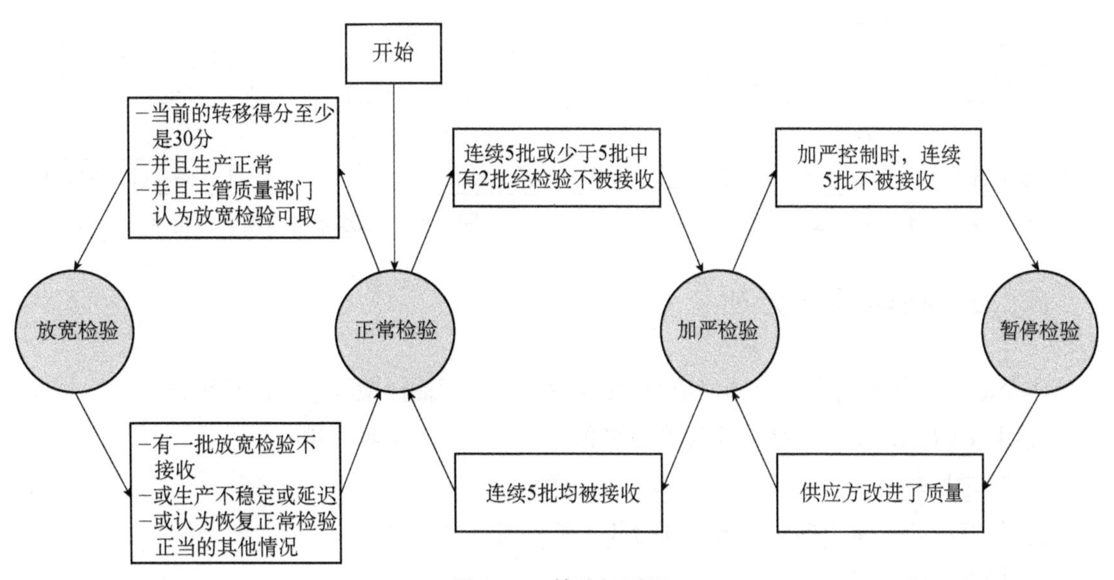

图3-61　转移规则图

（4）抽样方案。

抽样方案是样本量和批接收准则的组合。GB/T2828.1提供了一次、二次和五次抽样方案。三种抽检方案的抽取样本大小是不同的，存在着下列关系：

一次抽样样本总数∶二次抽样样本总数∶五次抽样样本总数=1∶0.63∶0.25

由图3-62、图3-63可见（图中，N为批量，n为样本量，d为样本中的不合格品数），一次检验方案最简单，也很易掌握，但它的样本量n较大，所以其总的抽检量大。二次和五次（由于较少使用，这里不详细介绍）抽检方案较复杂，需要有较高的管理水平才能很好实施，

每次抽取的样本量 n 较小，但每次抽取样本量大小都相同，并且在产品质量很好或很差时，用不着抽满规定次数即可判定合格与否，所以总的抽检量反而小。当检查水平相同时，一次、二次与五次抽检方案的判断结果基本相同。

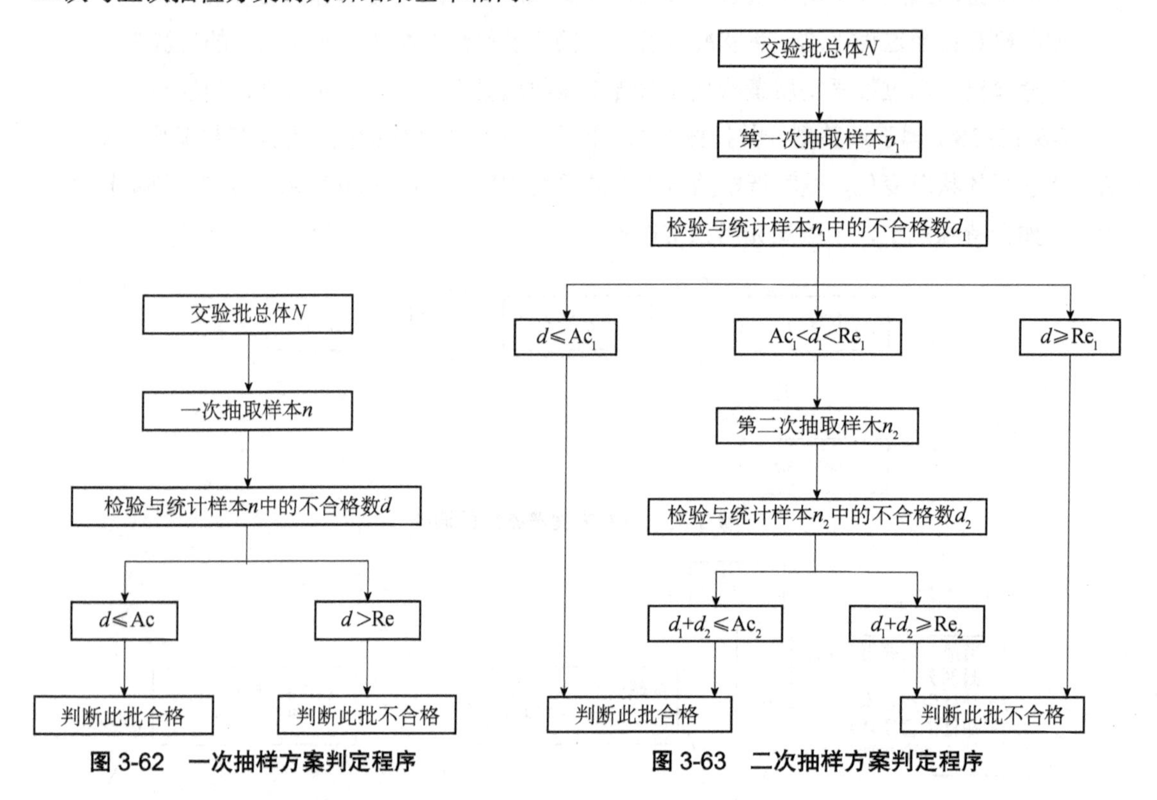

图 3-62　一次抽样方案判定程序

图 3-63　二次抽样方案判定程序

3.5.2　检验实例分析

本节通过实际案例来学习如何使用 GB/T2828.1 进行抽样检验的方法和步骤。

使用 GB/T2828.1 进行抽样检验的方法和步骤共有 6 步，具体是：

① 确定检验方案。

② 根据检验方案中确定的批量与检验水平查找样本量字码。

③ 确定抽样方案。

④ 产品检验。

⑤ 统计不合格数。

⑥ 判定是否接收。

下面结合具体案例来理解检验步骤和方法。

一、案例 1

对某音响产品进行出货检验，采用 GB/T2828.1—2012 标准，规定不合格品的 AQL=1.5，检验水平 IL=Ⅱ，试确定批量 N=1500 个时的正常检验一次抽样方案。

① 确定检验方案，其中包括批量、检验水平、抽样方案的类型、严格度和 AQL 值。检验方案一般由用户决定，也可由用户和供应商协商决定。

本题中确定了批量 N=1500 个，检验水平Ⅱ级，抽样方案类型为一次抽样方案，严格度为正常检验，AQL 值为 1.5。

② 根据检验方案中确定的批量与检验水平查找样本量字码。因本题确定了批量为 1500 个，且检验水平为Ⅱ级，根据样本量字码表（见表 3-34），找到对应的字码为 K。

③ 确定抽样方案。抽样方案的确定是指使用抽样表查找实施抽样检验所必需的样本大小、允许判定数和拒收判定数的过程。

本题中选用正常检验一次抽样方案（见图 3-56），在表中找到 K 所在行，在样本量栏读取样本大小 n=125，继续向右与 AQL1.5 所在列相交处的值为 Ac=5，Re=6。

最后得出一次抽样方案为 125（5，6）。

到上述第三步，抽样方案的结果已经出来了。如果按步骤再继续，接下来就是在这批量中随机抽取 125 个样本，并进行全数检验；然后统计不合格数。若此案例中，125 个样本经过检验，发现有 5 个不合格品，那么怎么判定此批货物是否能正常出货呢？

下面就进入最后一步判定是否接收。将不合格数和判定数进行比较，当不合格数小于等于 Ac 时，判定此批次合格，允许出货；当不合格数大于等于 Re 时，判定此批次不合格，不允许出货。而此题假设中不合格品为 5，等于 Ac 值，因此可以判定批次合格，可以出货。

上题案例只是对具有相同 AQL 的一类不合格项目的产品进行的抽样方案确定。但是大部分企业一般对于不同 AQL 的几类不合格项目的产品也只抽样一次，后面案例 2 会针对这种情况进行分析，主要是最大样本量的确定。

实践训练 13：检验螺丝钉狭槽，若无狭槽则判定不合格。假定采用 GB/T2828.1 一次抽样方案，指定 AQL 为 0.65%，检验水平 II，批量为 75，请确定抽样方案。若对随机抽取的样本量进行检验，发现 1 个无狭槽，如何判定？

二、案例2

某 LCD 电视机产品入库检验，检验水平 II，B 类不合格品的 AQL=0.65，C 类不合格品的 AQL=2.5，批量为 N=450，要求确定正常检验一次抽样方案。

① 在样本量字码表中（见表 3-34）查得字码为 H。

② 查正常检验一次抽样表（见图 3-56）得：

B 类不合格品抽样方案为 80（1，2）；

C 类不合格品抽样方案为 50（3，4）。

③ 确定最终的抽样方案。由于 B 类不合格品与 C 类不合格品两个抽样方案的样本大小不一致，需统一采用最大的样本大小，即用 B 类不合格品的样本大小 80，样本量字码由 H 变成 J。再重新按 J 查得 B、C 类不合格品的抽样方案为：

B类不合格品抽样方案为80（1，2）；

C类不合格品抽样方案为80（5，6）。

由上述例子可见，确定抽样方案时应注意以下几点：

（1）当样本量字码不一致时，当需要将不同AQL的不合格项目的抽样一次性完成时，可能会出现不同的样本大小，这时要将抽样方案中样本大小最大的字码作为所有不同AQL的不合格项目的样本大小字码。其目的是提高检验效率、方便管理、防止判断失误。大部分企业都会采用这个方法。

（2）当样本大小≥批量时，此时进行全检，要把批量当作样本量，判定数组不变。

（3）要明确是计点抽样检验还是计件抽样检验。

（4）对调整型抽样标准来说，正常检验、加严检验、放宽检验的方法都相同，只是使用的抽样表不同，一次抽样检验和二次抽样检验的方法也类似。

（5）样本的取样方法要合理，如果抽样样本无代表性，将导致抽样风险增大。

实践训练14：开关电源出货检验，采用GB/T2828.1，规定B类不合格品的AQL=0.40，C类不合格品的AQL=2.5，检验水平II，分别确定N=25、N=453、N=1120时的正常检验一次抽样方案。

三、检验后的处理

1. 合格批的处理

（1）首先对检验合格批样本中发现的不合格品进行更换或返工修理。

（2）合格批中的不合格品进行处理后，一般需再次提交检查。

（3）最后对检验合格批整批接收，入库或转入下道工序。

2. 不合格批的处理

（1）退货或返工。

（2）检验部门或产品接收方对产品全检，挑出不合格品。

（3）全部更换不合格品或修复不合格品。

（4）做特殊处理（如让步接收）后，转入下道工序或入库。做特殊处理的批，应不会造成严重后果。做特殊处理时，需得到有关负责人的批准并在产品上做好特殊处理标志，特殊批的使用也需做出必要的规定。

（5）报废。

不合格批进行处理后，可允许再次提交检验。为防止再次出现不合格情况，必要时应采取纠正措施。

3. 不合格批的再提交与再检验

经检验判为不合格被拒收的批，经过生产部门重新进行100%的检验，剔除了所有不合格品，并经过修理或调换合格品以后，允许再次提交进行再检验。

（1）对因某种类型不合格导致不被接收的批，再次提交时，最低限度也应对导致该批不被接收的那一类不合格进行检验。至于其他类别的不合格是否要进行检验，由品管部门确定。

（2）不合格批再次提交时，原则上送检方要做全检，挑出不合格品或修复。全检时，合格品与修复的合格品要加以区分。

（3）再检验时是采用正常检验，还是加严检验，应由品管部门确定。再检验时不允许采用放宽检验。

（4）再提交时，应注明是再提交批，同时注明原检验不合格项或等级。再提交批不能与其他初次提交批混淆。

4. 不合格品的处理

在抽样检验过程中发现的不合格品，以及不合格批再提交全检过程中发现的不合格品，都不许混入产品批。经品管部门同意后，不合格品可采用如下办法处理：

（1）经过返工修理和累积一个时期以后，可以作为混合批重新提交，但必须对所有质量特征重新进行检验，检验的严格性由品管部门根据情况确定，但不得采用放宽检验。

（2）经过返工修理以后，可以返回原批重新提交。

（3）按照批准的特殊处理办法，进入特殊处理流程。

（4）按使用方与生产方协商的办法处理。

（5）由生产方做废品处理。

项目 4　企业品质管理实操

【项目描述】

本项目来源企业实际作业内容，对接企业的典型产品，分析品质管控环节 IQC、IPQC、OQC 的工作流程和管控重点，以及在实际作业时的具体流程和规范要求。通过学习让学生了解企业进料管控、制程管控、出货管控等各个品质管理环节的工作任务和实施要求，明确作业规范。并学会根据任务书的要求，合理实施 IQC、IPQC、OQC 的工作任务，正确完成工作内容，形成有效管理。通过真实作业展现，提升学生岗位适应性和作业能力，进而为提升产品品质，提高生产效率及企业的经济效益做好准备。

【学习目标】

1. 掌握典型产品 IQC 检验流程以及各类进料的检验规范；
2. 掌握典型产品 IPQC 检验流程及各作业指导规范；
3. 掌握典型产品 OQC 检验项目及检验规范。

【能力目标】

1. 能实施典型产品 IQC 的各项工作任务；
2. 能实施典型产品 IPQC 的各项工作任务；
3. 能实施典型产品 OQC 的各项工作任务。

4.1　典型产品的 IQC 实操

选取校企合作某平板显示器制造企业典型产品，真实展现电子产品制造企业 IQC 岗位的实际工作内容，为学生提供真实岗位场景，提高工作能力。

一、管理职责

1. 目的

对来料检验活动进行控制，确保所有来料符合公司的质量要求，防止不合规格的材料投入生产和误用。

2. 适用范围

凡本公司外购的原（物）料、辅料、零配件及委外加工料件均属之。

3. 定义

① 原（物）料：直接用于生产，并成为产品的一部分的物料。

② 辅料：用于辅助生产的易耗品，不参与产品的组成。

③ SQA（Supplier Quality Assurance）：供应商品质保证。

④ IQC（Incoming Quality Control）：来料质量控制。

⑤ 严重投诉：信赖性不良/匹配性不良/批量性外观性不良。

⑥ 一般投诉：零散的外观性不良。

⑦ MRB：物料评审委员会。

4. 职责

① SQA。负责制订采购产品的检验标准。

② IQC。

- 依据RD所提供的承认书或样品，对产品进行抽样、检验、测试后的结果进行判定。
- 针对不合格产品进行处理，并负责追踪反馈。
- 负责检验数据的记录和保存，并在48小时内完成存档。
- 针对第一次签样的印刷品，需要核对RD图档内相关内容。

二、进料检验流程图

企业进料检验流程图如图4-1所示。

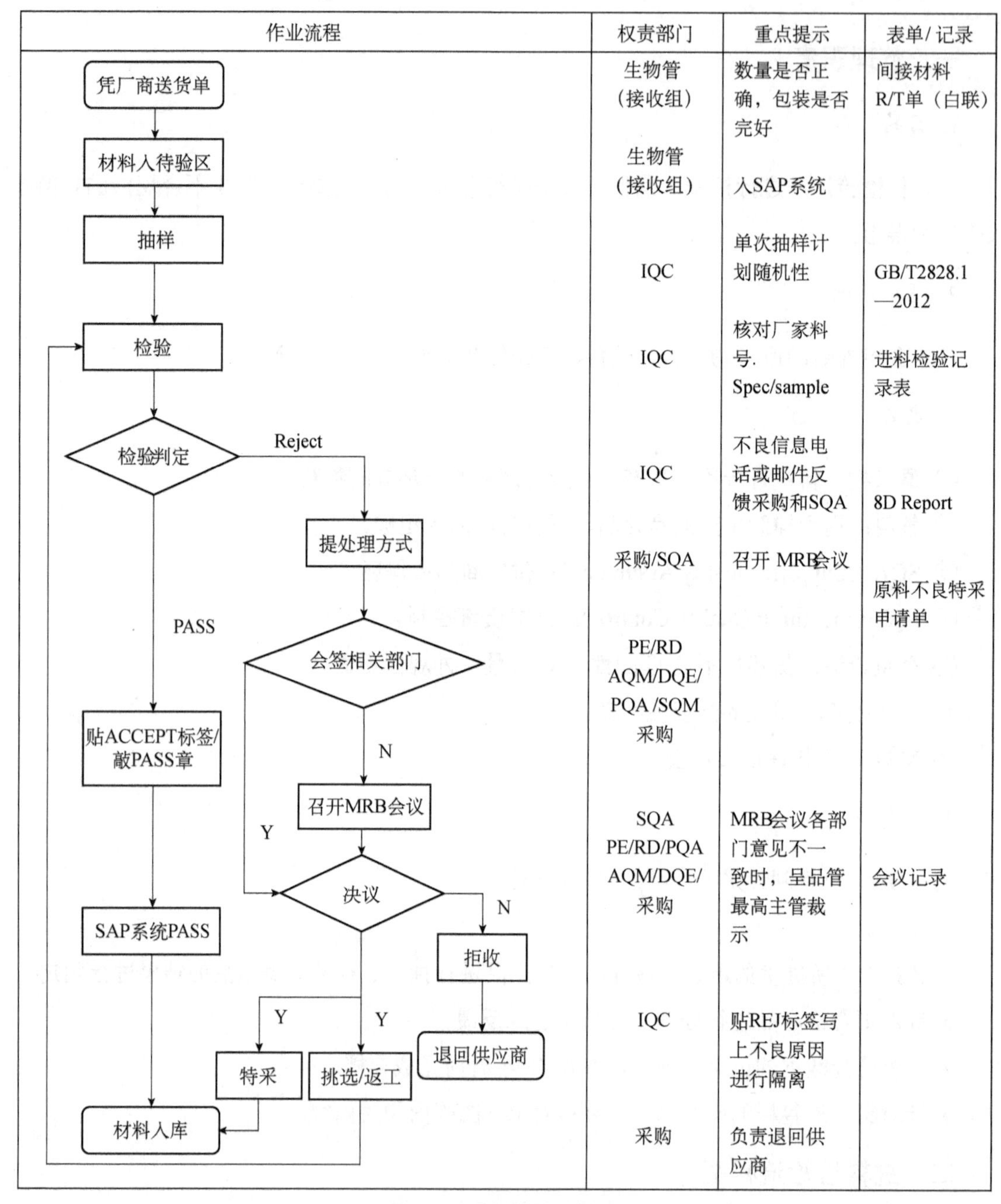

作业流程	权责部门	重点提示	表单/记录
凭厂商送货单	生物管（接收组）	数量是否正确，包装是否完好	间接材料R/T单（白联）
材料入待验区	生物管（接收组）	入SAP系统	
抽样	IQC	单次抽样计划随机性	GB/T2828.1—2012
检验	IQC	核对厂家料号. Spec/sample	进料检验记录表
检验判定	IQC	不良信息电话或邮件反馈采购和SQA	8D Report
提处理方式	采购/SQA	召开 MRB会议	原料不良特采申请单
会签相关部门	PE/RD AQM/DQE/ PQA /SQM 采购		
召开MRB会议、决议	SQA PE/RD/PQA AQM/DQE/ 采购	MRB会议各部门意见不一致时，呈品管最高主管裁示	会议记录
拒收	IQC	贴REJ标签写上不良原因进行隔离	
退回供应商	采购	负责退回供应商	

图 4-1　进料检验流程图

4.1.1　背板 81303-00380 产品 IQC 检验流程

一、某厂商背板 81303-00380 来料确认

1. 确认厂商送货单料号、数量

根据送货单见表 4-1 来确认。

表 4-1　送货单

××公司　送货单							
			日期	20××/××/××			
序号	厂内品名	物料号	单位	送货数量	实收数量		备注
1	背板	8××××-00×××	pcs	138			2 栈板
2							
3							
4							
5							
6							
7							
8						合计	2
发货单位	江苏××电子股份有限公司（详细地址）						
收货单位	××公司××仓库		发货			收货人×××	
1 白联：存提	2 红联：客户		3 蓝联：会计		4 绿联：业务		5 黄联：统计

2. 来料核对外箱标签

需确认料号、数量、生产日期、厂商等信息，见表 4-2。

表 4-2　外箱标签

××电子有限公司交货标签			
PO：			
料号	90106-34520	数量	1920
物料名称	Label	原材料 UL 号	
规格型号/材质	119*31	注塑厂 UL 号	
生产日期	20200824	毛重	
批次号	20200824001	箱号	W2090
OQC 判定	环保标志	IQC 判定	
合格	GP	工单号	
供应商名称/代码	苏州××包装材料有限公司/1004638		
备注			

3. 核对厂商出货报告与承认书管控尺寸是否一致

出货报告与承认书如图 4-2～图 4-4 所示。

蘇州█自動化設備系統有限公司

出貨檢驗報告

編號：

客戶	BOE	品名	饰条	規格	25	料號	81301-03191	圖號	
材質	ABS_HB	批量數	125	抽樣數	125	不良率	0	檢驗日期	8月20日
生产日期	2020.8.5								
抽樣水准	外觀檢驗依MIL-STD-105E LEVEL(Ⅱ)AQL=0.65%進行抽樣								
	尺寸檢驗每批量任意抽取5PCS測量								
項目	尺寸規格（MM）	上下限	檢驗工具	測量結果					單項判定
				樣品1	樣品2	樣品3	樣品4	樣品5	OK/NG
長度	557+0.1/-0.2	557.1	N	556.89	556.91	556.93	556.94	557.01	OK
		556.8							
寬度	14±0.1	14.1	N	14.05	14.03	13.96	13.97	14.00	OK
		13.9							
角翹长边	0.8	0.8	SG	0.42	0.50	0.22	0.27	0.29	OK
		0							
外觀檢驗（目測）	檢驗項目（合格OK 不合格NG）								
	A	黑點	OK	H	氣泡	OK	O	混色	OK
	B	頂白	OK	I	變形	OK	P	流痕	OK
	C	縮水	OK	J	油污點	OK	Q	拉模 拉傷	OK
	D	缺料	OK	K	料花 銀紋	OK	R	進料點不良	OK
	E	結合線	OK	L	浮纖	OK	S	雜質	OK
	F	毛邊	OK	M	開裂	OK	T	燒焦	OK
	G	刮傷	OK	N	色差	OK	U	其它	OK
包裝檢驗（目測）	包裝數量正確，無短裝混裝								OK
	標示帖填寫完整正確，位置方向一致								OK
	外箱無破損變形，產品包裝完好，無髒污，雜質，磕碰傷								OK
最終判定	■合格允收	□讓步放行	□返修/返工		備注：				
	□特採	□報廢	□其它						
檢驗工具代號	PP	投影儀	N	卡尺	M	千分尺			
	DG	百分表	PLG	螺紋量具	O	角度尺			
	PG	塞規	C	測厚儀	J	卷尺			
審核	范█	檢驗員	王█						

表格編號：XY-QC-010 REV 1.0

图 4-2　出货报告示意图

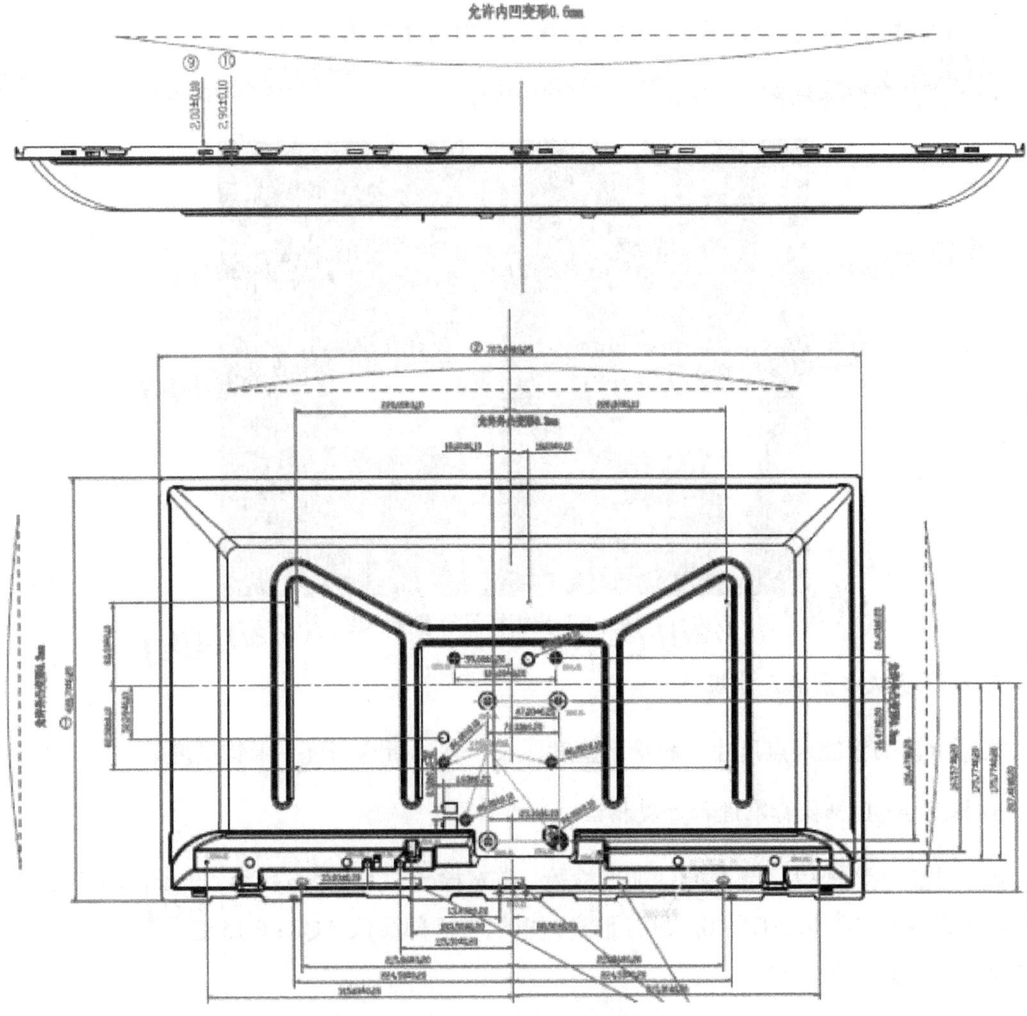

图 4-3　承认书示意图

NOTE:

1、材质：SECC T=0.5mm。
2、必须消除内应力，不能有强力反弹现象。
3、要求产品平面度:负的最大值和正的最大值的和<=0.60mm,
4、所有折弯面角度必须复合设计尺寸，角度要求控制在±0.5°。
5、要求超声波清洗，表面不能有刮伤、刻痕、油污、锈斑等。
6、所有毛刺控制为内表面方向，高度小于0.03mm。
7、翻边螺丝孔不允许有破损、斜歪、滑牙等现象。
8、侧面卡扣端面平整，不能倾斜。
9、未注内圆角为0.5,内直角<=0.2。
10、要求达到Rosh.标准，采用无尘包装。
11、所有凸台的表面要平整，不可以为弧面。
12、所有凸台和筋位跟部不允许有明显压痕、刮擦等。
13、零件脱模要顺利，不允许有脱模刮擦痕迹。
14、标①~㉓为重点管控尺寸和平整度。
15、外观喷黑粉，喷黑粉颜色以样品为准。
16、未注公差参考公差等级表。

技术要求:

1,攻牙要求:
图中“ ”为M3抽芽，高度1.5±0.2mm，数量：12个
图中“ ”为M2.5抽芽，高度0.8±0.2mm，数量：6个

2，铆柱推力≥12kGF。

图 4-4　承认书规格说明示意

4. 核对样品5pcs，确认是否有破损、压痕、划伤等外观性不良

背板样品示意图如图4-5所示。

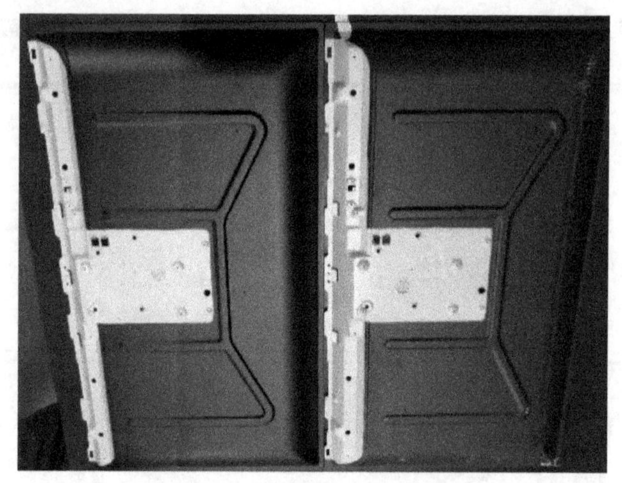

图4-5　背板样品示意图

5. 确认承认书重点尺寸规格

根据承认书管控重点尺寸，测量平整度、长、宽、折弯高度、卡钩高度等。

6. 根据AQL抽检标准进行外观抽检

AQL检验标准分为正常抽检、加严检验、放宽检验，如图4-6所示。Panel、PCBA、电气非安规部品（材料）依AQL：0.4进行抽样，电气安规部品依AQL：0.15进行抽样，所有机构件依AQL：0.65进行抽样。

批量	样本量字码	样本量	正常抽检															
			0.10		0.15		0.40		0.65		1.0		1.5		2.5		4.0	
			Ac	Re	Ac	Re	Ac	Re	Ac	Re	Ac	Re	Ac	Re	Ac	Re	Ac	Re
2~8	A	2															↓	
9~15	B	3													↓		0	1
16~25	C	5											↓		0	1	0	1
26~50	D	8									↓		0	1	↑		1	2
51~90	E	13							↓		0	1	↑		↓		1	2
91~150	F	20					↓		0	1	↑		↓		1	2	2	3
151~280	G	32					0	1	↑		↓		1	2	2	3	3	4
281~500	H	50			↓		↑		↓		1	2	2	3	3	4	5	6
501~1200	J	80	↓		0	1	↓		1	2	2	3	3	4	5	6	7	8
1201~3200	K	125	0	1	↑		1	2	2	3	3	4	5	6	7	8	10	11
3201~10000	L	200	↑		↓		2	3	3	4	5	6	7	8	10	11	14	15
10001~35000	M	315	↓		1	2	3	4	5	6	7	8	10	11	14	15	21	22
35001~150000	N	500	1	2	2	3	5	6	7	8	10	11	14	15	21	22	↑	
150001~500000	P	800	2	3	3	4	7	8	10	11	14	15	21	22	↑			
500001~1000000	Q	1250	3	4	5	6	10	11	14	15	21	22	↑					
1000001以上	R	2000	5	6	7	8	14	15	21	22	↑							

图4-6　AQL抽检标准

批量	样本量字码	样本量	加严检验															
			0.10		0.15		0.40		0.65		1.0		1.5		2.5		4.0	
			Ac	Re	Ac	Re	Ac	Re	Ac	Re	Ac	Re	Ac	Re	Ac	Re	Ac	Re
2~8	A	2	↓		↓		↓		↓		↓		↓		↓		↓	
9~15	B	3	↓		↓		↓		↓		↓		↓		↓		↓	
16~25	C	5	↓		↓		↓		↓		↓		↓		↓		0	1
26~50	D	8	↓		↓		↓		↓		↓		↓		0	1	↓	
51~90	E	13	↓		↓		↓		↓		↓		0	1	↓		↓	
91~150	F	20	↓		↓		↓		↓		0	1	↓		↓		1	2
151~280	G	32	↓		↓		↓		0	1	↓		↓		1	2	2	3
281~500	H	50	↓		↓		0	1	↓		↓		1	2	2	3	3	4
501~1200	J	80	↓		↓		↓		↓		1	2	2	3	3	4	5	6
1201~ 3200	K	125	↓		0	1	↓		1	2	2	3	3	4	5	6	8	9
3201~ 10000	L	200	0	1	↓		1	2	2	3	3	4	5	6	8	9	12	13
10001~35000	M	315	↓		↓		2	3	3	4	5	6	8	9	12	13	18	19
35001~ 150000	N	500	↓		1	2	3	4	5	6	8	9	12	13	18	19	↑	
150001~ 500000	P	800	1	2	2	3	5	6	8	9	12	13	18	19	↑		↑	
500001~1000000	Q	1250	2	3	3	4	8	9	12	13	18	19	↑		↑		↑	
1000001以上	R	2000	3	4	5	6	12	13	18	19	↑		↑		↑		↑	

批量	样本量字码	样本量	放宽检验															
			0.10		0.15		0.40		0.65		1.0		1.5		2.5		4.0	
			Ac	Re	Ac	Re	Ac	Re	Ac	Re	Ac	Re	Ac	Re	Ac	Re	Ac	Re
2~8	A	2	↓		↓		↓		↓		↓		↓		↓		↓	
9~15	B	2	↓		↓		↓		↓		↓		↓		↓		0	1
16~25	C	2	↓		↓		↓		↓		↓		↓		0	1	↑	
26~50	D	3	↓		↓		↓		↓		↓		0	1	↑		↓	
51~90	E	5	↓		↓		↓		↓		0	1	↑		↓		↓	
91~150	F	8	↓		↓		↓		0	1	↑		↓		↓		1	2
151~280	G	13	↓		↓		0	1	↑		↓		↓		1	2	2	3
281~500	H	20	↓		↓		↑		↓		↓		1	2	2	3	3	4
501~1200	J	32	↓		0	1	↓		↓		1	2	2	3	3	4	5	6
1201~ 3200	K	50	0	1	↑		↓		1	2	2	3	3	4	5	6	6	7
3201~ 10000	L	80	↑		↓		1	2	2	3	3	4	5	6	6	7	8	9
10001~35000	M	125	↓		↓		2	3	3	4	5	6	6	7	8	9	10	11
35001~ 150000	N	200	↓		1	2	3	4	5	6	6	7	8	9	10	11	↑	
150001~ 500000	P	315	1	2	2	3	5	6	6	7	8	9	10	11	↑		↑	
500001~1000000	Q	500	2	3	3	4	6	7	8	9	10	11	↑		↑		↑	
1000001以上	R	800	3	4	5	6	8	9	10	11	↑		↑		↑		↑	

图 4-6　AQL 抽检标准（续）

7. 检验完成后系统检验员在送货单上签字入库

检验系统显示如图 4-7 所示。

检验批清单

录入检验结果　修改　显示检验结果　打印检验报告　上传附件　附件清单

检验状态	检验批次	系统状态	抽样方式	抽样数量	物料	物料组描述	库位	检...	工厂	供应商	供应商描述	采购订单
待检验	10000920065	REL　CALC SPRQ QLCH	加严检验	200.000	81303-00380	金属壳组合	A06N	WJ	5000	0001010685	南京斯迪...	55000...

检验批清单

录入检验结果　修改　显示检验结果　打印检验报告　上传附件　附件清单

检验状态	检验批次	系统状态	抽样方式	抽样数量	物料	物料组描述	库位	检...	工厂	供应商	供应商描述	采购订单
检验完成	10000920065	UD　ICCO SPRQ STUP	加严检验	200.000	81303-00380	金属壳组合	A06N	WJ	5000	0001010685	南京斯迪...	55000...

图 4-7　检验系统显示

4.1.2 电器类产品 IQC 检验规范

一、喇叭检验

对于各类平板显示器，喇叭是至关重要的部件，喇叭的作用是将电信号转换为声音。来料中部件的尺寸也尤其重要，它会影响实际组装，不符合尺寸规格的会组装不上，从而影响产品的搭配性，因此尺寸是重要检测项目。同时 IQC 检验员要查品质异常履历，针对之前发生的问题要重点管控拦截。

1. 检验流程

出货检验报告→拿料抽检，实物料号是否一致→核对承认书并检验喇叭，测量长、宽、高、线长→核对喇叭型号→查看品质异常→针对上次发生的异常问题点要重点检验，确认此批料是否有特殊要求→SIP 阻抗测试→音频扫描→FO 测试→跌落测试→确认实物是否在有效期内。

跌落测试如图 4-8 所示。

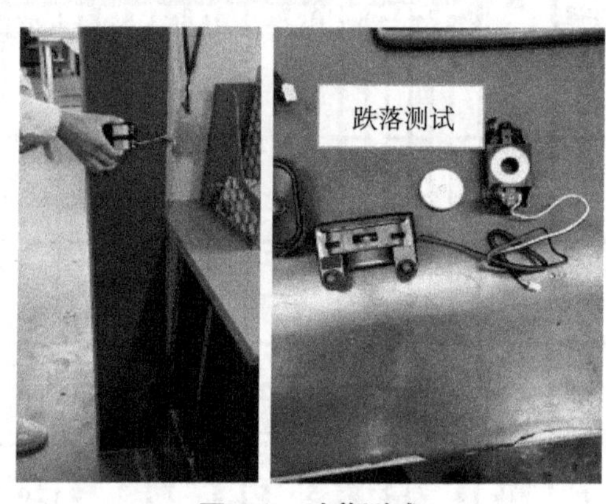

图 4-8 跌落测试

2. 喇叭常见不良现象

常见不良现象有泡棉破损（翘起），线序不符，鼓膜破损，焊接的线材脱落，脱焊，虚焊，极性接反，Pin 变形，脱 Pin，无声音，杂音，大小音，尺寸超规。不良现象如图 4-9 所示。

图 4-9 喇叭常见不良现象

3. 检验注意事项

① 音频扫描，不允许无声音、声音时有时无、杂音、小声。

② 阻抗测试，阻抗视为 8Ω（1±15%）(6.8Ω~9.2Ω)，不允许超规。

③ 共振频率测试（单体结构喇叭），频率为 240Hz（1±20%）。

④ 用 F0 测试仪器，测试喇叭在 F0 状态下的音量平衡以及杂音状况。

⑤ 用扫频仪器测试喇叭在规格（调整输出电压与输出频率）范围内的机震以及杂音状况。

使用的仪器如图 4-10、图 4-11 所示。

图 4-10　F0 测试仪器

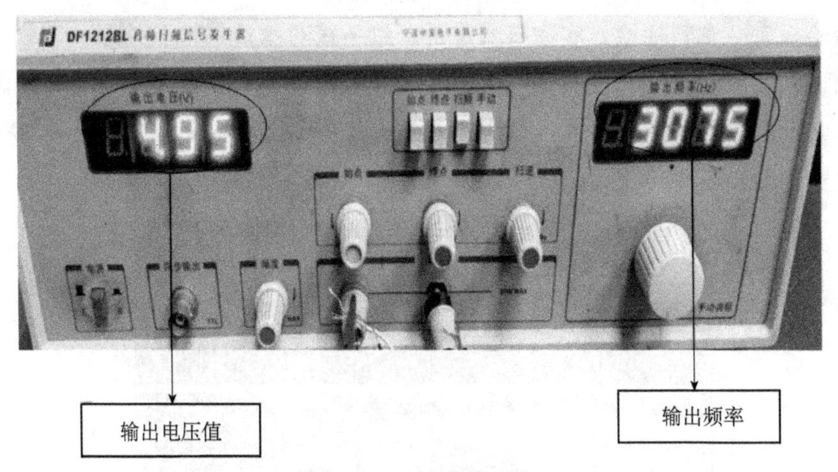

图 4-11　扫频测试仪器

4. 尺寸量测

线长、喇叭尺寸如图 4-12 所示，A=72±0.3mm，H（红黑线）=150±2mm，G（黑白线）=140±2mm（重要尺寸记录在检验报表中）。

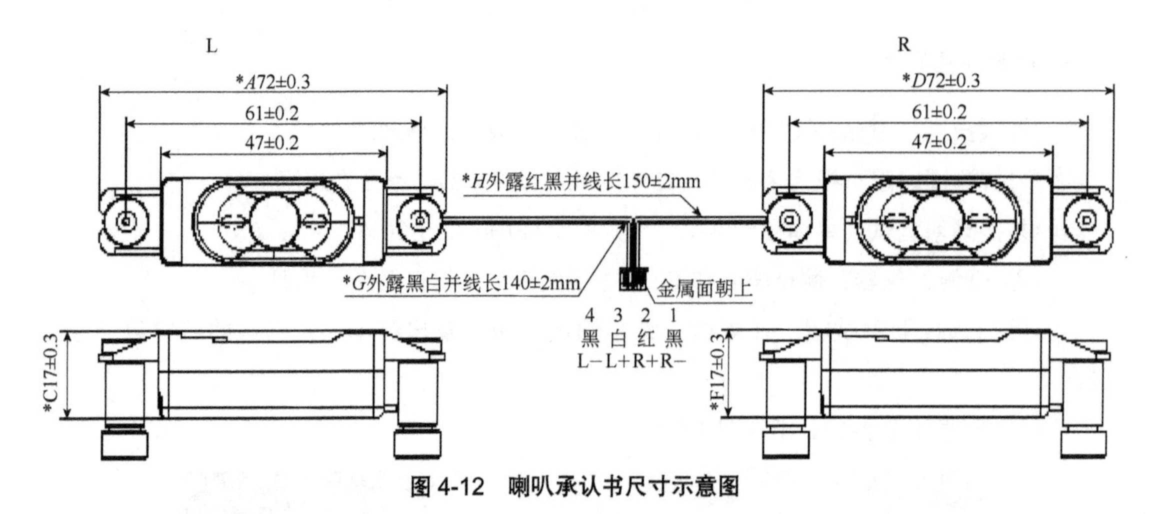

图 4-12　喇叭承认书尺寸示意图

二、遥控器检验

遥控器检验主要包括附着力测试、酒精测试及角度测试。附着力测试，一般首先使用3M胶带贴于文字印刷表面，然后沿45度向上揭开胶带，不可有脱墨。酒精会对油墨产生溶解，从而使其脱落，使用酒精的原因在于模拟比现实严苛的条件。在家看电视机时不可能只有遥控器对准电视机时才能操作，角度测试就是测试不同角度的遥控效果。

1. 检验流程

出货检验报告→拿料抽检，实物料号是否一致→核对承认书检验外观→印刷/承认书SIP直线距离测试→角度测试→码值测试→查看品质异常记录→对上次发生的异常问题点要重点检验→确认此批料是否有特殊要求→确认条码格式以及实物是否在有效期内→酒精测试。

遥控器实物图如图4-13所示。

图 4-13　遥控器实物

2. 遥控器常见不良现象

遥控器常见不良现象包括开裂、包装PE袋破损、刮伤、碰伤、缩水、脱漆、无印刷及印刷模糊、重印、电池弹起、电池盖松及紧、直线/角度/码值测试不合格，如图4-14所示。

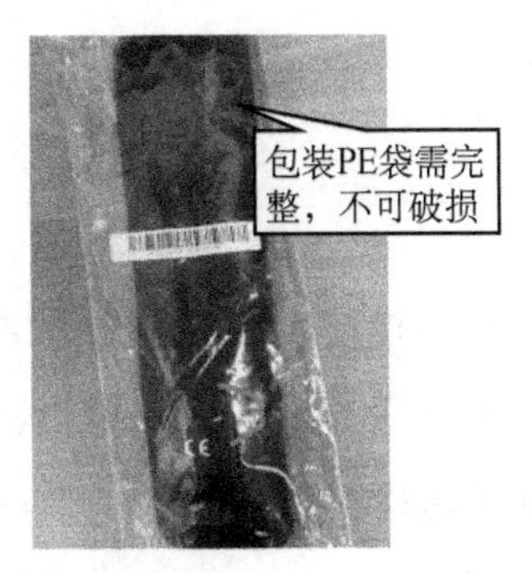

图 4-14　遥控器不良现象

3. 检验注意事项

① 直线距离测试：距离≥24m（遥控器直线对准使用红外接收设备，测试可以遥控的距离）。

② 角度测试：上下角度≥15° 距离≥8m，如图 4-15 所示。

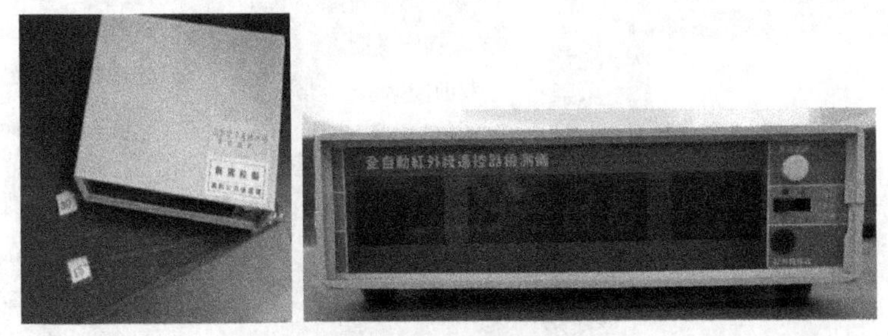

图 4-15　角度测试

③ 码值测试：遥控器按键对准检测仪，按相应的按键，仪器应当显示相对的码值。如图 4-16 所示，遥控器开关键码值为 0x10，按下这个按键，则遥控器检测仪应显示对应的码值 0x10。

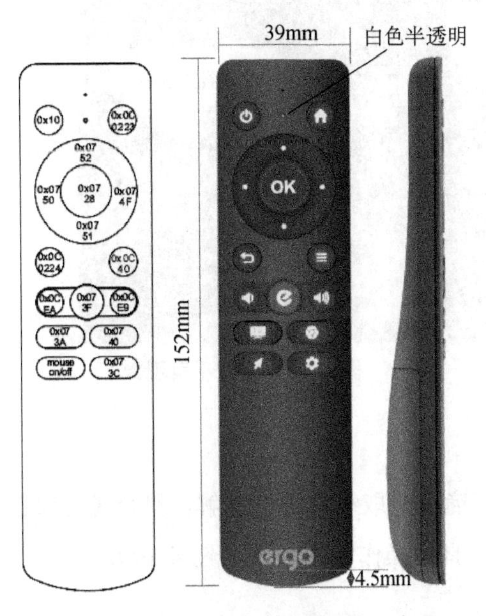

图 4-16　遥控器对应按键码值示意图

三、线材检验

1. 检验流程

出货检验报告→拿料抽检，实物料号是否一致→核对承认书检验外观→尺寸测量→导通测试→高压测试→查看品质异常记录→对上次发生的异常问题点要重点检验→确认此批料是否有特殊要求→确认条码格式以及实物是否在有效期内。

2. 线材常见的不良现象

线材常见的不良现象有：PIN歪斜，缺PIN，插头变形，缺胶，双面胶贴歪，脏污，刮伤，漏芯线，连接器卡扣裂，退PIN等，如图4-17所示。

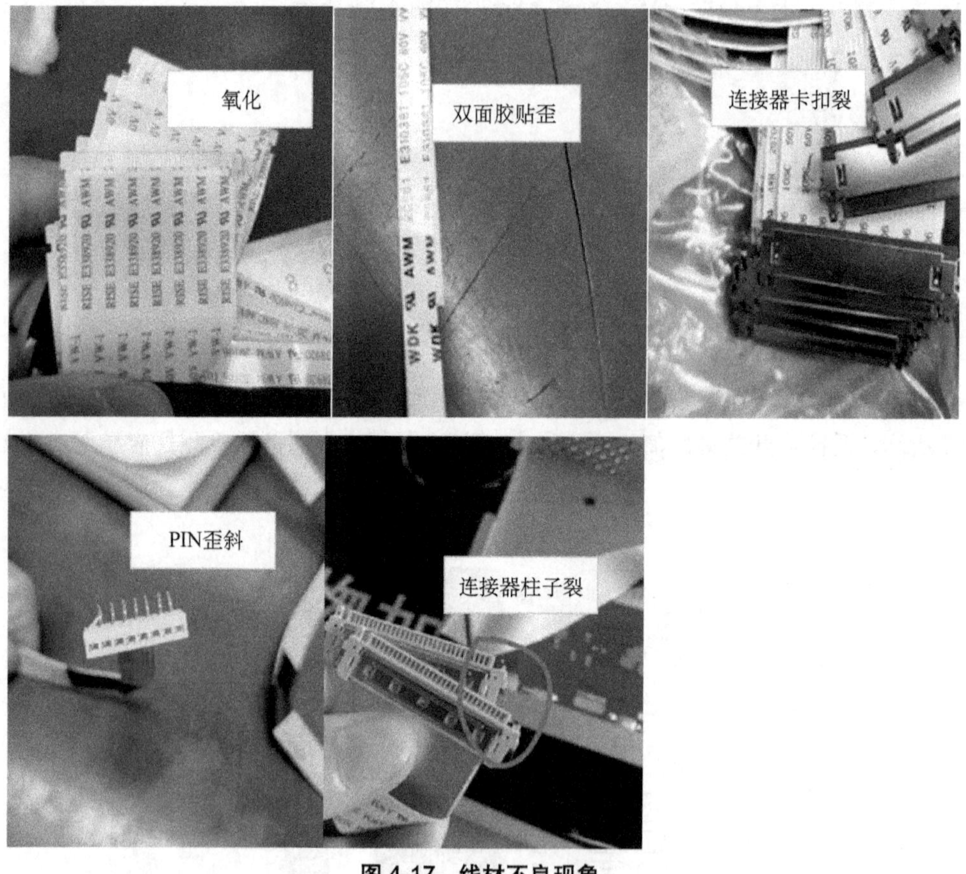

图4-17 线材不良现象

3. 尺寸测量

依承认书，各电源线厂商每月取一根进行拆解，测量其内部芯线直径及单股铜导体直径，如本月无进料则无须测量。具体操作如图4-18、图4-19所示。

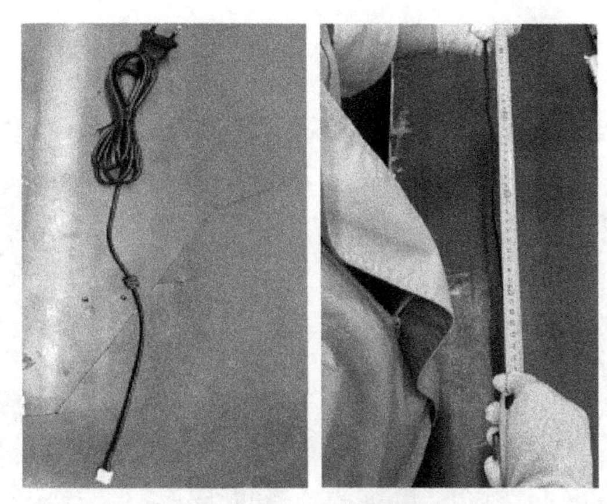

图 4-18　测试示意图

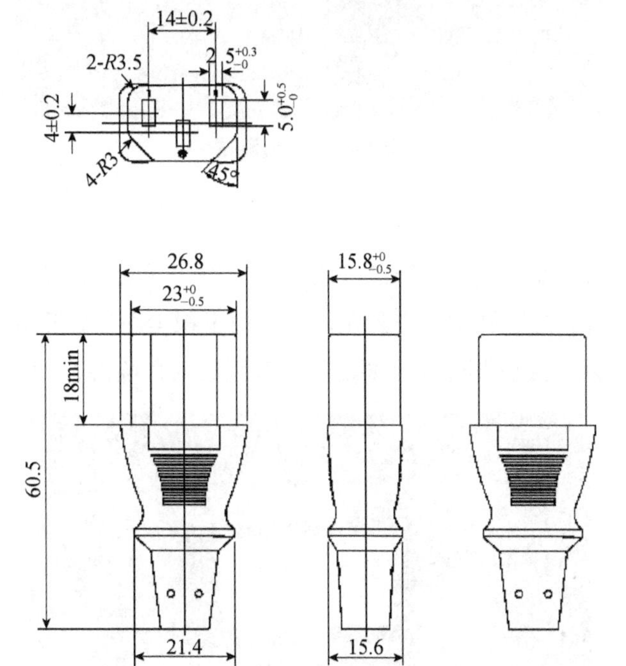

Flexible cord					VCTF 3G 0.75mm²			
Approved No.					JET 0985-12009-1003、JET 2090-12009-1001			
Rating					300V 60°C			
Conductor		Insulation			Jacket			Conductor Resistance
Nominal (mm²) (AWG)	Composition (pcs/mm)	Avg. Thickness (mm)	Min. Thickness (mm)	Diameter (mm)	Avg. Thickness (mm)	Min Thickness (mm)	Diameter	Max 25.1Ω/km at 20°C In case of dispute, Conductor resistance shall be the referee method.
0.75	30/ϕ0.178±0.005	0.54	0.48	ϕ2.35±0.1	0.9	0.7	ϕ7.0±0.2	
PVC Insulation Copper Conductor PVC Jacket								Insulation Color Black White Yellow/Green

图 4-19　电源线承认书示意图

4. 导通测试

用万用表测量每个 PIN 是否一一导通，不允许断路。具体操作如图 4-20 所示。

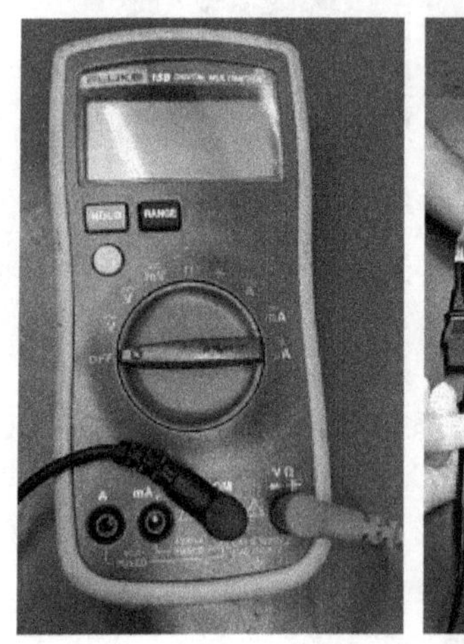

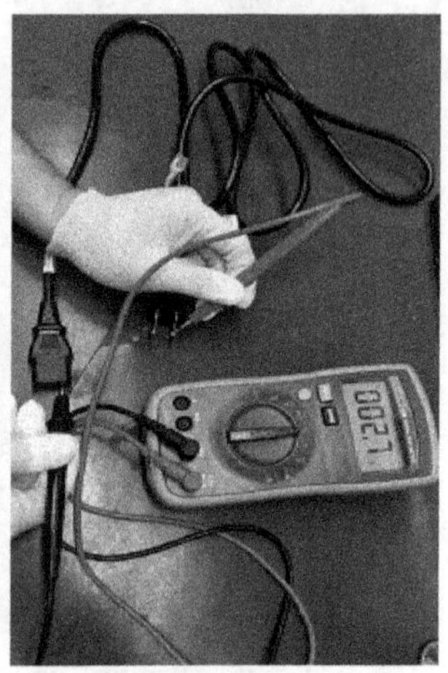

图 4-20　导通测试

5. 高压测试

高压测试一般是为了验证安全，绝缘；通过高压测试可以看出距离不够的地方，一般会有打火现象，如何给出解决措施防止产品在市场上由于积尘而导致损坏。高压测试使用高压测试仪，如图 4-21 所示。高压测试仪主要危险有害因素（危险源）如表 4-3 所示。

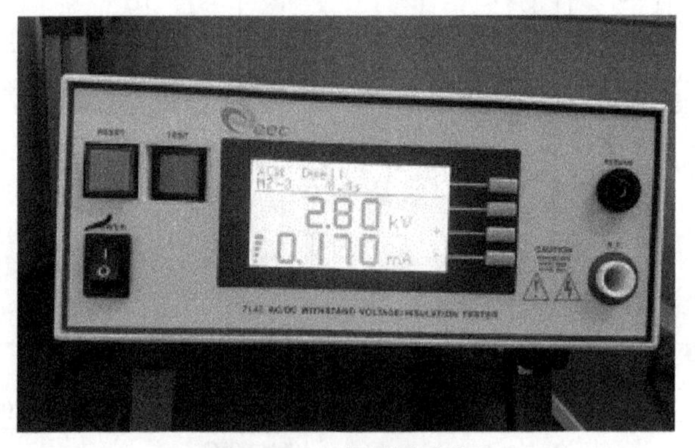

图 4-21　高压测试仪

表 4-3　高压测试仪主要危险有害因素（危险源）

作业活动	主要危险有害因素（危险源）	可能造成的事故/伤害	可能伤害的对象
高压测试仪	人身触电	触电死亡	操作人员
	仪器接地	仪器漏电	周围人员
	设备线路老化、破损	发生短路打火	操作人员及周围人员
设备清扫、保养	高压测试仪清扫、保养时，线路接触	人体触电	操作人员

① 高压测试注意事项。依承认书要求，高压测试时不允许发生打火断路等。

② 高压测试流程。

● 佩戴绝缘手套，检查绝缘垫是否损坏，如图 4-22 所示。

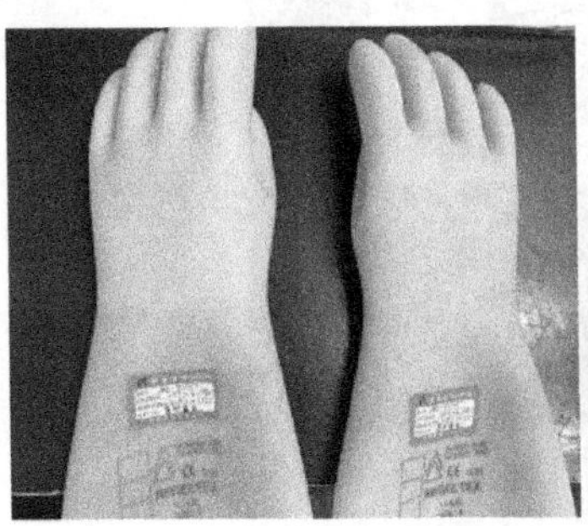

图 4-22　高压测试流程 1

● 检查高压测试仪的测试线是否完好无损，电源是否接好，如图 4-23 所示。

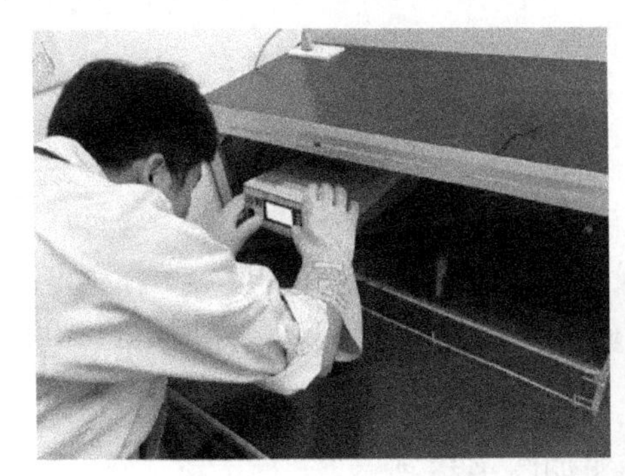
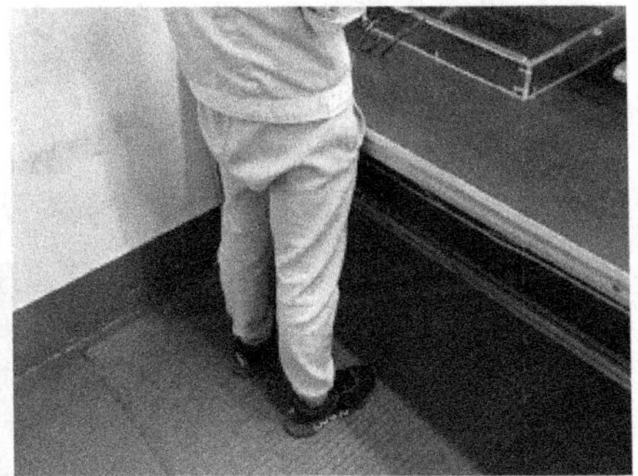

图 4-23　高压测试流程 2

● 将被测物与高压测试线连接好，检查身体任何部分已远离测试线与被测物，如图 4-24 所示。

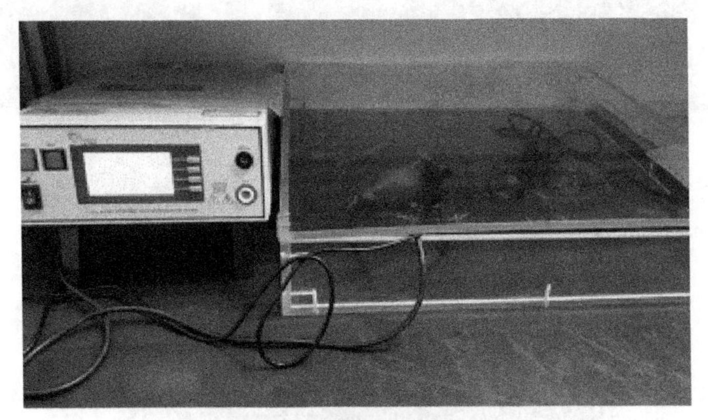

图 4-24　高压测试流程 3

● 测试结果如果正确，屏幕右上角显示绿色的 PASS 标志，同时测试仪鸣短笛一声，测试停止，如图 4-25 所示。

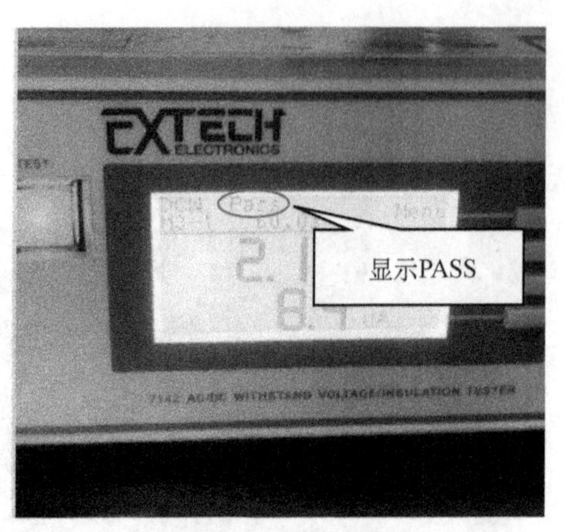

图4-25　测试结果

4.1.3　五金类产品IQC检验规范

五金类产品常用的材质是SECC和SGCC两种。

1. 检验流程

出货检验报告→拿料抽检，实物料号是否一致→核对承认书检验外观→测量尺寸，根据承认书进行重点尺寸测量，长、宽、平整度、段差、凸包高度、卡钩高度等→根据产品的特性做信赖性测试，如百格测试、螺孔扭力测试、螺柱推拉力测试等→查看品质异常记录→对上次发生的异常问题点重点检验。

测试工具如图4-26、图4-27所示；技术要求如图4-28所示。

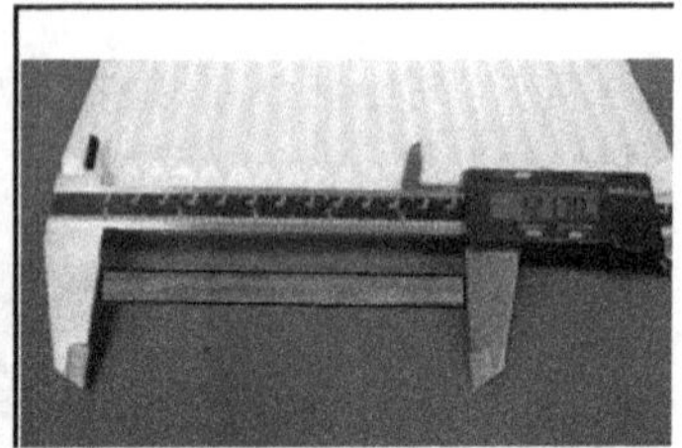

图4-26　游标卡尺

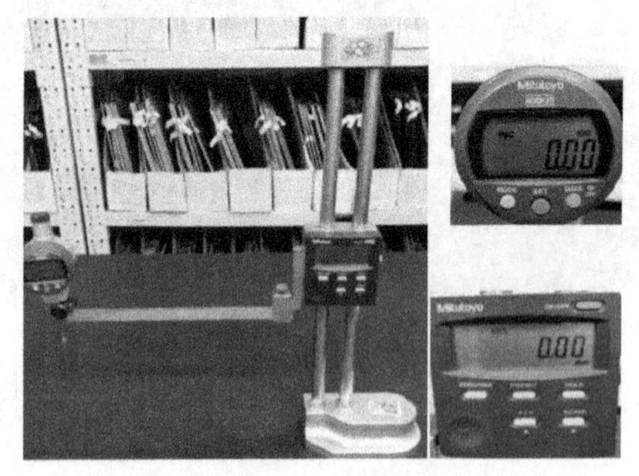

图4-27　高度规

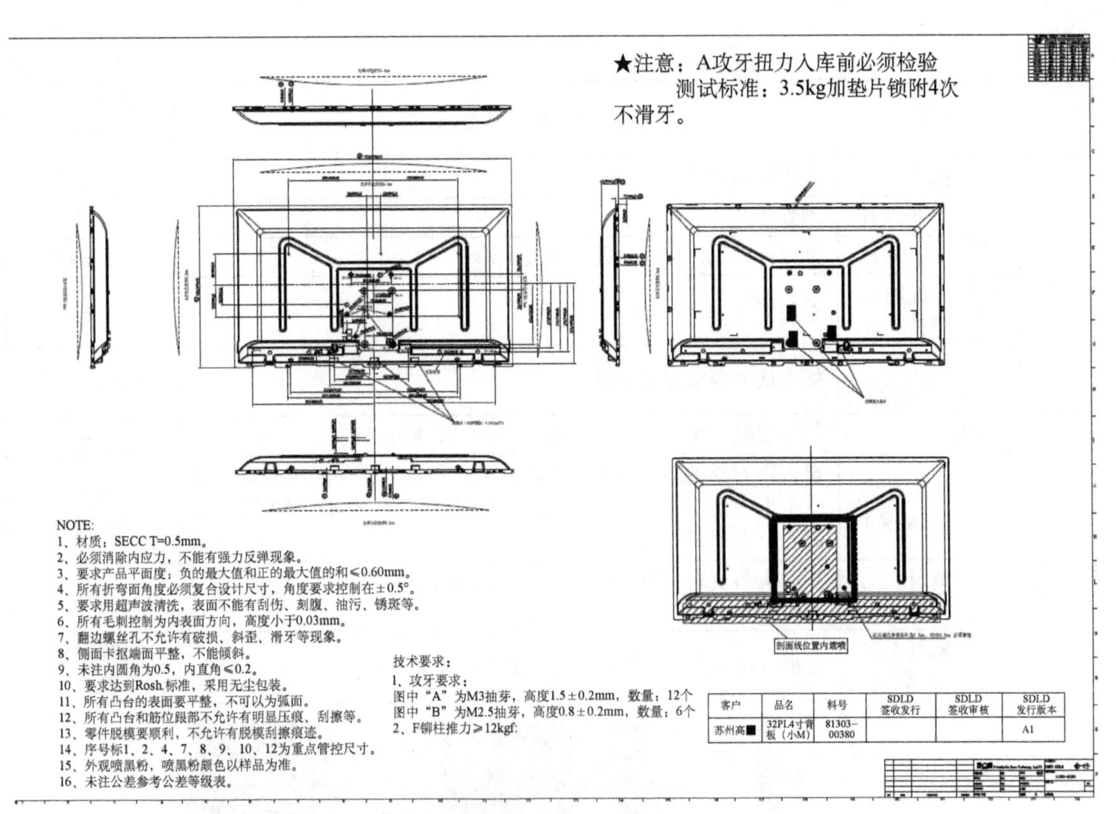

图 4-28　技术要求

2. 五金类产品常见不良、判定标准及注意事项

检验规范如表 4-4 所示；不良现象如图 4-29 所示。

表 4-4　检验项目对应检验标准及工具方法

检验项目		判定标准	检验工具/方式
尺寸		按承认书管控的重点尺寸量测　*N*=5pcs　Ac：0，Re：1	卡尺/测量
小物组合		依据承认书检查小物组合	目视
外观	刮伤	A 面 *W*≤0.1，*L*≤3，*N*≤2；B 面 *W*≤0.2，*L*≤5，*N*≤3；C 面 *W*≤0.2，*L*≤10，*N*≤2；两点间最小距离 50mm；A 面有感刮伤不允许	点线规/测量
	压伤	不影响质量组装为限	目视
	平面度	依据承认书要求	高度规/测量
	油渍	不允许	白布，棉签
	生锈	表面不允许生锈现象	白布
	毛刺/毛边	不允许	目视
	脱焊/错位	不允许	目视
	攻牙孔	攻牙孔不允许金属丝，爆牙，堵孔现象	目视
	铆合	不允许铆穿，松脱，铆合孔破裂，漏铆	目视

续表

检验项目			判定标准	检验工具/方式
结构	折弯		依承认书要求	角度规
	冲孔	抽线孔	须卷边	目视
		散热孔	不允许少孔，错孔，孔位破裂变形	卡尺测量
	错料、漏料、少件		不允许	目视
	段差（侧入式背板）		依承认书要求测量段差	高度规/测量
实配			与相应配件实组　N=5pcs　Ac：0，Re：1	目视
信赖性测试	百格测试（喷漆品）		用百格刀将被测品较平坦部画成 100 小格，将 3M 胶带完全贴附于小格上，静止 3～5 秒后抓住胶带另一头沿 45 度角迅速掀起，小于 5%的脱落；N=1	百格刀、3M 胶带
	螺孔扭力测试		依承认书要求，攻牙孔用电动起子锁螺丝 3 次以上，不可滑牙、破孔；N=1	电动起子
	螺柱推拉力测试		依据承认书要求，螺柱不允许脱落、歪斜；N=1	推/拉力计/测量

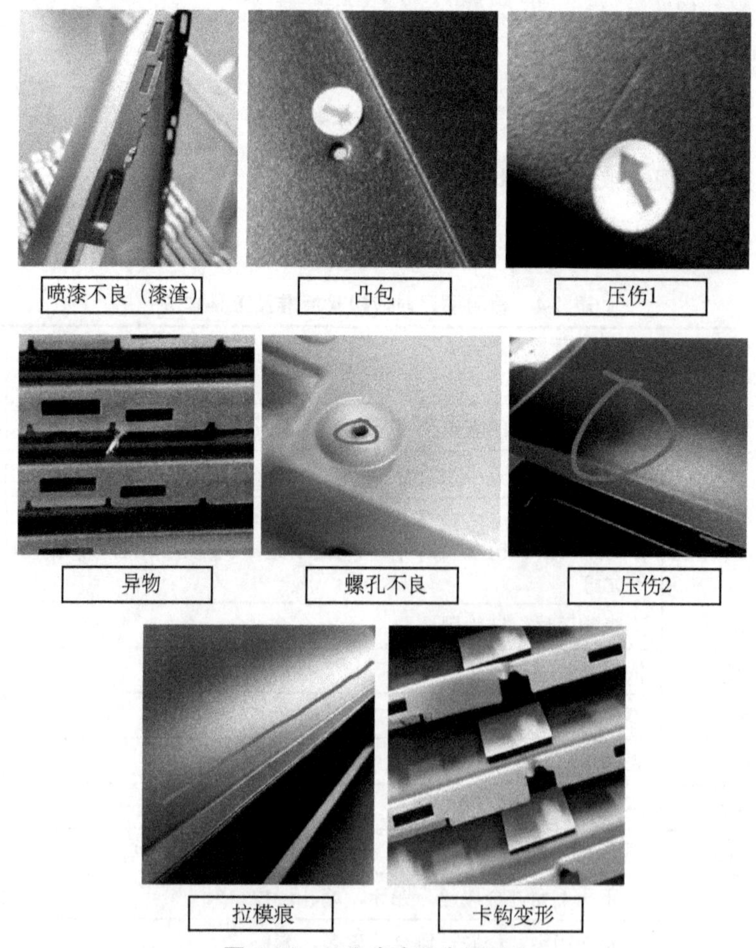

图 4-29　五金类产品常见不良

3. 侧入式背板和直下式背板区分

最简单的是依据灯条来区分如图 4-30 所示。

侧入式背板：LED 无 lens，灯条组装在侧边。

直下式背板：LED 有 lens，灯条组装在背板 C 面直下入光。

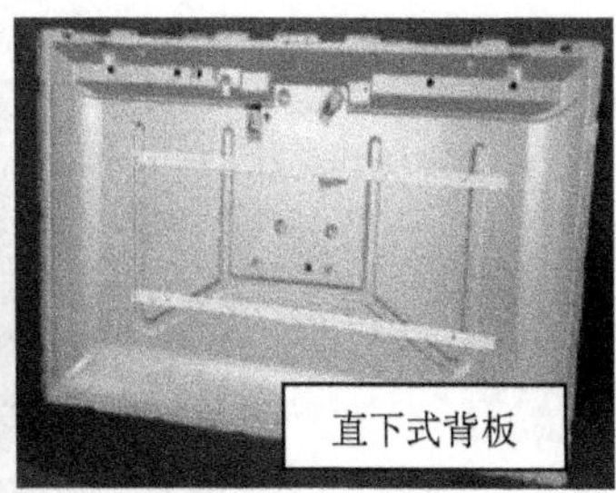

图 4-30　侧入式与直下式区分

4. 百格、螺孔扭力、螺柱推拉力测试方法及判定标准

百格测试：用百格刀将被测品较平坦部画成 100 小格，将 3M 胶带完全贴附于小格上，静止 3～5 秒后抓住胶带另一头呈 45 度角迅速掀起，脱落小于 5%的视为合格，否则视为不合格（NG），如图 4-31 所示。

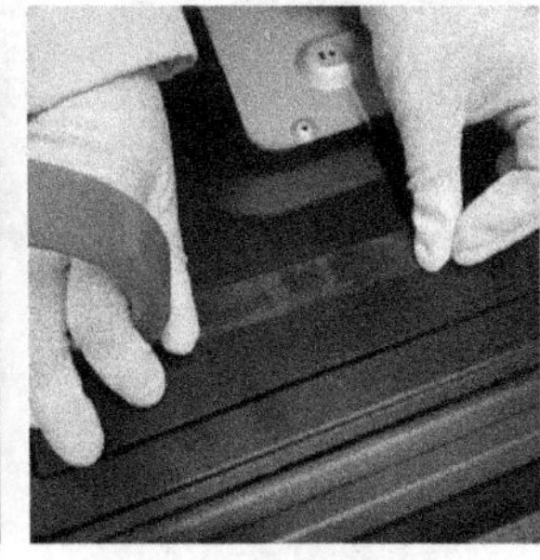

图 4-31　百格测试

螺孔扭力测试：依照承认书扭力值要求，攻牙孔用电动起子锁付螺丝 3 次以上，不滑牙、破孔的视为合格（OK），如图 4-32 所示。

螺柱推拉力测试：依照承认书推拉力要求，用推拉力计垂直推螺柱，螺柱不出现脱落、歪斜的视为合格，如图 4-33 所示。

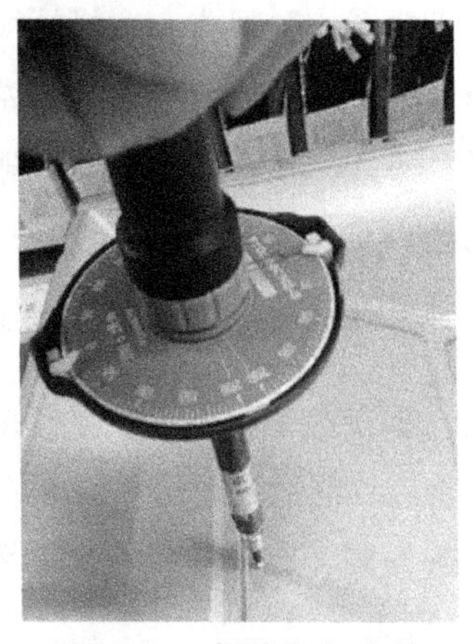

图 4-32　螺孔扭力测试

5. 油污检验

油污遇热会转印到膜材上面，导致画面某一处发白，油污可使用吸油纸检验，如图 4-34 所示。

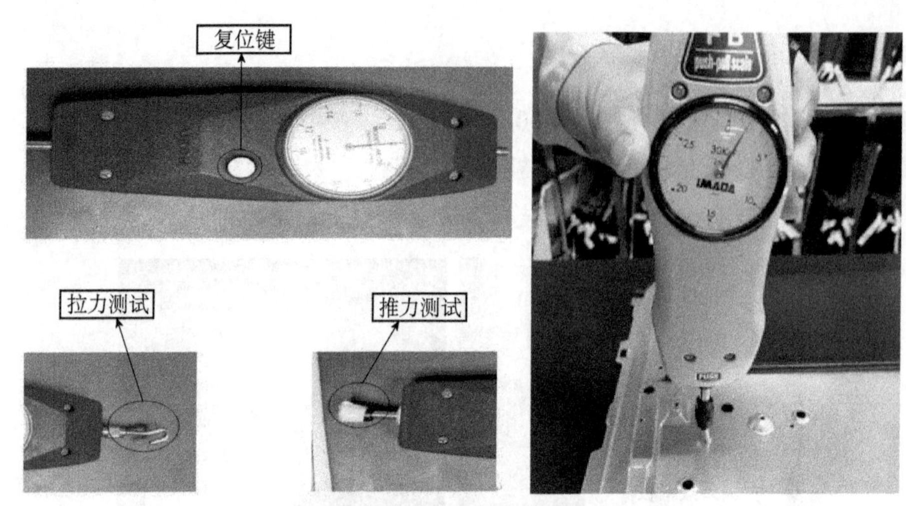

图 4-33　螺柱推拉力测试

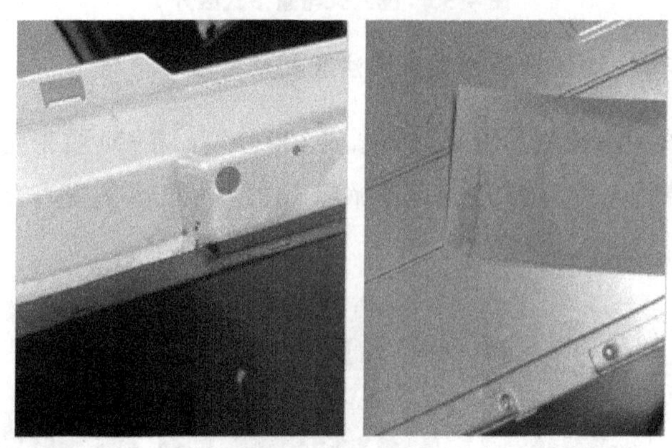

图 4-34　油污测试

4.1.4　塑胶类产品 IQC 检验规范

1. 检验流程

出货检验报告→拿料抽检，实物料号是否一致→核对承认书检验外观→尺寸测量，根据承认书进行重点尺寸测量，如长、宽、平整度等→根据产品的特性做信赖性测试，如酒精测试、弹力测试、百格测试、剥离测试、利边测试等→查看品质异常记录→对上次发生的异常问题点重点检验。

2. 塑胶类产品常见不良现象

塑胶类常见不良现象有缩水、结合线、胶框缺料、发白、胶框变形、拉模、油污、胶框异物、胶框毛边毛丝、多料、变形、胶框进胶点未削、胶条夹杂异物、胶框鼓起、胶条翘起、胶条外漏、胶条贴付不良、断裂、印刷不良、尺寸超规、信赖性测试超规，具体如图 4-35 所示。

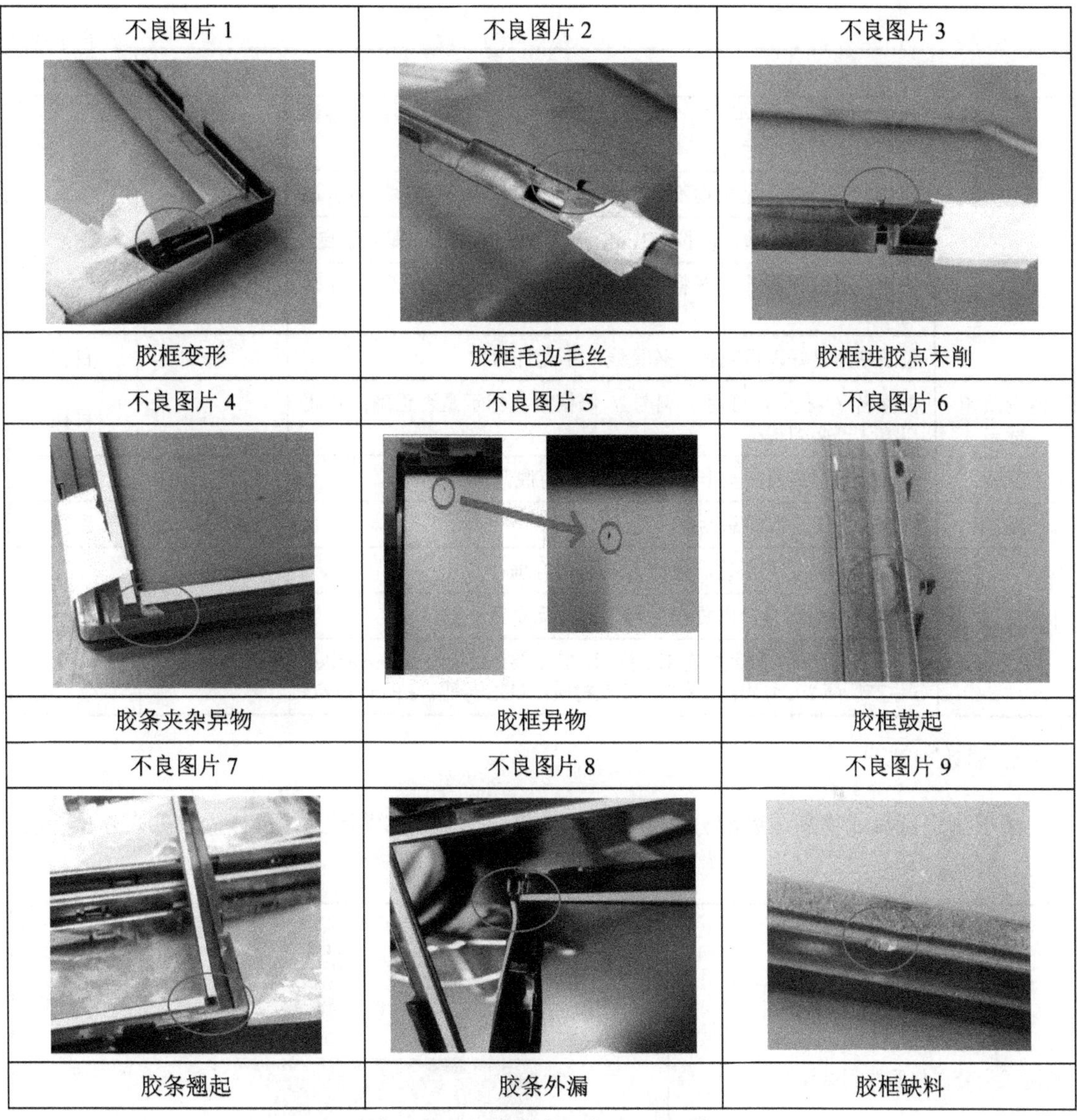

图4-35 塑胶类产品常见不良现象

3. 塑胶类产品常见不良、判定标准及注意事项

检验项目对应检验标准及工具方法如表4-5所示。

表4-5 检验项目对应检验标准及工具方法

检验项目	判定标准	检验工具	检验方法
尺寸	根据承认书测量胶框相关重点尺寸：①外径长、宽；②可视区域长、宽；③凸台到长边、宽边尺寸；④凸台尺寸抽检，N=5	游标卡尺	测量
小物组合	根据承认书比对胶框相关小物组合	—	目视
结构	比对客签样，不可有缺料、拉白、断裂、多胶、滑块或顶针高出	—	目视
外观	缩水、结合线、流痕、发白、拉模；缺料/料花：不允许	点线规/卡尺	测量

续表

检验项目	判定标准	检验工具	检验方法
	油污/脏污：不允许（用白布擦拭塑壳表面有无油污，检验标准为白布不可有油污现象）		
	异物：0.8mm 以上异物不允许有，0.3～0.8mm 异物≤5 个/pcs		
	毛边：塑胶件毛边高度按 0.1mm 管理，超过 0.1mm 即为不良		
	多料：塑胶件浇注口多料高度按 0.2mm 管理，超过 0.2mm 即为不良		
	胶条贴附良好，目视呈一条直线，不允许弯曲	—	目视
内侧凸印标志	机种名 / 材质 / 日期 / 料号 / 修模版次标示是否正确；材质与承认书必须相符	—	目视
组装	与背板装配需要完全卡付到位，不可有脱落现象 N=5	—	目视
变形度	依承认书规格或样品为准	—	目视
包装	1. 包装材料是否正确，包装方式是否合理；	—	目视
	2. 核对外箱料号，出货检验料号，产品是否一致；		
	3. 标签需清晰，必须要有 UL 标识，其主要：a.UL Assigned code；b.生产厂商 UL 号码；c.原料厂商及材质；d.UL 号码，e.Fantory I.D		

4. 利边测试

用于测定玩具或物品边缘部分是否存在不合理的危险的锐利边缘。具体操作如表 4-6 所示。

表 4-6　利边测试

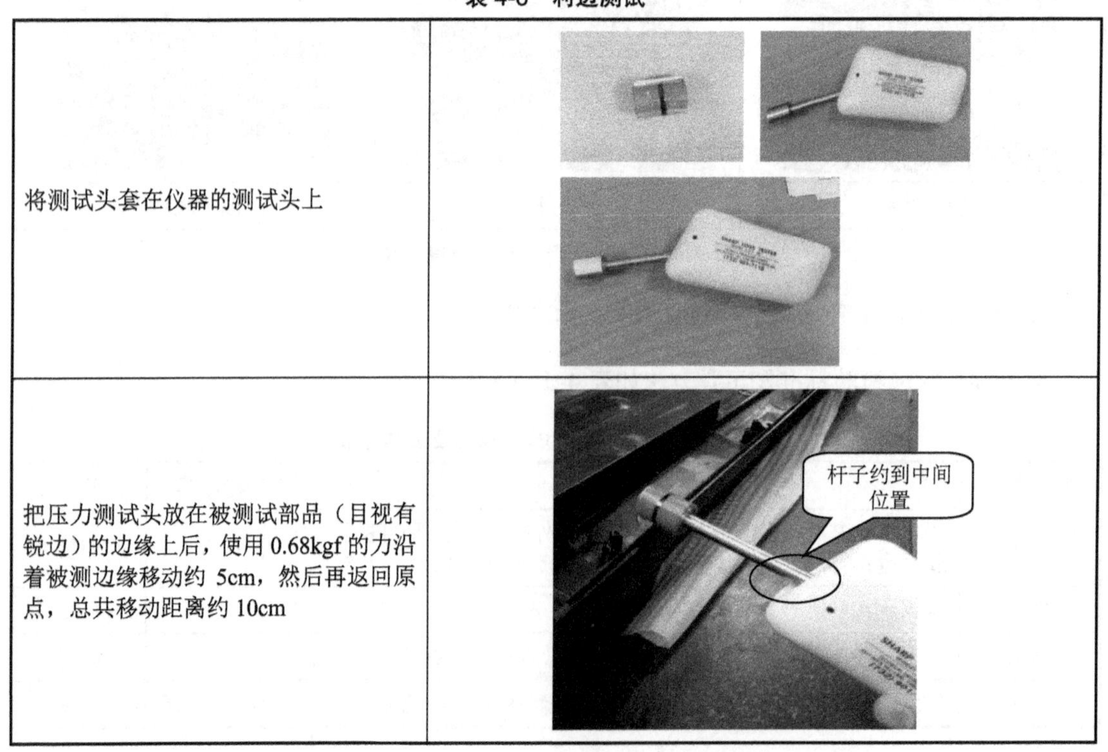

将测试头套在仪器的测试头上	
把压力测试头放在被测试部品（目视有锐边）的边缘上后，使用 0.68kgf 的力沿着被测边缘移动约 5cm，然后再返回原点，总共移动距离约 10cm	

续表

测试完毕后，检查测试头，如果测试头外面两层膜有被滑开且漏出黑底，则表明被测品毛边（NG）	

5. 防火等级测试

防火等级分为 V0、V1、V2，不同防火等级的测试标准区分如表 4-7 所示。

表 4-7 防火等级测试标准区分

防火等级 V0：对取样品进行 10 秒燃烧测试后，火焰在 10 秒内熄灭（离开火焰样品就熄灭），不能有燃烧物掉下	
防火等级 V1：对取样品进行 10 秒燃烧测试后，火焰在 30 秒内熄灭，不能有燃烧物掉下	
防火等级 V2：对取样品进行 10 秒燃烧测试后，火焰在 30 秒内熄灭，可以有燃烧物掉下	

6. 塑胶信赖性测试及检测标准

塑胶信赖性测试包括落球测试，即钢球击中处裂纹长度<15cm，不允许破空，不允许有碎片。具体测试如图4-36所示。

7. 弹力测试

弹力测试即测试喇叭孔处无断裂，具体测试如图4-37所示。

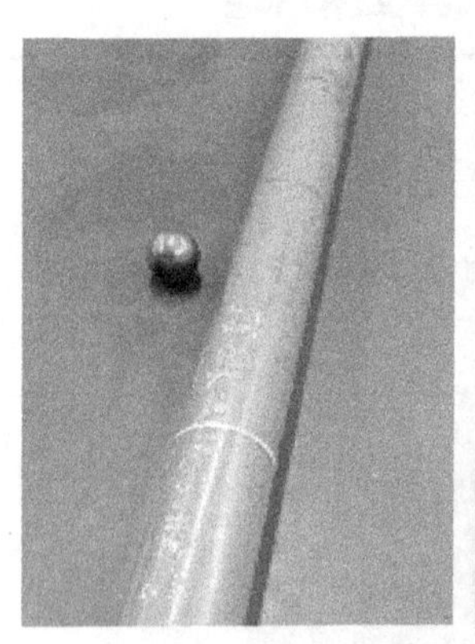
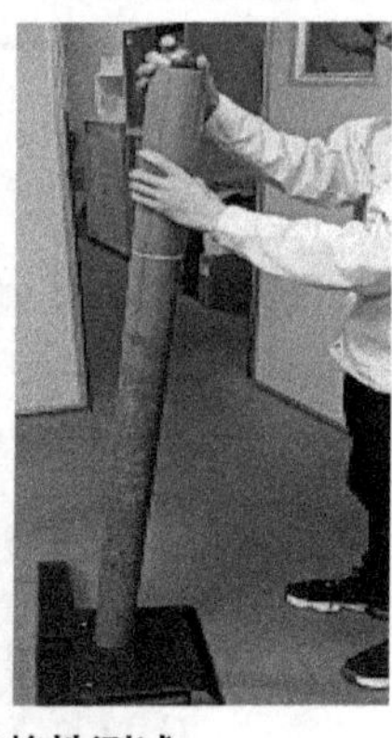

图4-36 塑胶信赖性测试

图4-37 弹力测试

8. 百格测试（喷漆产品）

用百格刀片将被测品较平坦部画成100小格，将3M胶带完全贴附于小格上，静止3～5秒后抓住胶带另一头沿45度角迅速掀起。判定标准：每小格油漆脱落不超过1/10面积则判为合格，如图4-38所示。

9. 剥离测试（印刷产品）

用3M透明胶带贴附在有印刷图案的塑壳上后，以与塑壳成45° 角剥掉胶带，图案的油墨判定标准：不得有脱落现象，如图4-39所示。

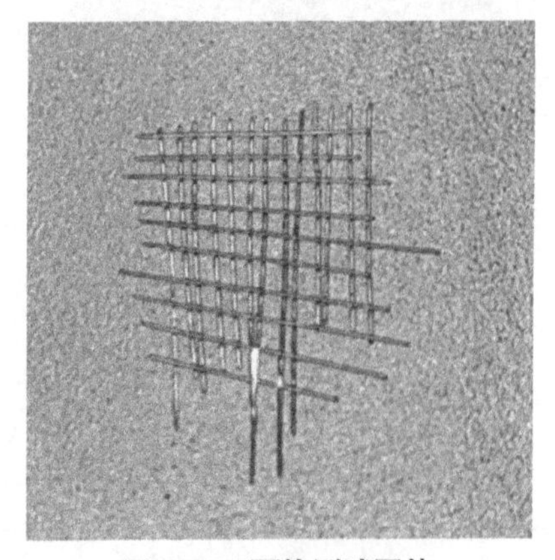

图4-38 百格测试图片

图4-39 剥离测试

10. 酒精测试（印刷产品）

取工业酒精滴在印刷图案上，10 秒后用白色布条轻轻擦拭印刷图案。判定标准：不得有脱墨现象。具体测试如图 4-40 所示。

图 4-40　酒精测试

11. 印刷位置的检验

印刷位置的检验方法及判定标准如表 4-8 所示。

表 4-8　印刷位置的检验方法及判定标准

检测项目		规格判定标准	备注
印刷位置	图案倾斜	单边倾斜＜0.3mm	如图 1
	图案套色	套色移位＜0.2mm	如图 2
	上下移位	前壳：±0.3mm	
		后壳：±0.6mm	
	左右移位	前壳：±0.5mm	
		后壳：±1.0mm	
MEDION <0.3mm 图 1		MEDION <0.2mm 图 2	

4.1.5　包材类产品 IQC 检验规范

一、保丽龙检验

1. 检验流程

出货检验报告→拿料抽检，实物料号是否一致→核对承认书检验外观→尺寸测量，根据承认书进行重点尺寸测量，如长、宽、高等→称重→含水率测试等→查看品质异常记录→对上次发生的异常问题点进行重点检验。

2. 检验内容及使用工具

检验项目对应标准及工具方法如表 4-9 所示。

表 4-9　检验项目对应标准及工具方法

检查项目	判定标准	检验工具/方式
尺寸	参考承认书重点尺寸要求，每颗料抽 5pcs	卷尺/测量
重量	参考承认书克重要求，每颗料抽 5pcs	电子称/测量
结合度	颗粒与颗粒间需紧密结合	目视
	产品不可有脱粒现象	目视
	每批破坏性测试 1pcs，目视颗粒结合状况	目视
凹凸陷检查	产品需平坦，凹凸现象不可超过 5mm 以上	卷尺/测量
	不可有变形、断裂等现象	目视
外观	产品不可掺杂其他颜色	目视
	产品表面需清洁，脏污面积不可超过 $10mm^2$，$N\leqslant5$，间距大于 100mm 以上（含 100mm）	点规卷尺/测量
	破损、缺口面积不可超 $10mm^2$，$N\leqslant5$，间距大于 100mm 以上（含 100mm）	点规卷尺/测量
	产品表面不可有油污	吸油纸/目视
	产品表面无水珠潮湿感	目视

3. 保利龙常见不良现象

保利龙常见不良现象如图 4-41 所示（注：保利龙为台湾省叫法）。

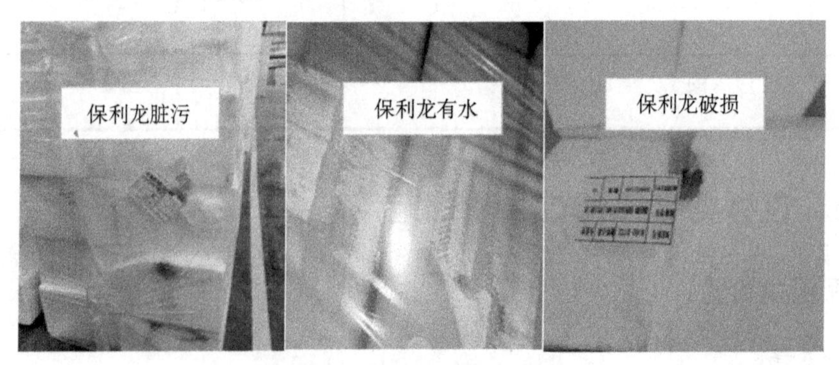

图 4-41　保利龙常见不良现象

4. 尺寸测试

依承认书要求，具体如图 4-42 所示，测试如图 4-43 所示。

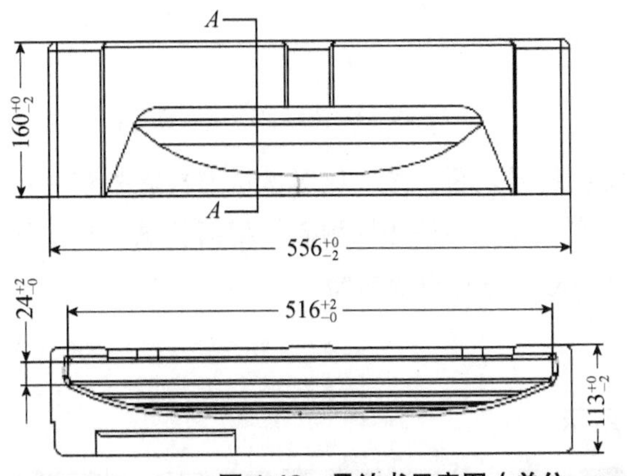

图 4-42　承认书示意图（单位：mm）

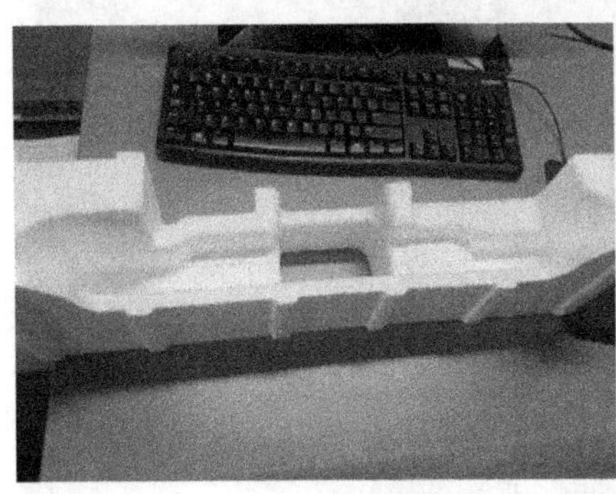

图 4-43　尺寸测试示意图

5. 克重测量

依承认书要求，具体测量如图 4-44 所示（使用电子秤对保利龙进行克重测量）。

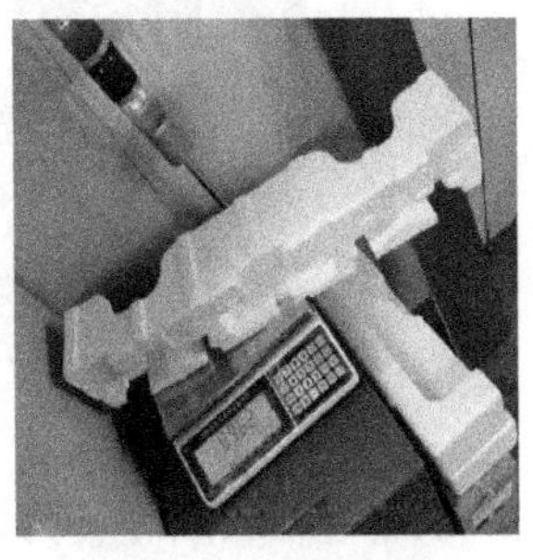

图 4-44　克重测量

6. 含水率测试

依承认书要求，用含水率测试设备进行数值测试，具体测试操作如图 4-45 所示。

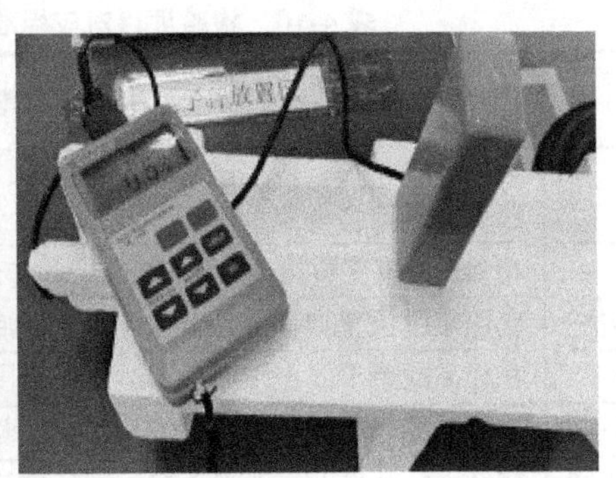

图 4-45　含水率测试

二、纸箱检验

1. 检验流程

出货检验报告→拿料抽检，实物料号是否一致→核对承认书检验外观→尺寸测量，根据承认书进行重点尺寸测量，如长、宽、高等→信赖性耐破、耐磨测试→含水率测试等→查看品质异常记录→对上次发生的异常问题点进行重点检验。

2. 纸箱常见不良现象

纸箱常见不良现象如图4-46所示。

图4-46 纸箱常见不良现象

3. 纸箱的检验项目、判定标准、检验工具/方式

纸箱检验项目对应标准及工具方法如表4-10所示。

表4-10 检验项目对应标准及工具方法

检验项目		判定标准	检验工具/方式
外观	文字	内容准确无误，清晰可辨认，无短缺、缺线现象，文字开处和字内空白无油墨堵塞现象	目视
	图面	相邻图面重叠≤1mm，漏白≤1mm，单一图面位移≤2mm，无刮伤现象	卷尺/测量
	套色移位	套色印刷位置偏移±1mm，不可有漏底	卷尺/测量
	颜色	在样品或色卡（上下限色卡）允许范围内	色卡/目视
	油墨	不可脱墨，使用纸箱耐磨仪进行标准测试并记录于报表中	测量
	油墨色点和漏白	直径≤1mm，两点距离≥200mm，容许数目为4，Logo处不得有色点和漏白	点规/测量

续表

检验项目		判定标准	检验工具/方式
外观	脏污/破损	表面不得有明显油污、脚印、印刷油污污染，不得有破损的现象	目视
结构	外径尺寸	参照承认书或图档	卷尺/测量
	结合	胶合：粘合剂涂布均匀，充分，无溢胶现象，粘合面剥离时面纸不分离	卷尺/测量
		打钉：无叠钉，翘钉，不转脚钉现象（铁钉不允许生锈）	卷尺/测量
	接合成型	纸箱成型时，向外不得突出箱身，向内<3mm，上下移位±2mm，接头宽 40±5mm	卷尺/测量
	箱盖耐折	纸箱成型时，箱盖开合 270 度，往复三次后面纸里纸无裂纹	目视
	间隙	箱盖折合后的间隙≤3mm，不可重叠	卷尺/测量
	纸箱与箱盖相连边破裂	水平方向≤3mm；垂直方向≤5mm	卷尺/测量
	厚度	AB 楞≥7.0mm；BE 楞≥3.6mm；A 楞≥4.5mm；B 楞≥2.5mm	卷尺/测量
	破裂强度	参照承认书或图档，换算公式：$1kgf/cm^2$=98kPa	耐破仪/测量
	鸭舌插口	按照承认书检验“鸭舌插口”处是否进行冲砸	目视
	手提把	手提把无多料缺料，IIYAMA 彩印纸箱取消手提把安装	目视

4. 尺寸测量

依承认书管控，具体如图 4-47、图 4-48 所示。

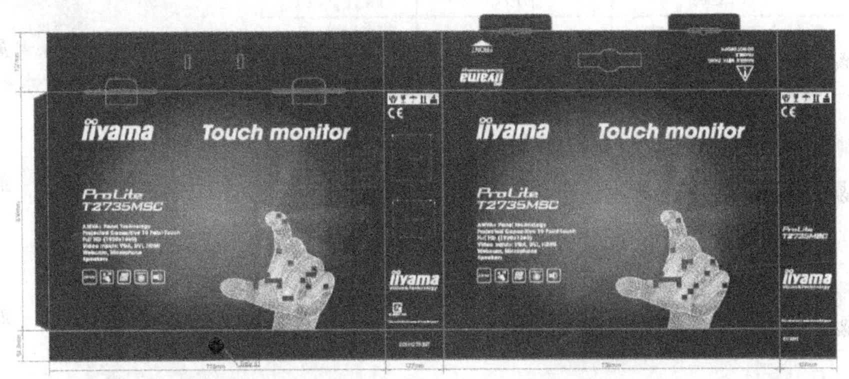

纸箱外尺寸：739(W)×127(D)×510(H)mm　公差±2
底色：□牛皮板　□白纸板　■涂布白板纸
印刷方式：□浮水印　■彩印
材质：□A 楞　□B 楞　■BE 楞　□AB 楞
纸箱耐破强度：□>$14kgf/cm^2$　■>$16kgf/cm^2$　□>$18kgf/cm^2$
纸箱耐压强度：□>170kgf　■>250kgf　c>450kgf
表面处理：□UV 光油　□水性光油
■ 光膜　□雾膜　□无
纸箱组合方式：□黏膠　■骑马钉
颜色：CMYK 四色印刷

图 4-47　承认书示意图

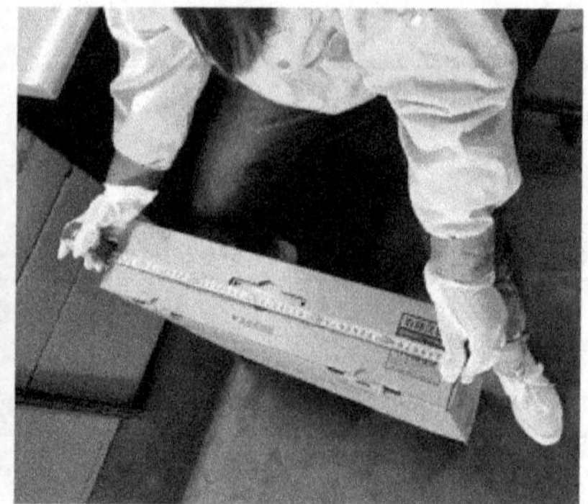

图4-48　尺寸测试示意图

5. 含水率测试

依承认书管控，具体测试如图4-49所示。

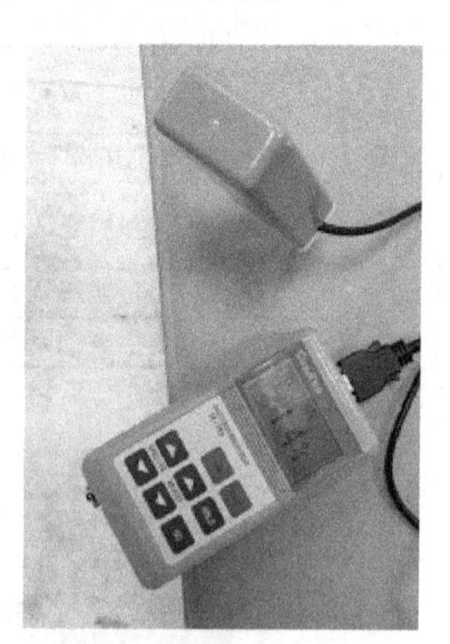

图4-49　含水率测试

6. 耐破测试

使用耐破测试仪进行测试，主要危险有害因素（危险源）如表4-11所示。

表4-11　主要危险有害因素

作业活动	主要危害有害因素（危险源）	可能造成的事故/伤害	可能伤害的对象
耐破测试	气泵破裂	伤人	操作人员
	手伸入下压的夹环	压伤	操作人员
	仪器线路老化、破损	触电	操作人员

耐破测试仪操作注意事项介绍如下。

① 检验仪器线路是否老化、破损，如图4-50所示。

② 检验气泵压力是否正常（应小于10kgf/m²），是否漏气，如图4-51所示。

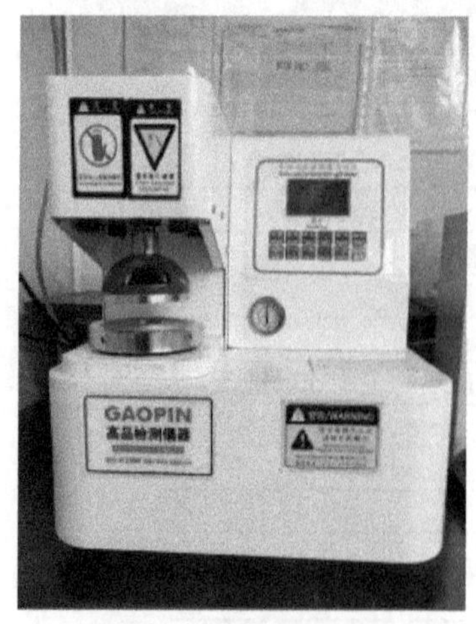

图4-50　检验仪器线路

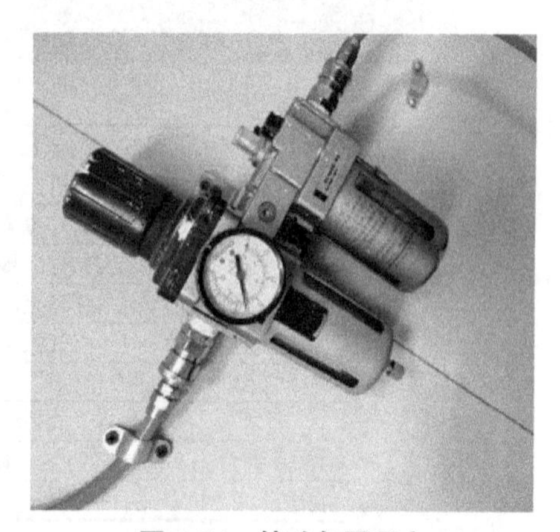

图4-51　检验气泵压力

③ 将试样放置在仪器下的夹环上进行测试，如图 4-52 所示。

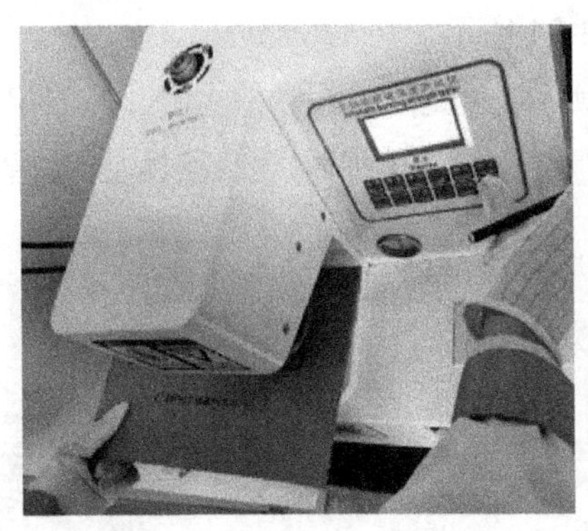

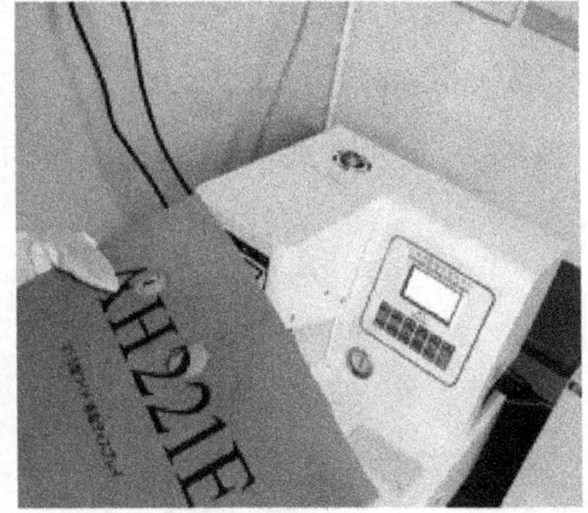

图 4-52　试样测试

7. 耐磨测试

使用耐磨测试仪进行测试，如图 4-53 所示。

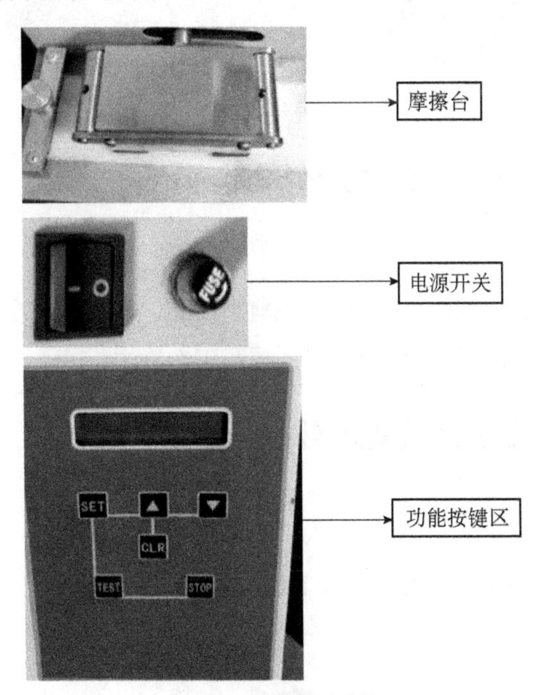

图 4-53　耐磨测试仪

主要危险有害因素（危险源）如表 4-12 所示。

表 4-12　主要危险有害因素

作业活动	主要危害有害因素（危险源）	可能造成的事故/伤害	可能伤害的对象
耐磨测试	摩擦块掉落	物体打击	操作人员
	仪器线路老化、破损	触电	操作人员
仪器清扫、保养	清扫、保养时，肢体接触仪器尖锐部位	割伤	保养人员

耐磨测试仪操作注意事项介绍如下。

① 检验仪器线路是否老化、破损，如图4-54所示。

② 将剪切成宽50mm×长220mm的试样用压纸装置固定在摩擦台上。将80g/m^{2}清洁胶版纸剪成宽50mm×长250mm的尺寸作为摩擦纸并用偏心压轮固定在摩擦体上，如图4-55所示。

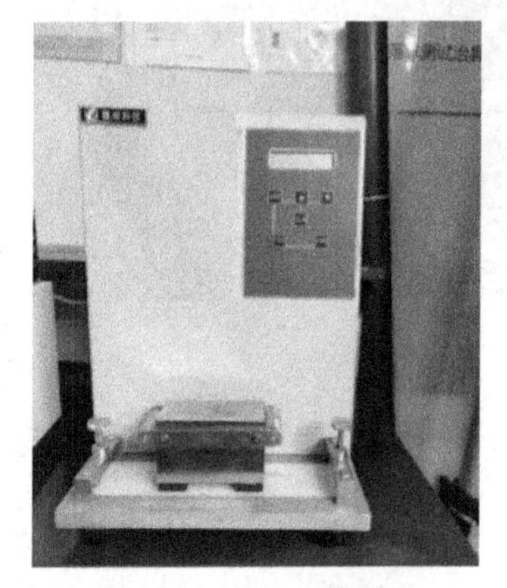

图4-54　检验仪器线路

图4-55　耐磨测试

4.2　典型产品的IPQC实操

这里选取校企合作某平板显示器制造企业典型产品，真实展现电子制造企业IPQC岗位的实际工作内容，为学生提供真实岗位场景，提高工作能力。

4.2.1　小物加工首件检查/巡回检查

一、检查资料&工具

BOM、EC、CR、美工图档、Startup、EMI、手套。

二、作业目录

如表4-13所示。

表4-13　作业目录

作业编号	作业名称	IPQC检查项目
6-01-09	隔离罩投入	检查隔离罩&贴泡棉
6-02-09	电源板定位	检查硅胶与电源板
6-03-09	电源板锁固	检查泡棉与螺丝
6-04-09	主板插线1	检查主板与插线
6-05-09	主板插线2	检查硅胶与线材

续表

作业编号	作业名称	IPQC 检查项目
6-06-09	排线插付&主板定位	检查排线插付与主板定位
6-07-09	主板螺丝锁固	检查主板螺丝
6-08-09	理线	检查醋酸胶带与理线
6-09-09	收隔离罩	检查隔离罩半成品

三、共同遵守事项

（1）请自觉实施顺次检查方法。

（2）后一站要检查前一站的作业是否完全、确实到位，如发现不良情况要及时反馈。

（3）休息前必须将本站内容完成，开线前要再次确认本站内容完成后方可流入下一站。

四、具体作业实施

1. 检查隔离罩&贴泡棉——对应作业编号 6-01-09 隔离罩投入

<table>
<tr><td colspan="2">××××电子有限公司</td><td colspan="7">标准作业指导书</td><td>制作日期</td><td colspan="2">2020/××/××</td></tr>
<tr><td>机种名</td><td>MN096101</td><td colspan="2">UPH</td><td>180</td><td>分配人力</td><td>1</td><td rowspan="5">修改栏</td><td>版次</td><td>修改履历</td><td>日期</td><td>修改者</td></tr>
<tr><td>工段</td><td>小物加工</td><td rowspan="3">发行</td><td>制作</td><td>王××</td><td>核　准</td><td>王××</td><td></td><td></td><td></td><td></td></tr>
<tr><td>作业名称</td><td>隔离罩投入</td><td rowspan="2">审查</td><td rowspan="2"></td><td>版　次</td><td>V1.0</td><td></td><td></td><td></td><td></td></tr>
<tr><td>客户</td><td>A Brand</td><td>作业编号</td><td>6-01-09</td><td></td><td></td><td></td><td></td></tr>
<tr><td colspan="12">作业步骤</td></tr>
<tr><td colspan="7">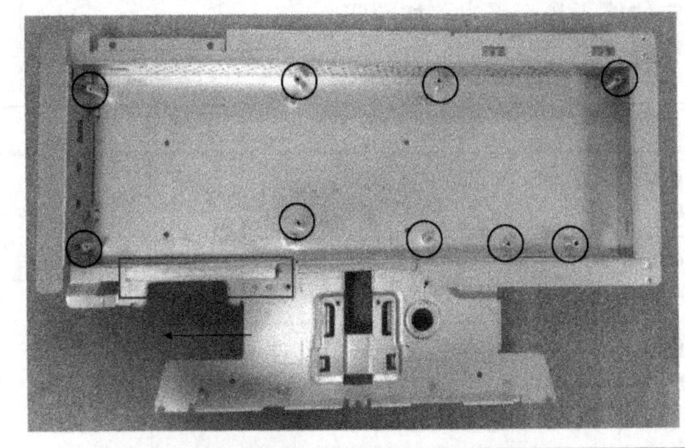</td><td colspan="5">步骤一：从料框内取隔离罩，检查不可有螺柱欠缺、歪斜等不良现象，如左图中圆圈位置

步骤二：拿取泡棉，贴付在隔离罩边缘。如图中矩形位置。贴付时以螺孔边的凸包为基准向左侧贴付，如箭头方向

步骤三：确认无不良后，将隔离罩投放于皮带线上</td></tr>
</table>

<table>
<tr><td>注意事项/安全事项</td><td>主/辅材</td><td>料号</td><td>用量</td><td>主/辅材</td><td>料号</td><td>用量</td><td>治工具</td></tr>
<tr><td rowspan="4">1. 隔离罩如有不良品，需将不良品放于不良品框中
2. 休息前必须将本站内容完成，开线前要再次确认本站内容完成后方可流入下一站</td><td>隔离罩</td><td>81303-02391</td><td>1</td><td></td><td></td><td></td><td rowspan="4">防静电手套</td></tr>
<tr><td>导电泡棉（K902）</td><td>61107-00083</td><td>1</td><td></td><td></td><td></td></tr>
<tr><td></td><td></td><td></td><td></td><td></td><td></td></tr>
<tr><td></td><td></td><td></td><td></td><td></td><td></td></tr>
</table>

IPQC管制要求：

（1）隔离罩料号是否与SOP、BOM用料一致，所使用隔离罩是否为良品。

（2）泡棉料号是否与SOP、BOM用料一致，所使用泡棉是否为良品，泡棉贴付位置是否与SOP一致并确认是否为EMI管制对策。

（3）员工作业时是否有按要求佩戴静电手套，作业步骤与作业手法是否与SOP一致。

2. 检查硅胶与电源板——对应作业编号6-02-09电源板定位

××××电子有限公司		标准作业指导书						制作日期	2020/××/××	
机种名	MN096101	UPH	180	分配人力	1	修改栏	版次	修改履历	日期	修改者
工段	小物加工	发行	制作	王××	核　准	王××				
作业名称	电源板定位		审查		版　次	V1.0				
客户	A Brand				作业编号	6-02-09				

作业步骤

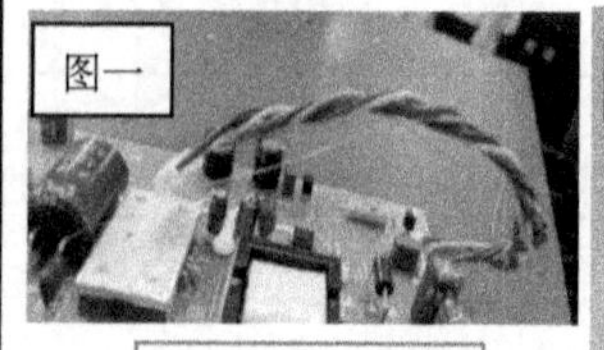

电源板有热熔胶丝NG参考示意图示

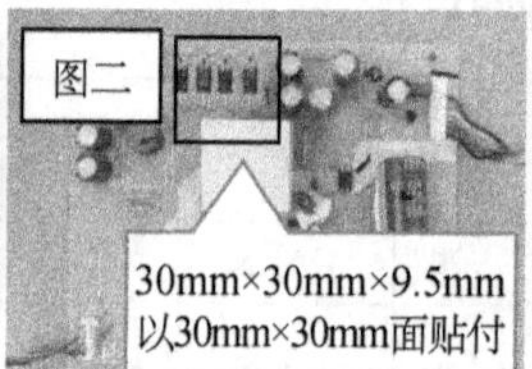

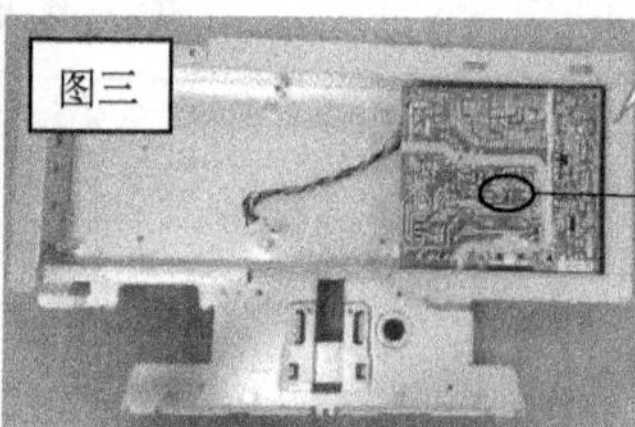

背光线从隔离罩此孔位中穿出

步骤一：将电源板从箱中取出。检查电源板上零件有无歪斜、线材有无不良。无热熔胶丝缠绕（如图一NG图）等不良现象。并检查电源接两个黑色定位柱子是否露出，如图四

步骤二：将硅胶贴于电源板变压器上，如图二加框处（贴付时以30mm×30mm的面，高为9.5mm）

注意事项/安全事项	主/辅材	料号	用量	主/辅材	料号	用量	治工具
1. 部品取付时要戴上静电环，且静电环上的金属一定要与皮肤直接接触 2. 电源板需放置到位 3. 休息前必须将本站内容完成，开线前再次确认本站内容完成后方可流入下一站	电源板（U801）	60104-09901	1				1. 防静电手套 2. 静电环
		21204-00959					
	硅胶（5F01）	80502-00052	1				

IPQC管制要求：

（1）硅胶料号是否与SOP、BOM用料一致，所使用硅胶是否为良品，贴附位置是否与SOP一致并确认是否为EMI管制对策。

（2）员工作业时是否有按要求佩戴静电手套&静电环，作业步骤与作业手法是否与SOP一致。

3. 检查泡棉与螺丝——对应作业编号 6-03-09 电源板锁固

××××电子有限公司	标准作业指导书						制作日期	2020/××/××	
机种名	MN096101	UPH	180	分配人力	1	修改栏	版次	修改履历	日期	修改者
工段	小物加工	发行	制作	王××	核　准	王××				
作业名称	电源板锁固		审查		版　次	V1.0				
客户	A Brand				作业编号	6-03-09				

作业步骤

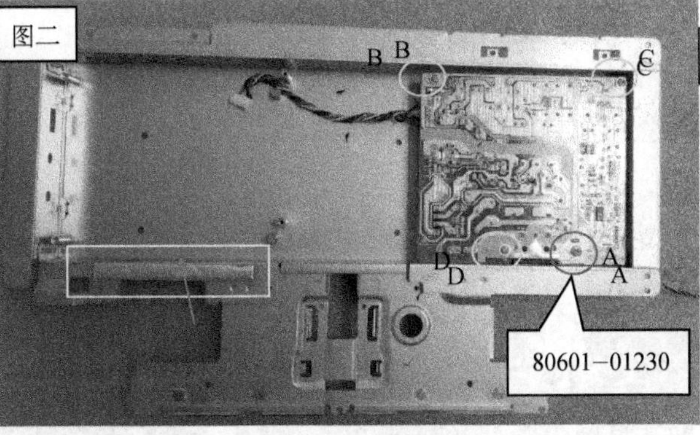

流水线方向

步骤一：检查上一站泡棉无漏贴现象，如图二加框处
步骤二：确认使用的是半圆形料盒，如图一所示
步骤三：拿取螺丝（螺丝上需带有蓝色耐落），将螺丝垂直锁固于隔离罩螺柱上，如图二所示
锁螺丝顺序：A-C-B-D，逆向 D-B-C-A

注意事项/安全事项	主/辅材	料号	用量	主/辅材	料号	用量	治工具
1. 电源板螺孔需与隔离罩螺柱对齐 2. 部品取付时要戴上静电手环及防静电手套且环上的金属一定要与皮肤直接接触 3. 螺丝必须一次拿取一颗，不可有螺丝掉入机台内，如有，需将螺丝清除后方可流入下一站	螺丝（5F04）	80601-00189	3				1. 静电环 2. 电动起子 ● 扭力 6.0±1.0 kgf/cm ● 规格："十"字（ϕ4×2#4～10cm）
	接地螺丝（5F05）	80601-01230	1				

IPQC 管制要求：

（1）螺丝料号是否与 SOP、BOM 用料一致，所使用螺丝是否为良品，锁付顺序以及位置是否与 SOP 一致。螺丝锁付不可有空转、松动及断头现象，螺丝锁付顺序与电动起子扭力是否与 SOP 要求一致。

（2）员工作业时是否有按要求佩戴静电手套和静电环，作业步骤与作业手法是否与 SOP 一致。

4. 检查主板与插线——对应作业编号 6-04-09 主板插线 1

××××电子有限公司	标准作业指导书						制作日期	2020/××/××		
机种名	MN096101	UPH	180	分配人力	1	修改栏	版次	修改履历	日期	修改者
工段	小物加工	发行	制作	王××	核　准	王××				
作业名称	主板插线 1		审查		版　次	V1.0				
客户	A Brand				作业编号	6-04-09				

作业步骤

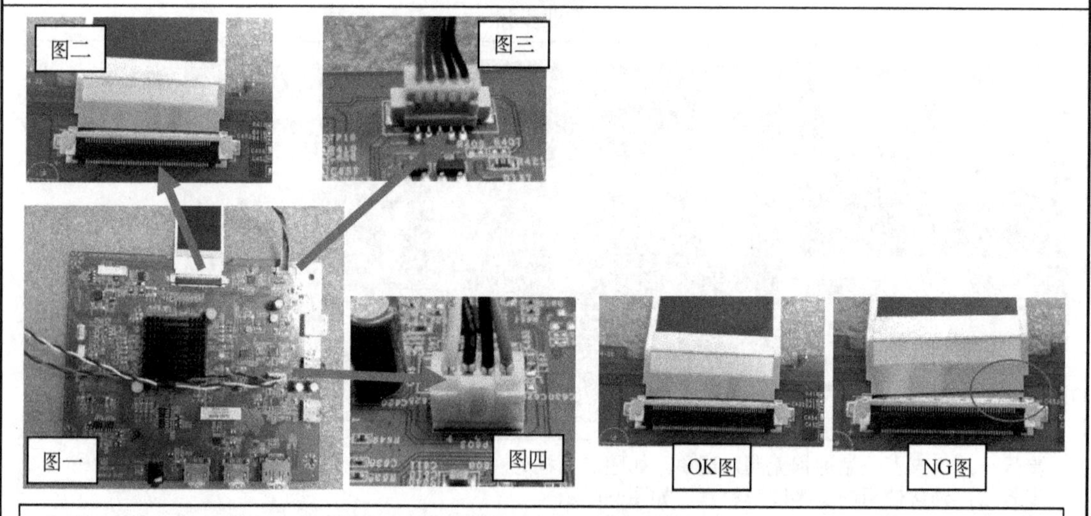

步骤一：将主板从箱中取出，检查主板有无零件缺失等不良现象

步骤二：确认 OK 后，拿取 FFC 线插付于主板的端子上。如图二所示（插线时手指不可触碰 FFC 线金手指位置），并检查排线无斜插或未插到位现象（黑色 mark 线与接口平齐为插付到位）如上图中的 OK/NG 图

步骤三：拿取 LED 灯线，将 LED 灯线垂直插付于主板 PIN 中，如图三所示

步骤四：拿取喇叭线，将喇叭线垂直插付于主板 PIN 中，如图四所示

步骤五：将插好排线的主板投入

注意事项/安全事项	主/辅材	料号	用量	主/辅材	料号	用量	治工具
1. 排线插付要确实到位，不可有脱落现象. 2. 部品取付时要戴上静电环及防静电手套且环上的金属一定要与皮肤直接接触 3. 如有主板不良或端子损坏的要整齐放置于不良品托盘中 4. 排线插付平齐到位，不可有插付偏斜及不到位现象	主板（U101）	60104-09802	1	喇叭线	61003-03213	1	1. 防静电手套 2. 静电环
		21201-02206					
	排线（P951）	61001-03334 61001-03335	1				
	LED 灯线	61003-03090	1				

IPQC 管制要求：

（1）主板料号是否与 SOP、BOM 用料一致，所使用主板是否为良品。

（2）FFC 排线料号是否与 SOP、BOM 用料一致，所使用排线是否为良品，排线插付要确实到位，排线黑色 mark 线须与卡舌齐平。

（3）员工作业时是否有按要求佩戴静电手套和静电环，作业步骤与作业手法是否与 SOP 一致。

5. 检查硅胶与理线——对应作业编号 6-05-09 主板插线 2

××××电子有限公司		标准作业指导书					制作日期		2020/××/××	
机种名	MN096101	UPH		180	分配人力	1	修改栏	版次	修改履历	日期	修改者
工段	小物加工	发行	制作	王××	核准	王××					
作业名称	主板插线 2		审查		版次	V1.0					
客户	A Brand				作业编号	6-05-09					

作业步骤

图一

FFC线插付时，捏住蓝色补强板与白色材处，且不可折弯蓝色加强版部位。且排线上黑色mark线与接口平齐，不可有歪斜现象

OK图

NG图

图二

步骤一：拿取功能键 FFC 线，将主板卡舌拉开，捏住蓝色补强板与白色线材处将功能键线 FFC 线中有 2 条 mark 线的一端插入 PIN 中。将卡舌向下合上按紧，并检查排线无插斜或未插到位现象，如上图中的 OK/NG 图

步骤二：拿取遥控板 FFC 线，捏住蓝色补强板与白色线材处，将遥控板 FFC 线中有 2 条 mark 线的一端插入 PIN，如上图中的 OK/NG 图

注意：1. 插 FFC 线时不可折弯蓝色补强板，如图一所示

2. 插付 FFC 线时，手指不可触碰到线材的金手指位置

步骤三：拿取硅胶贴付在主板散热片上，如图二加框处（贴付时以 24mm×24mm 的面，高为 10mm）

步骤四：插付完成后确认无松脱现象，将主板投入到流水线

注意事项/安全事项	主/辅材	料号	用量	主/辅材	料号	用量	治工具
1. 排线插付要确实到位，不可有脱落现象 2. 部品取付时要戴上静电环及防静电手套且环上的金属一定要与皮肤直接接触 3. 如有主板不良或端子损坏的要整齐放置于不良品托盘中 4. FFC 线插付平齐到位，不可有插付偏斜及不到位现象	硅胶	80502-00010	1				1. 防静电手套 2. 静电环
	遥控板 FFC 线	61001-03336 61001-03337	1				
	功能键 FFC 线	61001-03338 61001-03339	1				

IPQC 管制要求：

（1）硅胶料号是否与 SOP、BOM 用料一致，所使用硅胶是否为良品，贴付位置是否与 SOP 一致并确认是否为 EMI 管制对策。

（2）FFC 排线料号是否与 SOP、BOM 用料一致，所使用排线是否为良品。

（3）员工作业时是否有按要求佩戴静电手套和静电环，作业步骤与作业手法是否与 SOP 一致。

6. 检查硅胶与理线——对应作业编号 6-06-09 排线插付&主板定位

<table>
<tr><td colspan="2">××××电子
有限公司</td><td colspan="7">标准作业指导书</td><td>制作
日期</td><td colspan="2">2020/××/××</td></tr>
<tr><td>机种名</td><td>MN096101</td><td colspan="2">UPH</td><td>180</td><td>分配人力</td><td>1</td><td rowspan="4">修
改
栏</td><td>版次</td><td>修改
履历</td><td>日期</td><td>修改者</td></tr>
<tr><td>工段</td><td>小物加工</td><td rowspan="3">发行</td><td>制作</td><td>王××</td><td>核　准</td><td>王××</td><td></td><td></td><td></td><td></td></tr>
<tr><td>作业
名称</td><td>排线插付&
主板定位</td><td rowspan="2">审查</td><td rowspan="2"></td><td>版　次</td><td>V1.0</td><td></td><td></td><td></td><td></td></tr>
<tr><td>客户</td><td>A Brand</td><td>作业编号</td><td>6-06-09</td><td></td><td></td><td></td><td></td></tr>
<tr><td colspan="12">作业步骤</td></tr>
</table>

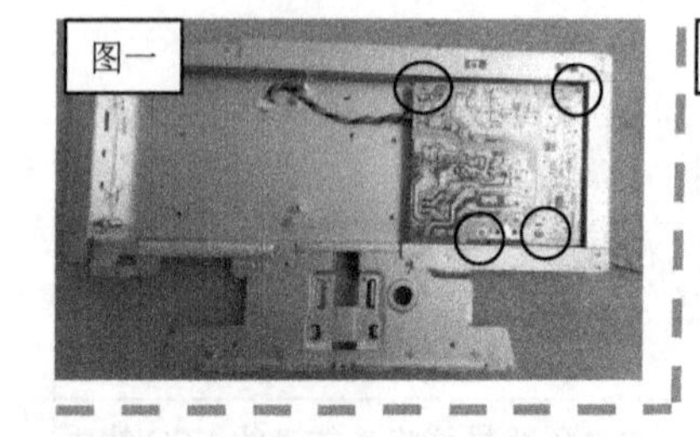

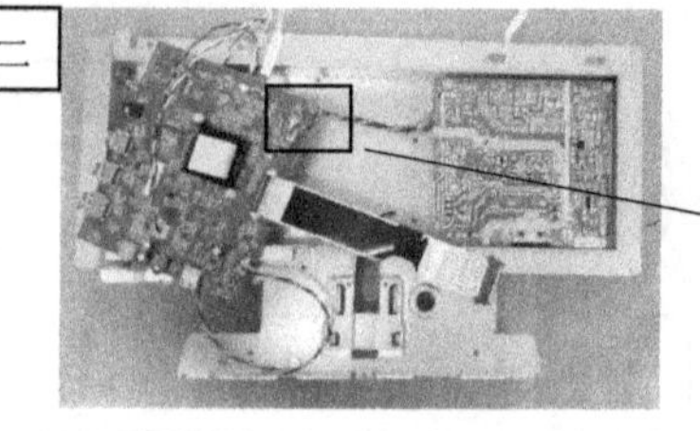

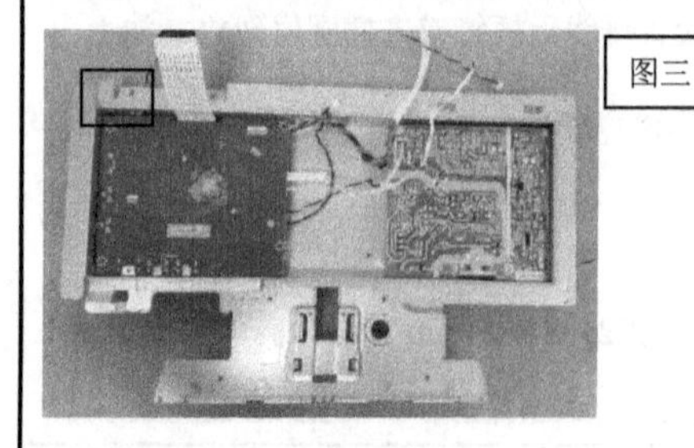

图三

步骤一：检查上一站螺丝（4 颗）是否漏锁，如图一圆圈所示
步骤二：拿取主板，用手支撑主板铜箔面（避免主板放入隔离罩内发生撞件），将电源板连接线插付于主板对应的接口处，如图二加框位置
步骤三：将主板翻转定位于隔离罩内，如图三所示。定位时先将 LED 灯线从隔离罩侧边孔中穿出，如图三加框处
注意：先定位主板接口位置

<table>
<tr><td>注意事项/安全事项</td><td>主/辅材</td><td>料号</td><td>用量</td><td>主/辅材</td><td>料号</td><td>用量</td><td>治工具</td></tr>
<tr><td rowspan="4">1. 排线插付要确实到位，不可有松脱等不良现象
2. 主板翻转定位时，不可碰歪主板上的零件
3. 部品取付时要戴上静电环，且静电环上的金属一定要与皮肤直接接触</td><td></td><td></td><td></td><td></td><td></td><td></td><td rowspan="4">1. 防静电手套
2. 静电环</td></tr>
<tr><td></td><td></td><td></td><td></td><td></td><td></td></tr>
<tr><td></td><td></td><td></td><td></td><td></td><td></td></tr>
<tr><td></td><td></td><td></td><td></td><td></td><td></td></tr>
</table>

IPQC 管制要求：员工作业时是否有按要求佩戴静电手套和静电环，作业步骤与作业手法是否与 SOP 一致。

7. 检查主板螺丝——对应作业编号 6-07-09 主板螺丝锁固

<table>
<tr><td colspan="2">××××电子
有限公司</td><td colspan="7">标准作业指导书</td><td>制作
日期</td><td colspan="2">2020/××/××</td></tr>
<tr><td>机种名</td><td>MN096101</td><td colspan="2">UPH</td><td>180</td><td>分配人力</td><td>1</td><td rowspan="4">修
改
栏</td><td>版次</td><td>修改
履历</td><td>日期</td><td>修改者</td></tr>
<tr><td>工段</td><td>小物加工</td><td rowspan="3">发行</td><td>制作</td><td>王××</td><td>核　准</td><td>王××</td><td></td><td></td><td></td><td></td></tr>
<tr><td>作业
名称</td><td>主板
螺丝锁固</td><td rowspan="2">审查</td><td rowspan="2"></td><td>版　次</td><td>V1.0</td><td></td><td></td><td></td><td></td></tr>
<tr><td>客户</td><td>A Brand</td><td>作业编号</td><td>6-07-09</td><td></td><td></td><td></td><td></td></tr>
<tr><td colspan="12">作业步骤</td></tr>
<tr><td colspan="12">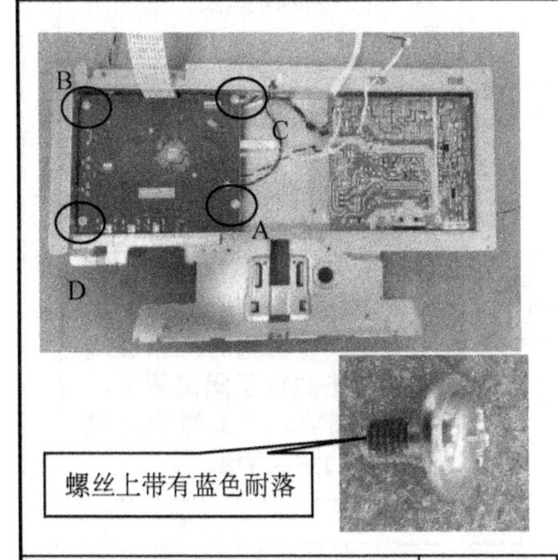

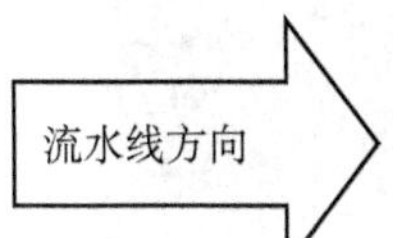

步骤：拿取螺丝（螺丝上需带有蓝色耐落），将螺丝垂直锁固于隔离罩螺柱上，如图所示
锁螺丝顺序：A-C-B-D，逆向 D-B-C-A</td></tr>
</table>

<table>
<tr><td>注意事项/安全事项</td><td>主/辅材</td><td>料号</td><td>用量</td><td>主/辅材</td><td>料号</td><td>用量</td><td>治工具</td></tr>
<tr><td rowspan="4">1.主板螺孔需与隔离罩螺柱对齐
2.部品取付时要戴上静电手环及防静电手套且环上的金属一定要与皮肤直接接触
3.螺丝必须一次拿取一颗，不可有螺丝掉入机台内，如有，需将螺丝清除后方可流入下一站</td><td>螺丝
（5F06）</td><td>80601-
00189</td><td>4</td><td></td><td></td><td></td><td rowspan="4">1. 静电环
2. 电动起子
● 扭力 6.0±1.0 kgf/cm
● 规格："十"字（ϕ4 × 2# 4～10cm）</td></tr>
<tr><td></td><td></td><td></td><td></td><td></td><td></td></tr>
<tr><td></td><td></td><td></td><td></td><td></td><td></td></tr>
<tr><td></td><td></td><td></td><td></td><td></td><td></td></tr>
</table>

IPQC 管制要求：

（1）螺丝料号是否与 SOP、BOM 用料一致，螺丝上是否带有蓝色耐落。

（2）起子扭力测试是否符合规范要求，扭力值是否在 SOP 要求范围内。

（3）员工作业时是否有按要求佩戴静电手套和静电环，作业步骤与作业手法是否与 SOP 一致。

8. 检查螺丝与理线——对应作业编号6-08-09理线

<table>
<tr><td colspan="2">××××电子
有限公司</td><td colspan="7">标准作业指导书</td><td>制作
日期</td><td colspan="2">2020/××/××</td></tr>
<tr><td>机种名</td><td>MN096101</td><td colspan="2">UPH</td><td>180</td><td>分配人力</td><td>1</td><td rowspan="4">修
改
栏</td><td>版次</td><td>修改
履历</td><td>日期</td><td>修改者</td></tr>
<tr><td>工段</td><td>小物加工</td><td rowspan="3">发行</td><td>制作</td><td>王××</td><td>核　准</td><td>王××</td><td></td><td></td><td></td><td></td></tr>
<tr><td>作业
名称</td><td>理线</td><td rowspan="2">审查</td><td rowspan="2"></td><td>版　次</td><td>V1.0</td><td></td><td></td><td></td><td></td></tr>
<tr><td>客户</td><td>A Brand</td><td>作业编号</td><td>6-08-09</td><td></td><td></td><td></td><td></td></tr>
<tr><td colspan="12">作业步骤</td></tr>
</table>

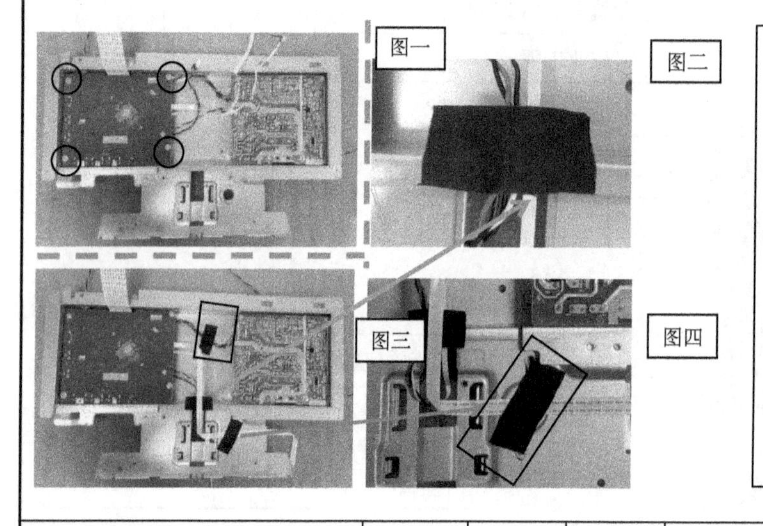

步骤一：检查上一站螺丝（4颗）是否漏锁，如图一圆圈所示
步骤二：撕取胶带，将电源线的连接线用醋酸胶带固定，如图三中加框所示
步骤三：将喇叭线和遥控板的FFC线从隔离罩中穿出，撕取胶带，将线材固定在隔离罩上，如图二所示
步骤四：将功能键的FFC线按折痕走线放于隔离罩上，撕取胶带将功能键的FFC线固定，如图四所示

<table>
<tr><td>注意事项/安全事项</td><td>主/辅材</td><td>料号</td><td>用量</td><td>主/辅材</td><td>料号</td><td>用量</td><td>治工具</td></tr>
<tr><td rowspan="4">1. 部品取付时要戴上静电环及防静电手套且环上的金属一定要与皮肤直接接触
2. 醋酸胶带不可漏贴，不可有翘起等不良现象</td><td>醋酸
胶带</td><td>80902-
00005</td><td>5cm×2</td><td></td><td></td><td></td><td rowspan="4"></td></tr>
<tr><td>醋酸
胶带</td><td>80902-
00005</td><td>3cm×1</td><td></td><td></td><td></td></tr>
<tr><td></td><td></td><td></td><td></td><td></td><td></td></tr>
<tr><td></td><td></td><td></td><td></td><td></td><td></td></tr>
</table>

IPQC管制要求：

（1）醋酸胶带料号是否与SOP、BOM用料一致，所使用醋酸胶带是否为良品，贴付位置是否与SOP一致并确认是否为EMI管制对策。

（2）员工作业时是否有按要求佩戴静电手套和静电环，作业步骤与作业手法是否与SOP一致。

9. 检查隔离罩半成品——对应作业编号 6-09-09 收隔离罩

<table>
<tr><td colspan="2">××××电子
有限公司</td><td colspan="7">标准作业指导书</td><td>制作
日期</td><td colspan="2">2020/××/××</td></tr>
<tr><td>机种名</td><td>MN096101</td><td colspan="2">UPH</td><td>180</td><td>分配人力</td><td>1</td><td rowspan="4">修改栏</td><td>版次</td><td>修改
履历</td><td>日期</td><td>修改者</td></tr>
<tr><td>工段</td><td>小物加工</td><td rowspan="3">发行</td><td>制作</td><td>王××</td><td>核　准</td><td>王××</td><td></td><td></td><td></td><td></td></tr>
<tr><td>作业
名称</td><td>收隔离罩</td><td rowspan="2">审查</td><td rowspan="2"></td><td>版　次</td><td>V1.0</td><td></td><td></td><td></td><td></td></tr>
<tr><td>客户</td><td>A Brand</td><td>作业编号</td><td>6-09-09</td><td></td><td></td><td></td><td></td></tr>
<tr><td colspan="12">作业步骤</td></tr>
<tr><td colspan="12">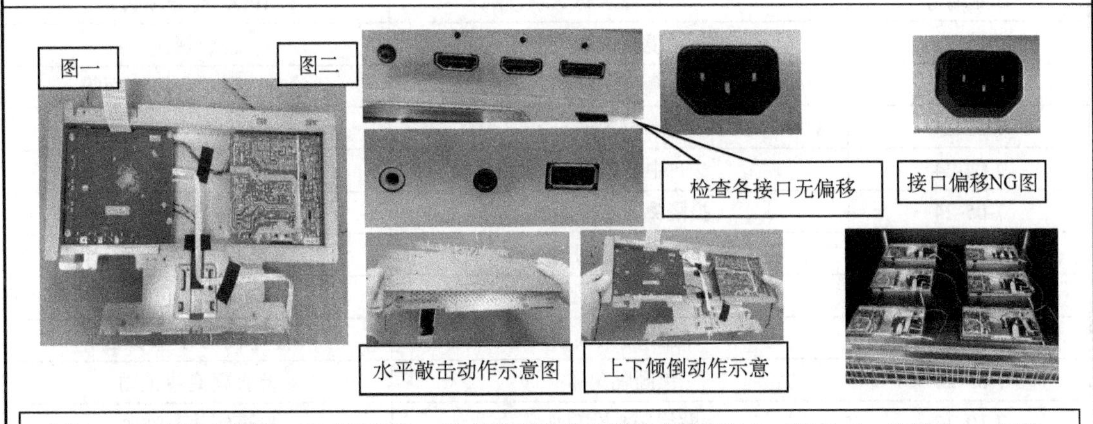

步骤一：检查圈内螺丝 8 颗有无漏锁，检查醋酸胶带和泡棉无漏贴现象（胶带×3，泡棉×1），如图一所示
步骤二：双手握住隔离罩两侧，水平敲击保护垫三次，检查确保无螺丝掉落。将隔离罩翻转，上下倾倒 2 次，检查确保无螺丝掉落
步骤三：检查隔离罩上的各接口和 AC 接口不可有偏移等不良现象，如图二所示
步骤四：将功能键放于隔离罩内，然后将加工好的隔离罩半成品放于周转台车中
注：半成品放置时需摆放整齐，不可碰撞，线材不可压到铁片或隔板下</td></tr>
</table>

<table>
<tr><td>注意事项/安全事项</td><td>主/辅材</td><td>料号</td><td>用量</td><td>主/辅材</td><td>料号</td><td>用量</td><td>治工具</td></tr>
<tr><td rowspan="4">1. 部品取付时要戴上静电环，且静电环上的金属一定要与皮肤直接接触
2. 外露的线材要整理好，不可有被压到/割破现象
3. 每层之间要用隔板隔开
4.休息前必须将本站内容完成，开线前再次确认本站内容完成后方可流入下一站</td><td></td><td></td><td></td><td></td><td></td><td></td><td rowspan="4">1. 防静电手套
2. 静电环</td></tr>
<tr><td></td><td></td><td></td><td></td><td></td><td></td></tr>
<tr><td></td><td></td><td></td><td></td><td></td><td></td></tr>
<tr><td></td><td></td><td></td><td></td><td></td><td></td></tr>
</table>

IPQC 管制要求：员工作业时是否有按要求佩戴静电手套和静电环，作业步骤与作业手法是否与 SOP 一致。

4.2.2 组立首件检查/巡回检查

一、检查资料&工具

BOM、EC、CR、美工图档、Startup、EMI、手套。

二、作业目录

如表4-14所示。

表4-14 作业目录

作业编号	作业名称	IPQC检查项目
7-01-24	镜面投入	检查镜面
7-02-24	撕镜面膜	检查三联单与撕镜面膜
7-03-24	卡付中框	检查中框
7-04-24	中框锁固	检查螺丝与喇叭线
7-05-24	投隔离罩&锁螺丝	检查硅胶与螺丝
7-06-24	投LED板&扫描	检查LED板与扫描
7-07-24	定位&插线	检查隔离罩定位与插线
7-08-24	LED支架锁固	检查LED支架锁固
7-09-24	锁固隔离罩	检查隔离罩锁固
7-10-24	贴铝箔&投喇叭	检查铝箔与喇叭
7-11-24'	喇叭锁固	检查喇叭卡付与螺丝
7-12-24	锁接口螺丝	检查螺丝与遥控板
7-13-24	遥控板卡固&理线	检查铝箔与理线
7-14-24	锁螺丝&插功能键	检查功能键与插线
7-15-24	点检	检查内部线材点检
7-16-24	后壳投入	检查Logo贴纸与后壳
7-17-24	卡付功能键	检查功能键卡付
7-18-24	后壳卡固	检查后壳卡固
7-19-24	贴铭板	检查铭板
7-20-24	锁固后壳	检查后壳螺丝
7-21-24	外观全检	检查外观全检
7-22-24	搬机台	检查搬机台
7-23-24	插线	检查LED Logo灯颜色
7-24-24	BURN IN	检查开机灯颜色

三、共同遵守事项

（1）请自觉实施顺次检查方法。

（2）后一站要检查前一站的作业是否完全，确实到位，如发现不良情况要及时反馈。

（3）休息前必须将本站内容完成，开线前再次确认本站内容完成后方可流入下一站。

四、具体作业实施

1. 检查镜面——对应作业编号 7-01-24 镜面投入

<table>
<tr><td colspan="2">××××电子
有限公司</td><td colspan="7">标准作业指导书</td><td>制作
日期</td><td colspan="2">2020/××/××</td></tr>
<tr><td>机种名</td><td>MN096101</td><td colspan="2">UPH</td><td>180</td><td>分配人力</td><td>1</td><td rowspan="4">修
改
栏</td><td>版次</td><td>修改
履历</td><td>日期</td><td>修改者</td></tr>
<tr><td>工段</td><td>组立</td><td rowspan="3">发行</td><td>制作</td><td>王××</td><td>核　　准</td><td>王××</td><td></td><td></td><td></td><td></td></tr>
<tr><td>作业
名称</td><td>镜面投入</td><td rowspan="2">审查</td><td rowspan="2"></td><td>版　　次</td><td>V1.0</td><td></td><td></td><td></td><td></td></tr>
<tr><td>客户</td><td>A Brand</td><td>作业编号</td><td>7-01-24</td><td></td><td></td><td></td><td></td></tr>
<tr><td colspan="12">作业步骤</td></tr>
<tr><td colspan="12">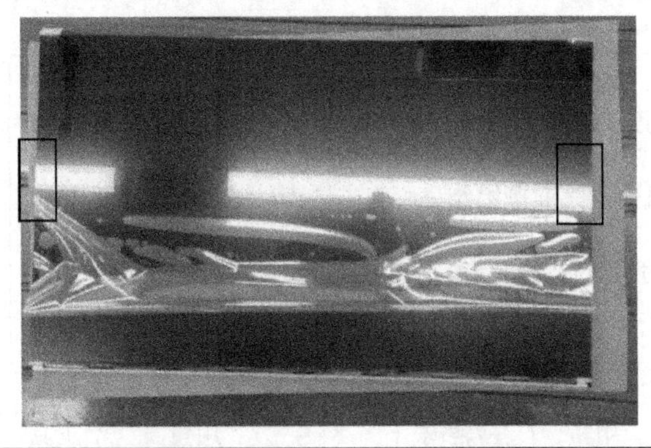
步骤一：拿取保护垫并放置流水线上
步骤二：将镜面从纸箱中取出，如有 PE 袋包装，则将镜面的 PE 袋取下，放于指定物料框中
步骤三：将镜面朝上放置流水线的保护垫上</td></tr>
</table>

<table>
<tr><td>注意事项/安全事项</td><td>主/辅材</td><td>料号</td><td>用量</td><td>主/辅材</td><td>料号</td><td>用量</td><td>治工具</td></tr>
<tr><td rowspan="4">1. 部品取付时，必须手拿镜面的边缘处，不可碰到镜面的表面
2. 如发现有镜面不良的，直接将镜面放入不良品箱中
3. 镜面取放时要小心，不可有碰撞现象
4. 检查镜面不可有刮伤、脏污现象
5. 部品取付时要戴上静电环且环上的金属一定要与皮肤直接接触</td><td>镜面
（V901）</td><td>60202-00754
60202-00787</td><td>1</td><td></td><td></td><td></td><td rowspan="4">1. 防静电手套
2. 静电环</td></tr>
<tr><td></td><td></td><td></td><td></td><td></td><td></td></tr>
<tr><td></td><td></td><td></td><td></td><td></td><td></td></tr>
<tr><td></td><td></td><td></td><td></td><td></td><td></td></tr>
</table>

IPQC 管制要求：

（1）镜面标签条码是否与 BOM 用料一致，所使用镜面是否为良品，镜面条码印刷与美工图档一致。

（2）员工作业时是否有按要求佩戴静电手套和静电环，作业步骤与作业手法是否与 SOP 一致。

2. 检查三联单与撕镜面膜——对应作业编号 7-02-24 撕镜面膜

<table>
<tr><td colspan="2">××××电子
有限公司</td><td colspan="6">标准作业指导书</td><td colspan="2">制作
日期</td><td colspan="2">2020/××/××</td></tr>
<tr><td>机种名</td><td>MN096101</td><td colspan="2">UPH</td><td>180</td><td>分配人力</td><td>1</td><td rowspan="4">修
改
栏</td><td>版次</td><td>修改
履历</td><td>日期</td><td>修改者</td></tr>
<tr><td>工段</td><td>组立</td><td rowspan="3">发行</td><td>制作</td><td>王××</td><td>核　准</td><td>王××</td><td></td><td></td><td></td><td></td></tr>
<tr><td>作业
名称</td><td>撕镜面膜</td><td rowspan="2">审查</td><td rowspan="2"></td><td>版　次</td><td>V1.0</td><td></td><td></td><td></td><td></td></tr>
<tr><td>客户</td><td>A Brand</td><td>作业编号</td><td>7-02-24</td><td></td><td></td><td></td><td></td></tr>
<tr><td colspan="12">作业步骤</td></tr>
<tr><td colspan="12">

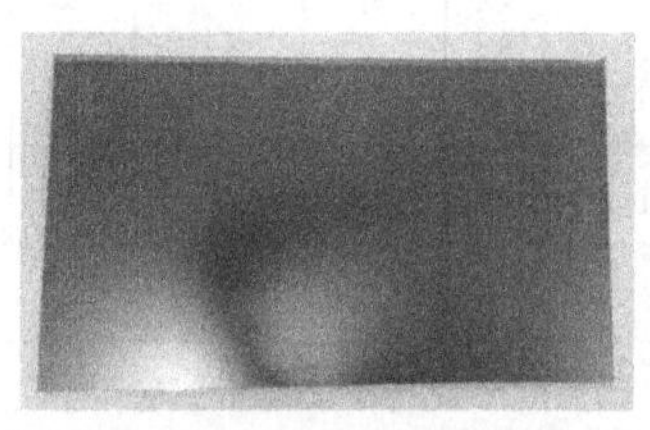

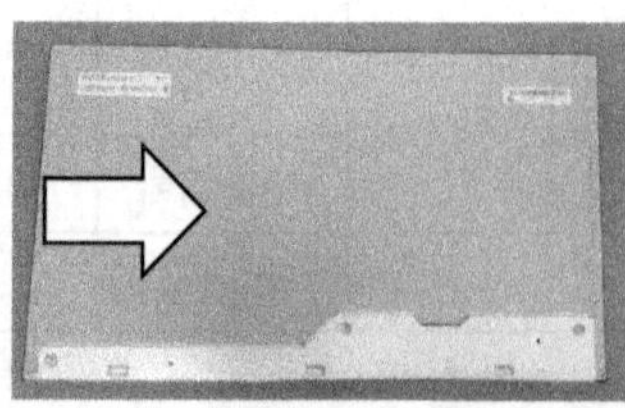

步骤一：将镜面膜撕下放置于料箱内箱内，翻转，使镜面朝下并放置在流水线的保护垫上
注意：撕除过程中保护膜与镜面夹角必须小于 30 度，沿对角撕除，撕膜时间不可小于 3s，且离子风机要对着镜面吹。撕膜时作业员身体不可挡住离子风机，务必保证撕膜全过程在离子风机范围内完成。当产品进入离子风机范围内开始撕膜，出离子风机范围之前撕膜结束，若未结束，则将产品移至离子风机范围内再撕下剩余保护膜
步骤二：依次撕下一张三联单，检查三联单无脏污、破损、折痕等不良现象
步骤三：确认三联单无不良后，撕下一段纸胶带将其贴付于三联单背面。将三联单对应每个镜面贴付于流水线指定位置上

</td></tr>
</table>

<table>
<tr><td>注意事项/安全事项</td><td>主/辅材</td><td>料号</td><td>用量</td><td>主/辅材</td><td>料号</td><td>用量</td><td>治工具</td></tr>
<tr><td rowspan="3">1. 部品取付时，必须手拿镜面的边缘处，不可碰到镜面的表面
2. 如发现有镜面不良的，直接将镜面放入不良品箱中
3. 部品取付时要戴上静电环及防静电手套且环上的金属一定要与皮肤直接接触</td><td>三联单</td><td>90110-60740</td><td>1</td><td></td><td></td><td></td><td rowspan="3">1. 静电环
2. 防静电手套
3. 胶布台
4. 离子风机</td></tr>
<tr><td>纸胶带</td><td>50301-00003</td><td>5—7cm×1</td><td></td><td></td><td></td></tr>
<tr><td></td><td></td><td></td><td></td><td></td><td></td></tr>
</table>

IPQC 管制要求：

（1）三联单料号是否与 SOP、BOM 用料一致，所使用三联单印刷是否和美工图档一致。

（2）离子风机是否有按要求打开。

（3）员工作业时是否有按要求佩戴静电手套和静电环，作业步骤与作业手法是否与 SOP 一致。

3. 检查中框——对应作业编号 7-03-24 卡付中框

<table>
<tr><td colspan="2">××××电子有限公司</td><td colspan="7">标准作业指导书</td><td>制作日期</td><td colspan="2">2020/××/××</td></tr>
<tr><td>机种名</td><td>MN096101</td><td colspan="2">UPH</td><td>180</td><td>分配人力</td><td>1</td><td rowspan="4">修改栏</td><td>版次</td><td>修改履历</td><td>日期</td><td>修改者</td></tr>
<tr><td>工段</td><td>组立</td><td rowspan="3">发行</td><td>制作</td><td>王××</td><td>核　准</td><td>王××</td><td></td><td></td><td></td><td></td></tr>
<tr><td>作业名称</td><td>卡付中框</td><td rowspan="2">审查</td><td rowspan="2"></td><td>版　次</td><td>V1.0</td><td></td><td></td><td></td><td></td></tr>
<tr><td>客户</td><td>A Brand</td><td>作业编号</td><td>7-03-24</td><td></td><td></td><td></td><td></td></tr>
<tr><td colspan="12">作业步骤</td></tr>
</table>

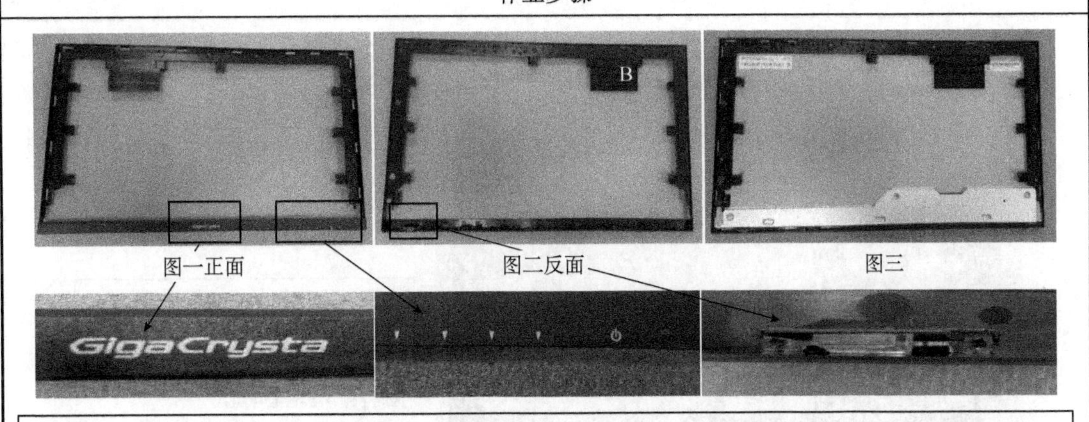

图一正面　图二反面　图三

步骤一：从料箱取出中框，拆掉中框包装袋，用 Logo 实物比对治具，检查中框 Logo 及功能键处无印刷错误、Logo 缺失等不良现象，以及中框无脱漆、刮伤等不良，如图一所示
步骤二：将中框翻转，检查反面左下角位置，灯罩不可有松动或脱落现象步，如图二所示
步骤三：检查无误后，先将底部卡付于镜面上，然后由两侧向顶部将中框完全卡付，如图三所示

<table>
<tr><td>注意事项/安全事项</td><td>主/辅材</td><td>料号</td><td>用量</td><td>主/辅材</td><td>料号</td><td>用量</td><td>治工具</td></tr>
<tr><td rowspan="4">1. 部品取付时，必须手拿镜面的边缘处，不可碰到镜面的表面
2. 中框投入时不可堆放
3. 中框不可有 Logo 漏印刷及 Logo 印刷错误等不良现象
4. 中框卡付时不可划伤镜面且中框灯罩不可有缺失现象</td><td>中框</td><td>81302-03899</td><td>1</td><td></td><td></td><td></td><td rowspan="4">1. 防静电手套
2. 静电环
3. Logo 实物比对治具</td></tr>
<tr><td></td><td></td><td></td><td></td><td></td><td></td></tr>
<tr><td></td><td></td><td></td><td></td><td></td><td></td></tr>
<tr><td></td><td></td><td></td><td></td><td></td><td></td></tr>
</table>

IPQC 管制要求：

（1）中框料号是否与 SOP、BOM 用料一致，所使用中框印刷是否和美工图档一致。员工作业时是否使用比对治具进行 Logo 检查。

（2）员工作业时是否有按要求佩戴静电手套和静电环，作业步骤与作业手法是否与 SOP 一致。

4. 检查螺丝与喇叭线——对应作业编号 7-04-24 中框锁固

××××电子有限公司	标准作业指导书	制作日期	2020/××/××

机种名	MN096101	UPH		180	分配人力	1	修改栏	版次	修改履历	日期	修改者
工段	组立	发行	制作	王××	核　准	王××					
作业名称	中框锁固		审查		版　次	V1.0					
客户	A Brand				作业编号	7-05-24					

作业步骤

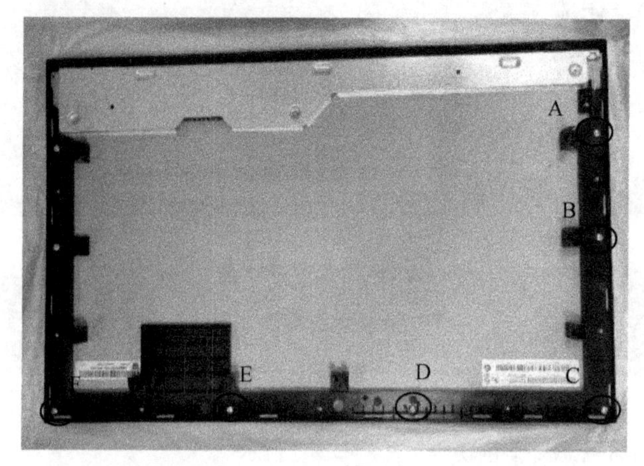

流水线方向

步骤：拿取螺丝将中框锁固，锁固时将螺丝垂直锁固，不可歪斜、漏锁
按顺序锁付：A-B-C-D-E-F，逆向锁付顺序F-E-D-C-B-A

注意事项/安全事项	主/辅材	料号	用量	主/辅材	料号	用量	治工具
1. 部品取付时要戴上静电环且环上的金属一定要与皮肤直接接触 2. 螺丝锁付不可有空转、松动及断头等现象 3. 螺丝必须一次拿取一颗，不可有螺丝掉入机台内，如有，需将螺丝清除后方可流入下一站	螺丝（1F04）	80601-00217	6	喇叭线	80601-00217	6	1.静电环 2.电动起子： ● 扭力3.5±0.5 kgf/cm ● 规格："十"字（ϕ4 × 2# 4～10cm）

IPQC 管制要求：

（1）螺丝料号是否与 SOP、BOM 用料一致，所使用螺丝是否为良品，螺丝锁付顺序是否与 SOP 要求一致。

（2）喇叭线料号是否与 SOP、BOM 用料一致，所使用喇叭线是否为良品。

（3）员工作业时是否有按要求佩戴静电手套和静电环，作业步骤与作业手法是否与 SOP 一致，所使用的起子扭力是否在 SOP 要求范围内。

5. 检查硅胶与螺丝——对应作业编号 7-05-24 投隔离罩&锁螺丝

<table>
<tr><td colspan="2">××××电子有限公司</td><td colspan="6">标准作业指导书</td><td>制作日期</td><td colspan="3">2020/××/××</td></tr>
<tr><td>机种名</td><td>MN096101</td><td colspan="2">UPH</td><td>180</td><td>分配人力</td><td>1</td><td rowspan="4">修改栏</td><td>版次</td><td>修改履历</td><td>日期</td><td>修改者</td></tr>
<tr><td>工段</td><td>组立</td><td rowspan="3">发行</td><td>制作</td><td>王××</td><td>核　　准</td><td>王××</td><td></td><td></td><td></td><td></td></tr>
<tr><td>作业名称</td><td>投隔离罩&锁螺丝</td><td rowspan="2">审查</td><td rowspan="2"></td><td>版　　次</td><td>V1.0</td><td></td><td></td><td></td><td></td></tr>
<tr><td>客户</td><td>A Brand</td><td>作业编号</td><td>7-05-24</td><td></td><td></td><td></td><td></td></tr>
<tr><td colspan="12">作业步骤</td></tr>
</table>

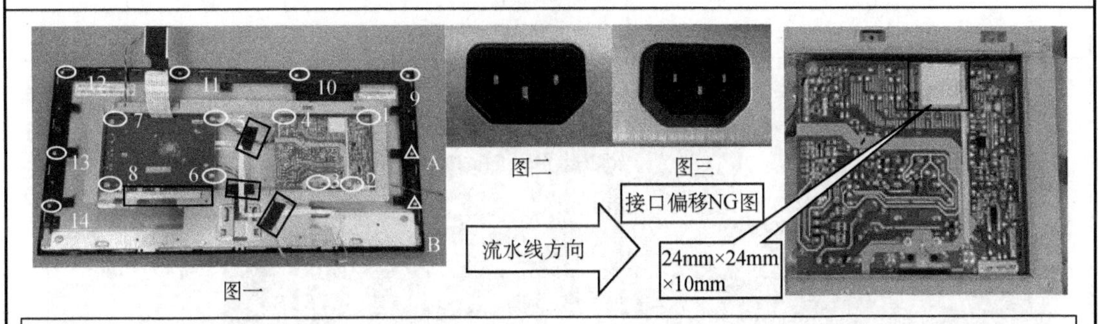

图一　图二　图三

步骤一：拿取螺丝将中框锁固，锁固时将螺丝垂直锁固，不可歪斜、漏锁，如图一中三角形处按顺序锁付：A-B，逆向锁付顺序 B-A

步骤二：从台车上拿取隔离罩组件，摇晃隔离罩 2 次，检查是否有异物掉落。电源板 AC 接口无偏移不良现象，如图二所示，检查图一圆圈位置螺丝 8 颗（编号 1～8）无漏锁现象，矩形框位置的胶带和泡棉无漏贴现象（胶带×3，泡棉×1）

步骤三：拿取硅胶贴付在电源板 mark 内，如图三黄框处（贴付时以 24mm×24mm 的面，高为 10mm）

步骤四：将隔离罩放置于背板上后，检查图一中三角形位置螺丝 6 颗（编号 9～14）无漏锁现象

<table>
<tr><td>注意事项/安全事项</td><td>主/辅材</td><td>料号</td><td>用量</td><td>主/辅材</td><td>料号</td><td>用量</td><td>治工具</td></tr>
<tr><td rowspan="4">1. 部品取付时要戴上静电环且环上的金属一定要与皮肤直接接触
2. 螺丝锁付不可有空转、松动及断头等现象
3. 螺丝必须一次拿取一颗，不可有螺丝掉入机台内，如有，需将螺丝清除后方可流入下一站</td><td>硅胶</td><td>80502-00010</td><td>1</td><td></td><td></td><td></td><td rowspan="4">1. 静电环
2. 电动起子：
● 扭力 3.5±0.5 kgf/cm
● 规格：“十”字（ϕ4 × 2# 4～10cm）</td></tr>
<tr><td>螺丝（1F04）</td><td>80601-00217</td><td>2</td><td></td><td></td><td></td></tr>
<tr><td></td><td></td><td></td><td></td><td></td><td></td></tr>
<tr><td></td><td></td><td></td><td></td><td></td><td></td></tr>
</table>

IPQC 管制要求：

（1）硅胶料号是否与 SOP、BOM 用料一致，所使用硅胶是否为良品，贴付位置是否与 SOP 要求一致。

（2）螺丝料号是否与 SOP、BOM 用料一致，所使用螺丝是否为良品，螺丝锁付顺序是否与 SOP 要求一致。

（3）员工作业时是否有按要求佩戴静电手套和静电环，作业步骤与作业手法是否与 SOP

一致，所使用的起子扭力是否在SOP要求范围内。

6. 检查LED板与扫描——对应作业编号7-06-24投LED板&扫描

<table>
<tr><td colspan="2">××××电子
有限公司</td><td colspan="5">标准作业指导书</td><td colspan="2">制作
日期</td><td colspan="3">2020/××/××</td></tr>
<tr><td>机种名</td><td>MN096101</td><td colspan="2">UPH</td><td>180</td><td>分配人力</td><td>1</td><td rowspan="4">修
改
栏</td><td>版次</td><td>修改
履历</td><td>日期</td><td>修改者</td></tr>
<tr><td>工段</td><td>组立</td><td rowspan="3">发行</td><td>制作</td><td>王××</td><td>核　　准</td><td>王××</td><td></td><td></td><td></td><td></td></tr>
<tr><td>作业
名称</td><td>投LED板
&扫描</td><td rowspan="2">审查</td><td rowspan="2"></td><td>版　　次</td><td>V1.0</td><td></td><td></td><td></td><td></td></tr>
<tr><td>客户</td><td>A Brand</td><td>作业编号</td><td>7-06-24</td><td></td><td></td><td></td><td></td></tr>
<tr><td colspan="12">作业步骤</td></tr>
</table>

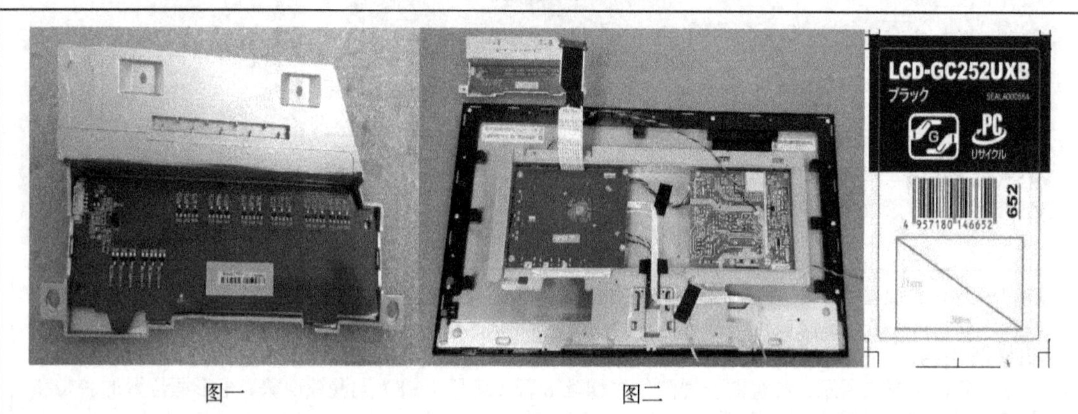

图一　　　　　　图二

步骤一：拿取LED灯板，检查LED灯板无零件缺失、接口歪斜等不良现象后再拿取LED板支架，将LED板卡固在支架中，如图一所示

步骤二：将卡固好的LED板投放在机台侧边

步骤三：依次将三联单、主板、电源板、LED灯板、镜面条码扫入系统

<table>
<tr><td>注意事项/安全事项</td><td>主/辅材</td><td>料号</td><td>用量</td><td>主/辅材</td><td>料号</td><td>用量</td><td>治工具</td></tr>
<tr><td rowspan="4">1. 部品取付时要戴上静电环且环上的金属一定要与皮肤直接接触
2. 在条码扫描过程中，必须按次序来扫描，不可有漏扫现象
3. 待作业的机台流入工作站后，如发现三联单贴付于机台上则是不良品，此机台不可作业，必须流入到皮带线的最后一站，搬下放于不良品台车上</td><td>LED板
支架</td><td>80302-
03263</td><td>1</td><td></td><td></td><td></td><td rowspan="4">1. 静电环
2. 防静电手套
3. 扫描枪</td></tr>
<tr><td>LED板</td><td>60104-
04862
2120A-
00085</td><td>1</td><td></td><td></td><td></td></tr>
<tr><td></td><td></td><td></td><td></td><td></td><td></td></tr>
<tr><td></td><td></td><td></td><td></td><td></td><td></td></tr>
</table>

IPQC管制要求：

（1）LED板支架料号是否与SOP、BOM用料一致，所使用支架是否为良品。

（2）LED板料号是否与SOP、BOM用料一致，所使用板子是否为良品。

（3）是否将三联单、主板、电源板、LED 灯板、镜面条码扫入系统，扫描顺序是否与 SOP 要求一致。

（4）员工作业时是否有按要求佩戴静电手套和静电环，作业步骤与作业手法是否与 SOP 一致。

7. 检查隔离罩定位与插线——对应作业编号 7-07-24 定位&插线

<table>
<tr><td colspan="2">××××电子
有限公司</td><td colspan="6">标准作业指导书</td><td>制作
日期</td><td colspan="3">2020/××/××</td></tr>
<tr><td>机种名</td><td>MN096101</td><td colspan="2">UPH</td><td>180</td><td>分配人力</td><td>1</td><td rowspan="4">修
改
栏</td><td>版次</td><td>修改
履历</td><td>日期</td><td>修改者</td></tr>
<tr><td>工段</td><td>组立</td><td rowspan="3">发行</td><td>制作</td><td>王××</td><td>核　准</td><td>王××</td><td></td><td></td><td></td><td></td></tr>
<tr><td>作业
名称</td><td>定位&插线</td><td rowspan="2">审查</td><td rowspan="2"></td><td>版　次</td><td>V1.0</td><td></td><td></td><td></td><td></td></tr>
<tr><td>客户</td><td>A Brand</td><td>作业编号</td><td>7-07-24</td><td></td><td></td><td></td><td></td><td></td></tr>
<tr><td colspan="12">作业步骤</td></tr>
</table>

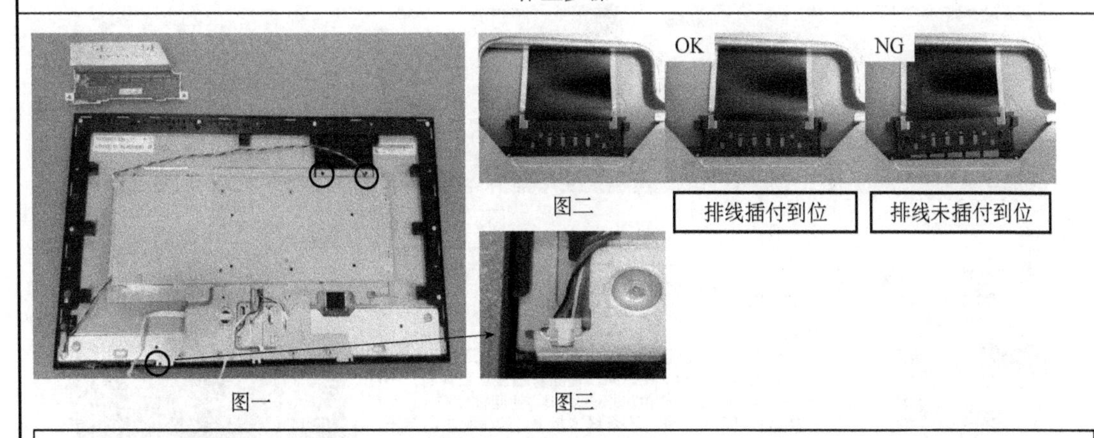

图一　图三

步骤一：将隔离罩定位于镜面上、隔离罩定位于中框螺柱上，如图一圆圈处
注意：隔离罩定位时，不要压到 FFC 线且 FF 排线从定位孔边缘上出来，即图一中虚线所示
步骤二：拿取 FFC 线，用治具将 FFC 线插入背板对应接口中，并检查排线无未插到位现象，如图二中 OK\NG 图所示
步骤三：拿取背光线，用手捏着背光线端口将背光线插付于镜面接口，如图三所示

<table>
<tr><td>注意事项/安全事项</td><td>主/辅材</td><td>料号</td><td>用量</td><td>主/辅材</td><td>料号</td><td>用量</td><td>治工具</td></tr>
<tr><td rowspan="4">1. 拿取与放置部品时，需轻拿轻放
2. 线材插付要确实到位，不可有脱落现象
3. 部品取付时要戴上静电环且环上的金属一定要与皮肤直接接触</td><td></td><td></td><td></td><td></td><td></td><td></td><td rowspan="4">1. 静电环
2. 防静电手套
3. 插排线治具</td></tr>
<tr><td></td><td></td><td></td><td></td><td></td><td></td></tr>
<tr><td></td><td></td><td></td><td></td><td></td><td></td></tr>
<tr><td></td><td></td><td></td><td></td><td></td><td></td></tr>
</table>

IPQC 管制要求：

（1）隔离罩定位是否与 SOP 要求一致，走线是否与 SOP 要求一致。

（2）是否使用插排线治具辅助排线插付，排线是否插付到位。

（3）员工作业时是否有按要求佩戴静电手套和静电环，作业步骤与作业手法是否与 SOP 一致。

8. 检查 LED 支架锁固——对应作业编号 7-08-24 LED 支架锁固

××××电子有限公司		标准作业指导书						制作日期	2020/××/××	
机种名	MN096101	UPH	180	分配人力	1	修改栏	版次	修改履历	日期	修改者
工段	组立	发行	制作	王××	核　准 王××					
作业名称	LED 支架锁固		审查		版　次 V1.0					
客户	A Brand				作业编号 7-08-24					

作业步骤

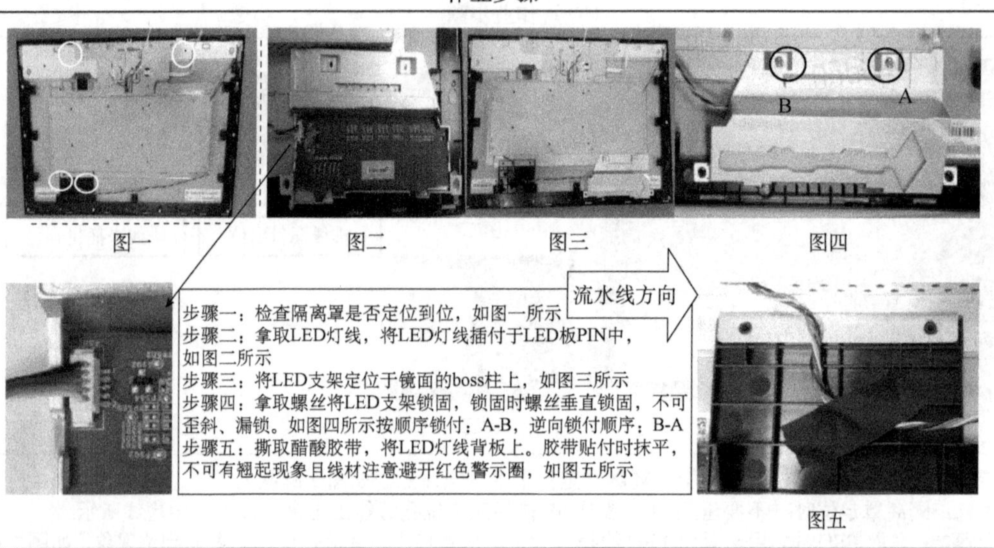

注意事项/安全事项	主/辅材	料号	用量	主/辅材	料号	用量	治工具
1. 部品取付时要戴上静电环且环上的金属一定要与皮肤直接接触 2. 螺丝锁付不可有空转，松动及断头等现象 3. 螺丝必须一次拿取一颗，不可有螺丝掉入机台内，如有，需将螺丝清除后方可流入下一站 4. 线材插付要确实到位，不可有脱落现象 5. 胶带贴付需抹平，不可有翘起现象	螺丝	80601-00220	2				1. 静电环 2. 防静电手套 3. 电动起子 ● 扭力 3.5±0.5kgf/cm ● 规格：“十”字（ϕ4 × 2# 4～10cm）
	醋酸胶带	80902-00005	6cm*1				

IPQC 管制要求：

（1）螺丝料号是否与 SOP、BOM 用料一致，所使用螺丝是否为良品，螺丝锁付顺序是否与 SOP 要求一致。

（2）醋酸胶带料号是否与 SOP、BOM 用料一致，所使用胶带是否为良品，贴付位置是否与 SOP 要求一致。

（3）员工作业时是否有按要求佩戴静电手套和静电环，作业步骤与作业手法是否与 SOP 一致，所使用的起子扭力是否在 SOP 要求范围内。

9. 检查隔离罩锁固——对应作业编号 7-09-24 锁固隔离罩

<table>
<tr><td colspan="2">××××电子
有限公司</td><td colspan="7">标准作业指导书</td><td>制作
日期</td><td colspan="2">2020/××/××</td></tr>
<tr><td>机种名</td><td>MN096101</td><td colspan="2">UPH</td><td>180</td><td>分配人力</td><td>1</td><td rowspan="4">修
改
栏</td><td>版次</td><td>修改
履历</td><td>日期</td><td>修改者</td></tr>
<tr><td>工段</td><td>组立</td><td rowspan="3">发行</td><td>制作</td><td>王××</td><td>核　准</td><td>王××</td><td></td><td></td><td></td><td></td></tr>
<tr><td>作业
名称</td><td>锁固
隔离罩</td><td rowspan="2">审查</td><td rowspan="2"></td><td>版　次</td><td>V1.0</td><td></td><td></td><td></td><td></td></tr>
<tr><td>客户</td><td>A Brand</td><td>作业编号</td><td>7-09-24</td><td></td><td></td><td></td><td></td></tr>
<tr><td colspan="12">作业步骤</td></tr>
<tr><td colspan="12"> 

流水线方向
步骤一：检查 LED 支架螺丝不可有漏锁现象，如图一圆圈所示
步骤二：拿取螺丝，将隔离罩锁固。锁固时将螺丝垂直锁固，不可歪斜、漏锁
按顺序锁付：A-B-C-D，逆向锁付顺序 D-C-B-A</td></tr>
</table>

<table>
<tr><td>注意事项/安全事项</td><td>主/辅材</td><td>料号</td><td>用量</td><td>主/辅材</td><td>料号</td><td>用量</td><td>治工具</td></tr>
<tr><td rowspan="4">1. 部品取付时要戴上静电环且环上的金属一定要与皮肤直接接触
2. 螺丝锁付不可有空转、松动及断头等现象
3. 螺丝必须一次拿取一颗，不可有螺丝掉入机台内，如有，需将螺丝清除后方可流入下一站</td><td>螺丝
（5F12）</td><td>80601-00370</td><td>4</td><td></td><td></td><td></td><td rowspan="4">1. 静电环
2. 电动起子
● 扭力 3.5±0.5kgf/cm
● 规格：“十”字（ϕ4 × 2# 4～10cm）</td></tr>
<tr><td></td><td></td><td></td><td></td><td></td><td></td></tr>
<tr><td></td><td></td><td></td><td></td><td></td><td></td></tr>
<tr><td></td><td></td><td></td><td></td><td></td><td></td></tr>
</table>

IPQC 管制要求：

（1）螺丝料号是否与 SOP、BOM 用料一致，所使用螺丝是否为良品，螺丝锁付顺序是否与 SOP 要求一致。

（2）员工作业时是否有按要求佩戴静电手套和静电环，作业步骤与作业手法是否与 SOP 一致，所使用的起子扭力是否在 SOP 要求范围内。

10. 检查铝箔与喇叭——对应作业编号 7-10-24 贴铝箔&投喇叭

××××电子有限公司	标准作业指导书	制作日期	2020/××/××

机种名	MN096101	UPH		180	分配人力	1	修改栏	版次	修改履历	日期	修改者
工段	组立	发行	制作	王××	核　准	王××					
作业名称	贴铝箔&投喇叭		审查		版　次	V1.0					
客户	A Brand				作业编号	7-10-24					

作业步骤

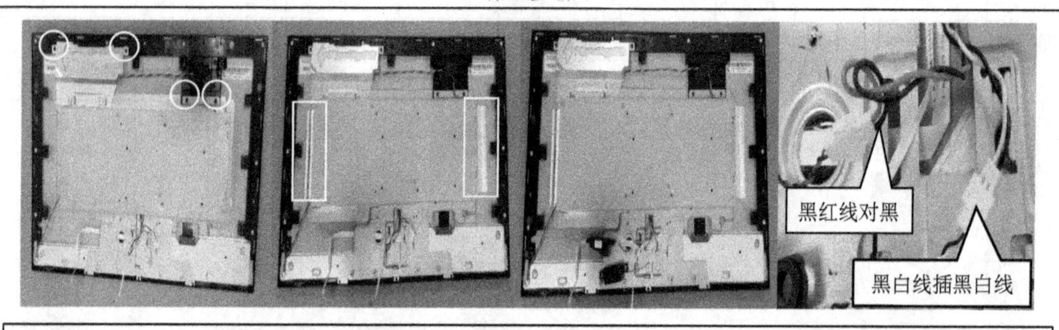

步骤一：检查隔离罩螺丝不可有漏锁现象，如图一圆圈所示
步骤二：撕取铝箔，贴付在隔离罩两侧并用手抹平，如图二加框处
步骤三：拿取左喇叭，检查喇叭螺丝孔处垫圈无缺失，将左喇叭连接线与黑红喇叭线插付
步骤四：拿取右喇叭，检查喇叭螺丝孔处垫圈无缺失，将右喇叭连接线与黑白喇叭线插付
备注：喇叭线插付为黑红线对黑红线，黑白线对黑白线

注意事项/安全事项	主/辅材	料号	用量	主/辅材	料号	用量	治工具
1. 部品取付时，必须戴静电环而且环上的金属必须紧贴于皮肤上 2. 铝箔需贴付平整，不可有翘起或卷边等不良现象 3. 线材插付要确实到位，不可有脱落现象	铝箔（K901）	61108-00028	2				1. 防静电手套 2. 静电手环
	左喇叭	60803-01193	1				
	右喇叭	60803-01194	1				

IPQC 管制要求：

（1）铝箔料号是否与 SOP、BOM 用料一致，所使用铝箔是否为良品，贴付位置是否与 SOP 要求一致。

（2）喇叭料号、规格、颜色是否与 SOP、BOM 用料一致，所使用喇叭是否为良品；左右喇叭接口是否按照 SOP 要求插付。

（3）员工作业时是否有按要求佩戴静电手套和静电环，作业步骤与作业手法是否与 SOP 一致。

11. 检查喇叭卡付与螺丝——对应作业编号 7-11-24 喇叭锁固

<table>
<tr><td colspan="2">××××电子有限公司</td><td colspan="7">标准作业指导书</td><td>制作日期</td><td colspan="2">2020/××/××</td></tr>
<tr><td>机种名</td><td>MN096101</td><td colspan="2">UPH</td><td>180</td><td>分配人力</td><td>1</td><td rowspan="4">修改栏</td><td>版次</td><td>修改履历</td><td>日期</td><td>修改者</td></tr>
<tr><td>工段</td><td>组立</td><td rowspan="3">发行</td><td>制作</td><td>王××</td><td>核　准</td><td>王××</td><td></td><td></td><td></td><td></td></tr>
<tr><td>作业名称</td><td>喇叭锁固</td><td rowspan="2">审查</td><td rowspan="2"></td><td>版　次</td><td>V1.0</td><td></td><td></td><td></td><td></td></tr>
<tr><td>客户</td><td>A Brand</td><td>作业编号</td><td>7-11-24</td><td></td><td></td><td></td><td></td></tr>
<tr><td colspan="12">作业步骤</td></tr>
</table>

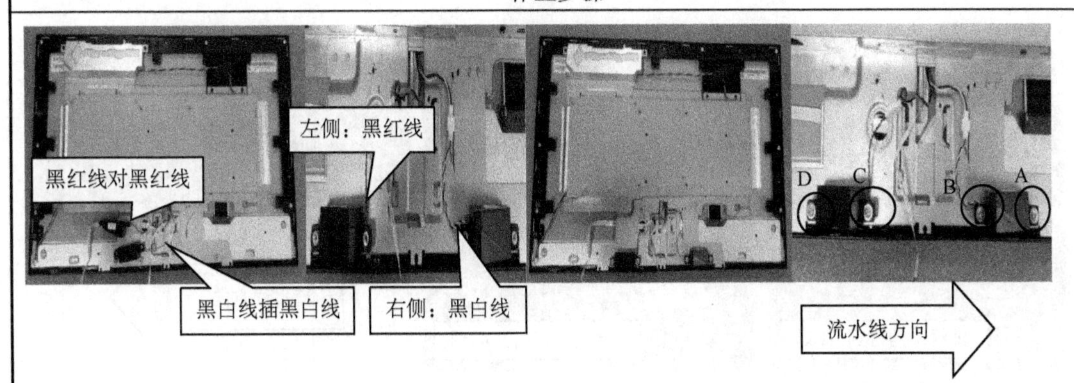

步骤一：检查喇叭线插付为黑红线对黑红线，黑白线对黑白线，喇叭线插付无歪斜、反向、脱落等不良现象
步骤二：将黑红线喇叭卡放在左侧螺柱上，黑白红喇叭卡放在右侧螺柱上
步骤三：拿取螺丝将喇叭锁固，锁固时螺丝垂直锁固，不可歪斜、漏锁
按顺序锁付：A-B-C-D，逆向锁付顺序 D-C-B-A

<table>
<tr><td>注意事项/安全事项</td><td>主/辅材</td><td>料号</td><td>用量</td><td>主/辅材</td><td>料号</td><td>用量</td><td>治工具</td></tr>
<tr><td rowspan="4">1. 部品取付时要戴上静电环且环上的金属一定要与皮肤直接接触
2. 螺丝锁付不可有空转、松动及断头等现象
3. 螺丝必须一次拿取一颗，不可有螺丝掉入机台内，如有，需将螺丝清除后方可流入下一站</td><td>螺丝（5F10）</td><td>80601-00189</td><td>4</td><td></td><td></td><td></td><td rowspan="4">1. 静电环
2.电动起子：
● 扭力 3.5±0.5 kgf/cm
● 规格：“十”字（ϕ4 × 2# 4～10cm）</td></tr>
<tr><td></td><td></td><td></td><td></td><td></td><td></td></tr>
<tr><td></td><td></td><td></td><td></td><td></td><td></td></tr>
<tr><td></td><td></td><td></td><td></td><td></td><td></td></tr>
</table>

IPQC 管制要求：

（1）螺丝料号是否与 SOP、BOM 用料一致，所使用螺丝是否为良品，螺丝锁付顺序是否与 SOP 要求一致。

（2）喇叭卡付位置是否与 SOP 要求位置一致。

（3）员工作业时是否有按要求佩戴静电手套和静电环，作业步骤与作业手法是否与 SOP 一致，所使用的起子扭力是否在 SOP 要求范围内。

12. 检查螺丝与遥控板——对应作业编号 7-12-24 锁接口螺丝

××××电子有限公司	标准作业指导书	制作日期	2020/××/××

机种名	MN096101	UPH		180	分配人力	1	修改栏	版次	修改履历	日期	修改者
工段	组立	发行	制作	王××	核　　准	王××					
作业名称	锁接口螺丝		审查		版　　次	V1.0					
客户	A Brand				作业编号	7-12-24					

作业步骤

图一

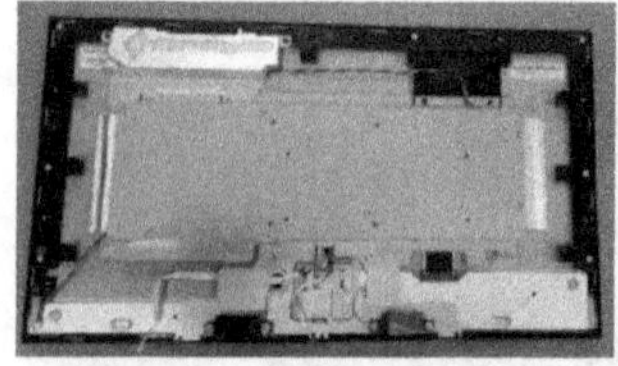

图二

步骤一：检查喇叭螺丝无漏锁现象，如图一圆圈处
步骤二：拿取螺丝将接口锁固，锁固时将螺丝垂直锁固，不可歪斜、漏锁
步骤三：拿取遥控板并检查遥控板无不良后，先拿取遥控板 FFC 线，捏住蓝色补强板与白色线材处将遥控板 FFC 线插入遥控板 PIN，如图二中 OK/NG 图，注意：①插付 FFC 线时，手指不可触碰到线材的金手指位置
②FFC 线插付时不可折弯蓝色补强板，且线材需按折痕走线，不得扭曲

注意事项/安全事项	主/辅材	料号	用量	主/辅材	料号	用量	治工具
1. 螺丝锁固时不可有断头，倾斜及松动等不良现象 2 部品取付时要戴上静电环且环上的金属一定要与皮肤直接接触 3. 锁付螺丝时，不得将螺丝掉入机台内，如有，一定要清除干净，方可将机台送出 4. 线材插付要确实到位，不可有脱落现象	螺丝 5F07	80601-00220	3				1. 防静电手套 2. 静电环 3. 电动起子 ● 扭力 3.5±0.5kgf/cm ● 规格：“十”字（4 × 2# 4～10cm）
	遥控板	60104-04031 21206-00061	1				

IPQC 管制要求：

（1）螺丝料号是否与 SOP、BOM 用料一致，所使用螺丝是否为良品，螺丝锁付顺序是否与 SOP 要求一。

（2）遥控板料号是否与 SOP、BOM 用料一致，所使用遥控板是否为良品，与 SOP 要求一致。

（3）员工作业时是否有按要求佩戴静电手套和静电环，作业步骤与作业手法是否与 SOP 一致所使用的起子扭力是否在 SOP 要求范围内。

13. 检查铝箔与理线——对应作业编号 7-13-24 遥控板卡固&理线

××××电子有限公司		标准作业指导书						制作日期	2020/××/××	
机种名	MN096101	UPH	180	分配人力	1	修改栏	版次	修改履历	日期	修改者
工段	组立	发行	制作	王××	核　准	王××				
作业名称	遥控板卡固&理线		审查		版　次	V1.0				
客户	A Brand				作业编号	7-13-24				

作业步骤

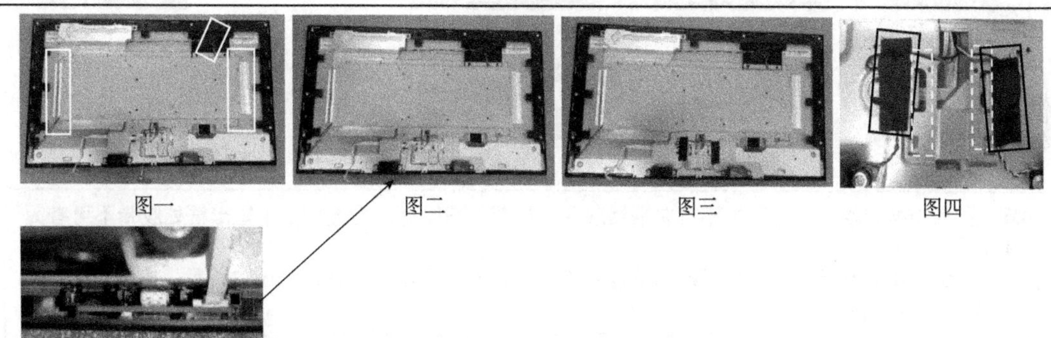

图一　图二　图三　图四

步骤一：检查铝箔和胶带不可有漏贴现象（铝箔×2，胶带×1），如图一加框处
步骤二：拿取插好 FFC 线的遥控板用板边治具卡固在前框中，如图二所示
步骤三：撕取醋酸胶带，将喇叭线和遥控板 FFC 线固定在背板上，如图四所示
注意：理线时喇叭线不可走到隔离罩卡钩中，如图四虚线处

注意事项/安全事项	主/辅材	料号	用量	主/辅材	料号	用量	治工具
1. 部品取付时要戴上静电环且环上的金属一定要与皮肤直接接触 2. 胶带贴付需抹平，不可有翘起现象	醋酸胶带	80902-00005	6cm*2				1. 防静电手套 2. 静电环 3. 板边治具

IPQC 管制要求：

（1）醋酸胶带料号是否与 SOP、BOM 用料一致，所使用胶带是否为良品，贴付位置是否

与 SOP 要求一致。

（2）是否使用板边治具卡付遥控板，喇叭线理线是否与 SOP 一致。

（3）员工作业时是否有按要求佩戴静电手套和静电环，作业步骤与作业手法是否与 SOP 一致。

14. 检查功能键与插线——对应作业编号 7-14-24 锁螺丝&插功能键

<table>
<tr><td colspan="2">××××电子有限公司</td><td colspan="7">标准作业指导书</td><td>制作日期</td><td colspan="2">2020/××/××</td></tr>
<tr><td>机种名</td><td>MN096101</td><td colspan="2">UPH</td><td>180</td><td>分配人力</td><td>1</td><td rowspan="4">修改栏</td><td>版次</td><td>修改履历</td><td>日期</td><td>修改者</td></tr>
<tr><td>工段</td><td>组立</td><td rowspan="3">发行</td><td>制作</td><td>王××</td><td>核　准</td><td>王××</td><td></td><td></td><td></td><td></td></tr>
<tr><td>作业名称</td><td>锁螺丝&插功能键</td><td rowspan="2">审查</td><td rowspan="2"></td><td>版　次</td><td>V1.0</td><td></td><td></td><td></td><td></td></tr>
<tr><td>客户</td><td>A Brand</td><td>作业编号</td><td>7-14-24</td><td></td><td></td><td></td><td></td></tr>
<tr><td colspan="12">作业步骤</td></tr>
</table>

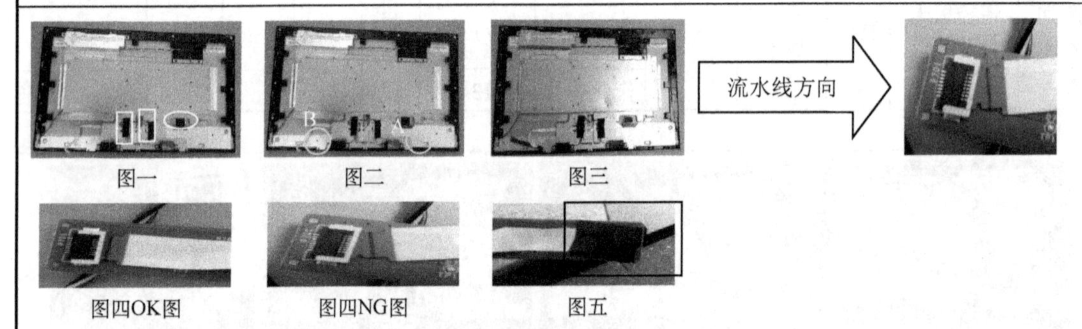

图一　图二　图三

图四OK图　图四NG图　图五

步骤一：检查接口螺丝（3 颗）不可有漏锁现象，如图一圆圈处，检查图一中矩形框处胶带不可有漏贴现象
步骤二：拿取螺丝将隔离罩，锁固时将螺丝垂直锁固，不可歪斜、漏锁，如图二所示，按顺序锁付：A-B，逆向锁付顺序 B-A
步骤三：拿取功能键板，检查功能键板无不良现象后，先拿取功能键的 FFC 线，再捏住蓝色补强板与白色线材处将功能键 FFC 线插入功能板 PIN，如图四中 OK/NG 图
步骤四：撕取胶带，将功能键接口固定，如图五所示
注意：①插付 FFC 线时，手指不可触碰到线材的金手指位置
②插付 FFC 线时不可折弯蓝色补强板，且线材需按折痕走线，不得扭曲

<table>
<tr><td>注意事项/安全事项</td><td>主/辅材</td><td>料号</td><td>用量</td><td>治工具</td></tr>
<tr><td rowspan="4">1. 螺丝锁固时不可有断头、倾斜及松动等不良现象
2 部品取付时要戴上静电环且环上的金属一定要与皮肤直接接触
3. 锁付螺丝时，不得将螺丝掉入机台内，如有一定要清除干净，方可将机台送出
4. 线材插付要确实到位，不可有脱落现象
5. 胶带贴付需抹平，不可有翘起现象</td><td>螺丝 5F11</td><td>80601-01108</td><td>2</td><td rowspan="4">1. 防静电手套
2. 静电环
3. 电动起子
● 扭力 3.5±0.5kgf/cm
● 规格：“十”（4×2#4～10cm）</td></tr>
<tr><td>醋酸胶带</td><td>80902-00005</td><td>1cm×1</td></tr>
<tr><td>功能键板</td><td>60104-09811
21202-00805</td><td>1</td></tr>
<tr><td></td><td></td><td></td></tr>
</table>

IPQC 管制要求：

（1）螺丝与醋酸胶带料号是否与 SOP、BOM 用料一致，所使用螺丝与醋酸胶带是否为良品，螺丝锁付顺序是否与 SOP 要求一致，贴付位置是否与 SOP 要求一致。

（2）功能键板料号是否与 SOP、BOM 用料一致，所使用功能键板是否为良品。

（3）员工作业时是否有按要求佩戴静电手套和静电环，作业步骤与作业手法是否与 SOP 一致所使用的起子扭力是否在 SOP 要求范围内。

15. 检查内部线材点检——对应作业编号 7-15-24 点检

××××电子有限公司		标准作业指导书						制作日期	2020/××/××	
机种名	MN096101	UPH	180	分配人力	1	修改栏	版次	修改履历	日期	修改者
工段	组立	发行	制作	王××	核　准	王××				
作业名称	点检		审查		版　次	V1.0				
客户	A Brand				作业编号	7-15-24				

作业步骤

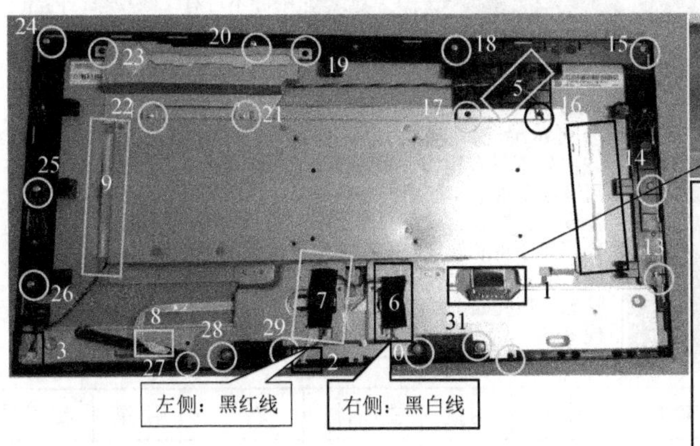

步骤一：用手按压检查确认排线、背光线、遥控板线是否插付到位，有无反向现象，如图矩形框处（编号1～3），注意检查：喇叭线是否为左侧黑红线，右侧为黑白线
步骤二：检查图中醋酸胶带和铝箔有无漏贴现象，如图矩形框处（4个醋酸胶带，2张铝箔，编号4～9）
步骤三：按如图示箭头顺序依次检查镜面与前壳四周间隙处有无螺丝掉入，并检查接口螺丝无漏锁（编号10～32）
步骤四：双手将机台搬起，上下翻转机台1～2次，检查机台内有无螺丝掉入；如发现有螺丝掉入机台需将螺丝清除后方可流入下一站

注意事项/安全事项	主/辅材	料号	用量	主/辅材	料号	用量	治工具
1. 部品取付时需戴静电环，且静电环环上的金属部分要与皮肤直接接触 2. 待作业的机台流入工作站后，如发现三联单贴付于机台上则是不良品，此机台不可作业，必须流入到皮带线的最后一站，搬下并放于不良品台车上							1. 防静电手套 2. 静电环

IPQC 管制要求：员工作业时是否有按要求佩戴静电手套和静电环，作业步骤与作业手法是否与 SOP 一致。

16. 检查 logo 贴纸与后壳——对应作业编号 7-16-24 后壳投入

<table>
<tr><td colspan="2">××××电子
有限公司</td><td colspan="7">标准作业指导书</td><td>制作日期</td><td colspan="2">2020/××/××</td></tr>
<tr><td>机种名</td><td>MN096101</td><td colspan="2">UPH</td><td>180</td><td>分配人力</td><td>1</td><td rowspan="4">修改栏</td><td>版次</td><td>修改履历</td><td>日期</td><td>修改者</td></tr>
<tr><td>工段</td><td>组立</td><td rowspan="3">发行</td><td>制作</td><td>王××</td><td>核　准</td><td>王××</td><td></td><td></td><td></td><td></td></tr>
<tr><td>作业名称</td><td>后壳投入</td><td rowspan="2">审查</td><td rowspan="2"></td><td>版　次</td><td>V1.0</td><td></td><td></td><td></td><td></td></tr>
<tr><td>客户</td><td>A Brand</td><td>作业编号</td><td>7-16-24</td><td></td><td></td><td></td><td></td></tr>
<tr><td colspan="12">作业步骤</td></tr>
</table>

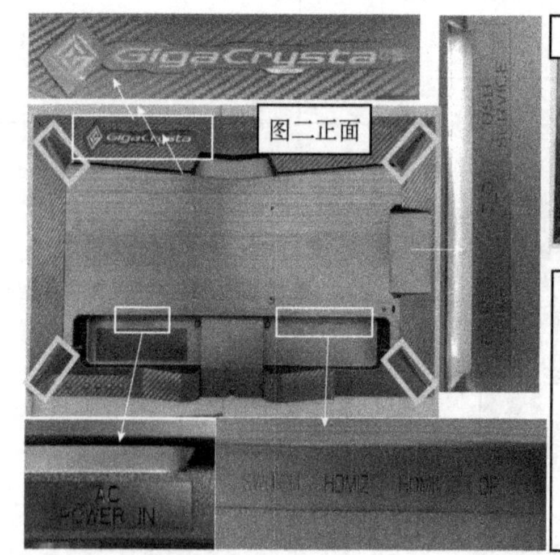

喷漆不可有飞漆现象，内部Logo空白处不可有异物、喷银漆、白点现象

步骤一：将壳子从袋中掏出，检查后壳背面lens必须有喷银漆（Logo外面一圈），且喷银漆不可有飞漆现象，内部Logo空白处不可有异物、喷银漆、白点现象，检查此处Logo不可有松动现象，如图一加框处

步骤二：检查后壳正面无刮伤、脏污等不良现象（若有划伤需作不良品处理），后壳接口位置的丝印刻字无错误等。确认后，将后壳投放到工作台上，如图二所示

注意：后壳四个角（图二加框处）的保护膜不可有卷起现象

注意事项/安全事项	主/辅材	料号	用量	主/辅材	料号	用量	治工具
1. 空箱要堆放整齐 2. 不良塑壳要统一放于不良品箱中 3. 待作业的机台流入工作站后，如发现三联单贴付于机台上则是不良品，此机台不可作业，必须流入到皮带线的最后一站，搬下放于不良品台车上	Logos贴纸	90105-00450	1				防静电手套
	后壳	81301-03143	1				

IPQC 管制要求：

（1）Logo 贴纸料号是否与 SOP、BOM 用料一致，所使用 Logo 贴纸是否为良品，贴纸印刷是否与美工图档印刷一致，贴付位置是否与 SOP 要求一致。

（2）后壳料号是否与 SOP、BOM 用料一致，所使用后壳是否为良品，印刷是否与美工图档印刷一致。

（3）员工作业时是否有按要求佩戴静电手套，作业步骤与作业手法是否与 SOP 一致。

17. 检查功能键卡付——对应作业编号 7-17-24 卡付功能键

<table>
<tr><td colspan="2">××××电子
有限公司</td><td colspan="7">标准作业指导书</td><td>制作
日期</td><td colspan="2">2020/××/××</td></tr>
<tr><td>机种名</td><td>MN096101</td><td colspan="2">UPH</td><td>180</td><td>分配人力</td><td>1</td><td rowspan="4">修
改
栏</td><td>版次</td><td>修改
履历</td><td>日期</td><td>修改者</td></tr>
<tr><td>工段</td><td>组立</td><td rowspan="3">发行</td><td>制作</td><td>王××</td><td>核　准</td><td>王××</td><td></td><td></td><td></td><td></td></tr>
<tr><td>作业
名称</td><td>卡付功能键</td><td rowspan="2">审查</td><td rowspan="2"></td><td>版　次</td><td>V1.0</td><td></td><td></td><td></td><td></td></tr>
<tr><td>客户</td><td>A Brand</td><td>作业编号</td><td>7-17-24</td><td></td><td></td><td></td><td></td></tr>
<tr><td colspan="12">作业步骤</td></tr>
<tr><td colspan="12">
图一
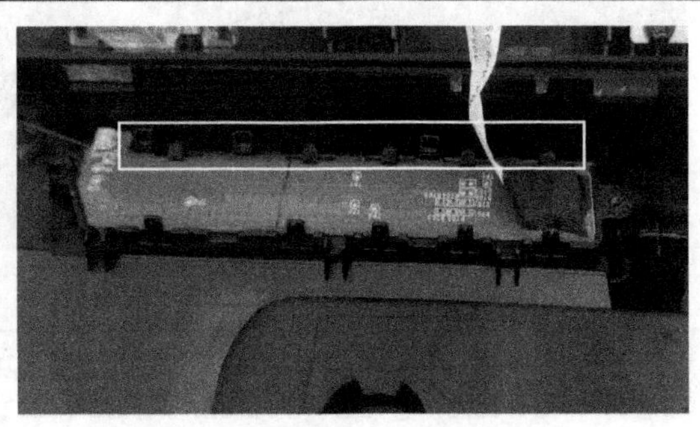
图二
步骤一：扶起后壳，拿取插付好功能键线的功能键板，按图二方式先对准矩形框卡钩处，用治具将功能键板卡入卡钩内，再将另一侧按压卡付于后壳卡槽内，使其完全卡付到位
步骤二：将功能键线后的背胶撕除，如图一中矩形框处，再将后壳放好
注意：卡付时不可按压到 FFC 线，避免 FFC 线折弯受损</td></tr>
</table>

<table>
<tr><td>注意事项/安全事项</td><td>主/辅材</td><td>料号</td><td>用量</td><td>主/辅材</td><td>料号</td><td>用量</td><td>治工具</td></tr>
<tr><td rowspan="4">1. 功能键需卡付到位，卡钩需全部卡在功能键板上
2. 部品取付时要戴上静电环且环上的金属一定要与皮肤直接接触</td><td></td><td></td><td></td><td></td><td></td><td></td><td rowspan="4">1. 防静电手套
2. 静电环
3. 板边治具</td></tr>
<tr><td></td><td></td><td></td><td></td><td></td><td></td></tr>
<tr><td></td><td></td><td></td><td></td><td></td><td></td></tr>
<tr><td></td><td></td><td></td><td></td><td></td><td></td></tr>
</table>

IPQC 管制要求：

（1）是否使用板边治具卡付功能键板，卡付位置是否与 SOP 要求一致。

（2）员工作业时是否有按要求佩戴静电手套，作业步骤与作业手法是否与 SOP 一致。

18. 检查后壳卡固——对应作业编号 7-18-24 后壳卡固

<table>
<tr><td colspan="2">××××电子
有限公司</td><td colspan="7">标准作业指导书</td><td>制作
日期</td><td colspan="2">2020/××/××</td></tr>
<tr><td>机种名</td><td>MN096101</td><td colspan="2">UPH</td><td>180</td><td>分配人力</td><td>1</td><td rowspan="4">修改栏</td><td>版次</td><td>修改
履历</td><td>日期</td><td>修改者</td></tr>
<tr><td>工段</td><td>组立</td><td rowspan="3">发行</td><td>制作</td><td>王××</td><td>核　准</td><td>王××</td><td></td><td></td><td></td><td></td></tr>
<tr><td>作业
名称</td><td>后壳卡固</td><td rowspan="2">审查</td><td rowspan="2"></td><td>版　次</td><td>V1.0</td><td></td><td></td><td></td><td></td></tr>
<tr><td>客户</td><td>A Brand</td><td>作业编号</td><td>7-18-24</td><td></td><td></td><td></td><td></td></tr>
<tr><td colspan="12">作业步骤</td></tr>
</table>

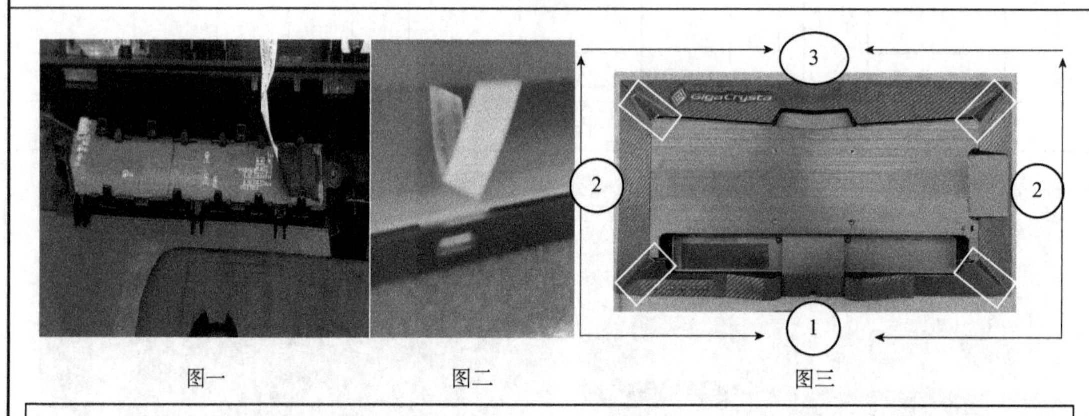

图一　图二　图三

步骤一：检查功能键是否卡付到位，用手按压后壳功能键不可有键软、键硬现象，如图一所示
步骤二：将后壳先卡付地侧中间位置，两侧由下至上，顶部从两侧至中间顺序卡付，如图三所示，注意后壳四个角（矩形框处）的保护膜如有翘起则用手抹平
注意：后壳卡付时注意不要卡住功能键线

<table>
<tr><td>注意事项/安全事项</td><td>主/辅材</td><td>料号</td><td>用量</td><td>主/辅材</td><td>料号</td><td>用量</td><td>治工具</td></tr>
<tr><td rowspan="4">1. 塑壳不可有刮伤、脏污现象
2. 待作业的机台流入工作站后，如发现三联单贴付于机台上的，则是不良品，此机台不可作业，必须流入到皮带线的最后一站，搬下并放于不良品台车上
3. 壳子卡付不可有夹面PE袋或其他异物现象</td><td></td><td></td><td></td><td></td><td></td><td></td><td rowspan="4">1. 防静电手套</td></tr>
<tr><td></td><td></td><td></td><td></td><td></td><td></td></tr>
<tr><td></td><td></td><td></td><td></td><td></td><td></td></tr>
<tr><td></td><td></td><td></td><td></td><td></td><td></td></tr>
</table>

IPQC管制要求：

（1）后壳卡固顺序是否与SOP要求顺序一致，后壳卡固后四个角的保护膜是否被抹平。

（2）员工作业时是否有按要求佩戴静电手套，作业步骤与作业手法是否与SOP一致。

19. 检查铭板——对应作业编号 7-19-24 贴铭板

<table>
<tr><td colspan="2">××××电子
有限公司</td><td colspan="5">标准作业指导书</td><td>制作
日期</td><td colspan="2">2020/××/××</td></tr>
<tr><td>机种名</td><td>MN096101</td><td colspan="2">UPH</td><td>180</td><td>分配人力</td><td>1</td><td rowspan="4">修改栏</td><td>版次</td><td>修改
履历</td><td>日期</td><td>修改者</td></tr>
<tr><td>工段</td><td>组立</td><td rowspan="3">发行</td><td>制作</td><td>王××</td><td>核　　准</td><td>王××</td><td></td><td></td><td></td><td></td></tr>
<tr><td>作业
名称</td><td>贴铭板</td><td rowspan="2">审查</td><td rowspan="2"></td><td>版　　次</td><td>V1.0</td><td></td><td></td><td></td><td></td></tr>
<tr><td>客户</td><td>A Brand</td><td>作业编号</td><td>7-19-24</td><td></td><td></td><td></td><td></td></tr>
<tr><td colspan="12">作业步骤</td></tr>
</table>

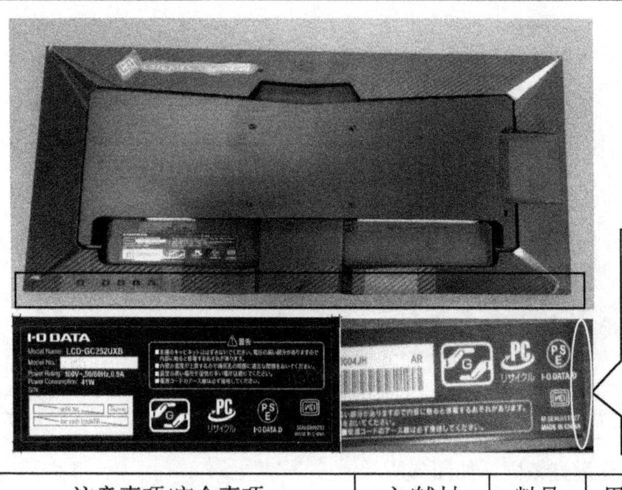

不允许铭板爬墙

步骤一：检查后壳底部区域无卡付不良现象，如图中矩形框处
步骤二：核对机台相对应的三联单号码，将与三联单号码一致的铭板贴付于机台mark处
注：铭板贴付前要先用无尘布将贴付位置抹一下，以免有杂物

<table>
<tr><td>注意事项/安全事项</td><td>主/辅材</td><td>料号</td><td>用量</td><td>主/辅材</td><td>料号</td><td>用量</td><td>治工具</td></tr>
<tr><td rowspan="4">1. 铭板贴付不可有折皱、歪斜、爬墙，铭板贴付一定要到位，一定要完全贴付于后壳上
2. 铭板贴付前要先将贴付位置抹一下，以免有杂物，号码要仔细核对清楚，不可错误
3. 贴付铭板产生不良时，统一集中后交由组长，转交至物料员由其至打印条形码处做更换动作，更换下的不良品由条形码打印处人员负责集中报废处理</td><td>铭板 6P50</td><td>90106-36290</td><td>1</td><td></td><td></td><td></td><td rowspan="4">1. 静电手套
2. 无尘布</td></tr>
<tr><td></td><td></td><td></td><td></td><td></td><td></td></tr>
<tr><td></td><td></td><td></td><td></td><td></td><td></td></tr>
<tr><td></td><td></td><td></td><td></td><td></td><td></td></tr>
</table>

IPQC 管制要求：

（1）铭板料号是否与 SOP、BOM 用料一致，所使用铭板是否为良品，印刷是否与美工图档印刷一致，贴付位置是否与 SOP 要求一致，铭板序列号是否与三联单序列号一致。

（2）铭板贴付前是否使用无尘布擦拭贴付位置。

（3）员工作业时是否有按要求佩戴静电手套，作业步骤与作业手法是否与 SOP 一致。

20. 检查后壳螺丝——对应作业编号 7-20-24 锁固后壳

××××电子有限公司		标准作业指导书							制作日期	2020/××/××	
机种名	MN096101	UPH		180	分配人力	1	修改栏	版次	修改履历	日期	修改者
工段	组立	发行	制作	王××	核准	王××					
作业名称	锁固后壳		审查		版次	V1.0					
客户	A Brand				作业编号	7-20-24					

作业步骤

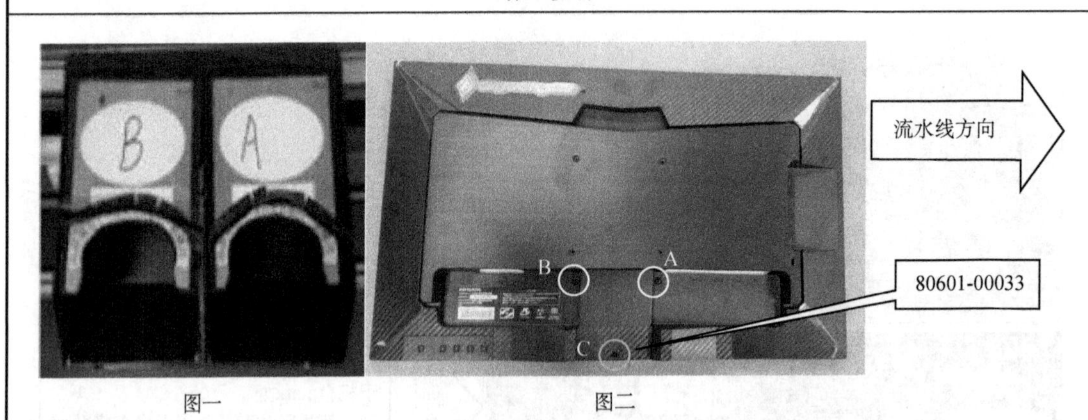

图一　　图二

步骤一：确认使用的是半圆形料盒，如图一所示
步骤二：拿取螺丝锁固后壳，锁固时将螺丝垂直锁固，如图二所示
按顺序锁付：A-B-C，逆向锁付顺序 C-B-A

注意事项/安全事项	主/辅材	料号	用量	主/辅材	料号	用量	治工具
1. 螺丝锁固时不可有断头、倾斜及松动等不良现象 2. 锁付螺丝时，不得将螺丝掉入机台内，如有，一定要清除干净，方可将机台送出	螺丝（2C05）	80601-00222	2				电动起子 ● 扭力4.5.0±0.5kgf/cm ● 规格：“十”字（ϕ4 × 2# 4～10cm）
	螺丝（2C05）	80601-00033	1				

IPQC 管制要求：

（1）螺丝料号是否与 SOP、BOM 用料一致，所使用螺丝是否为良品，螺丝锁付顺序是否与 SOP 要求一致，贴附位置是否与 SOP 要求一致。

（2）作业步骤与作业手法是否与 SOP 一致，所使用的起子扭力是否在 SOP 要求范围内。

21. 检查外观全检——对应作业编号 7-21-24 外观全检

<table>
<tr><td colspan="2">××××电子有限公司</td><td colspan="7">标准作业指导书</td><td>制作日期</td><td colspan="2">2020/××/××</td></tr>
<tr><td>机种名</td><td>MN096101</td><td colspan="2">UPH</td><td>180</td><td>分配人力</td><td>1</td><td rowspan="4">修改栏</td><td>版次</td><td>修改履历</td><td>日期</td><td>修改者</td></tr>
<tr><td>工段</td><td>组立</td><td rowspan="3">发行</td><td>制作</td><td>王××</td><td>核　准</td><td>王××</td><td></td><td></td><td></td><td></td></tr>
<tr><td>作业名称</td><td>外观全检</td><td rowspan="2">审查</td><td rowspan="2"></td><td>版　次</td><td>V1.0</td><td></td><td></td><td></td><td></td></tr>
<tr><td>客户</td><td>A Brand</td><td>作业编号</td><td>7-21-24</td><td></td><td></td><td></td><td></td></tr>
<tr><td colspan="12">作业步骤</td></tr>
<tr><td colspan="12">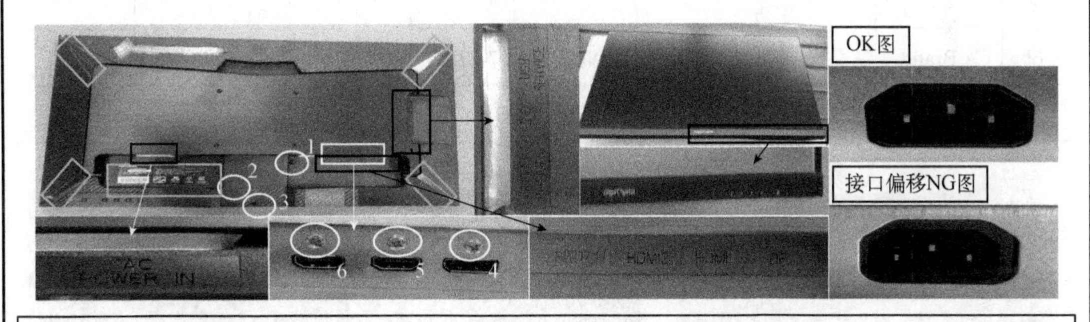

步骤一：检查塑壳有无色差、刮伤、脏污、螺丝欠品及斜锁导致的浮高、印刷不良、卡付不良等现象
1.检查后壳 3 颗螺丝（编号 1～3）无划伤、脱漆及螺丝无翘起、凸起、歪斜等不良现象
2. 检查接口螺丝有无漏锁，3 颗（编号 3～6）
步骤二：检查后壳上贴付的 label（如图中矩形框）是否歪斜，有无破损、气泡、折角、印刷模糊不良现象及检查后壳四个角（黄框处）的保护膜是否有卷起现象
步骤三：各个接口无生锈、异物、变形、歪斜；接口不可有 PIN 针及其他异物残留和偏移插不进线（即目视可以看见端口处的铁片）的现象
步骤四：双手将机台搬起，上下翻转机台 1～2 次，检查机台内有无螺丝掉入，如发现有螺丝掉入机台需将螺丝清除后方可流入下一站
步骤五：将镜面翻转向上，使用 Logo 实物比对治具，检查前框印刷、Logo 有无不良现象，塑壳和镜面有无刮伤、有无铁片外露、LED 灯凹现象</td></tr>
</table>

<table>
<tr><td>注意事项/安全事项</td><td>主/辅材</td><td>料号</td><td>用量</td><td>主/辅材</td><td>料号</td><td>用量</td><td>治工具</td></tr>
<tr><td rowspan="4">1. 发现不良现象则用纸胶带贴付不良处做标志，并将不良现象写于不良品单上，贴于机台上流入下一站
2. 离开工作岗位后再回来接着工作时，必须从 OS 上的第一步作业内容开始作业</td><td></td><td></td><td></td><td></td><td></td><td></td><td rowspan="4">1. 手套
2. Logo 实物比对治具</td></tr>
<tr><td></td><td></td><td></td><td></td><td></td><td></td></tr>
<tr><td></td><td></td><td></td><td></td><td></td><td></td></tr>
<tr><td></td><td></td><td></td><td></td><td></td><td></td></tr>
</table>

IPQC 管制要求：

（1）是否使用 Logo 比对治具进行前框印刷检查。

（2）员工作业时是否有按要求佩戴静电手套，作业步骤与作业手法是否与 SOP 一致。

22. 检查搬机台——对应作业编号 7-22-24 搬机台

<table>
<tr><td colspan="2">××××电子
有限公司</td><td colspan="7">标准作业指导书</td><td>制作日期</td><td colspan="2">2020/××/××</td></tr>
<tr><td>机种名</td><td>MN096101</td><td colspan="2">UPH</td><td>180</td><td>分配人力</td><td>1</td><td rowspan="4">修改栏</td><td>版次</td><td>修改履历</td><td>日期</td><td>修改者</td></tr>
<tr><td>工段</td><td>组立</td><td rowspan="3">发行</td><td>制作</td><td>王××</td><td>核　　准</td><td>王××</td><td></td><td></td><td></td><td></td></tr>
<tr><td>作业名称</td><td>搬机台</td><td rowspan="2">审查</td><td rowspan="2"></td><td>版　　次</td><td>V1.0</td><td></td><td></td><td></td><td></td></tr>
<tr><td>客户</td><td>A Brand</td><td>作业编号</td><td>7-22-24</td><td></td><td></td><td></td><td></td></tr>
<tr><td colspan="12">作业步骤</td></tr>
<tr><td colspan="12">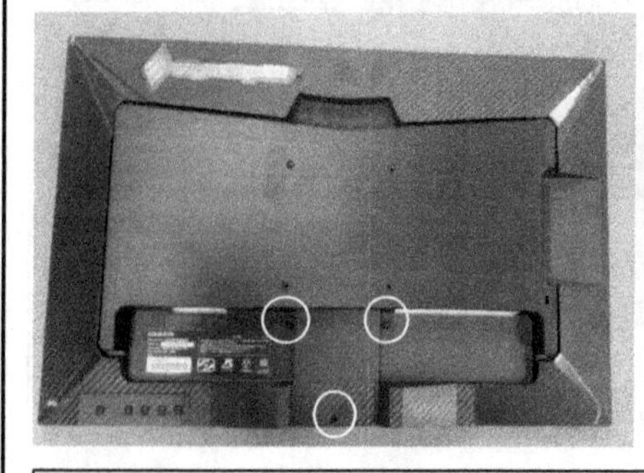 
步骤一：检查矩形框内的螺丝无漏锁现象
步骤二：确认工装板支架立起后，将机台正立放置于流水板上，注意不可压到按键
步骤三：将流水线上的垫子收好
注意：搬机台过程中不得刮伤机台</td></tr>
</table>

<table>
<tr><td>注意事项/安全事项</td><td>主/辅材</td><td>料号</td><td>用量</td><td>主/辅材</td><td>料号</td><td>用量</td><td>治工具</td></tr>
<tr><td rowspan="4">1. 将产线上取下的不良半成品放于不良品台车
2. 不可碰触到镜面
3. 机台所相对的三联单要随机台一起流出</td><td></td><td></td><td></td><td></td><td></td><td></td><td rowspan="4">手套</td></tr>
<tr><td></td><td></td><td></td><td></td><td></td><td></td></tr>
<tr><td></td><td></td><td></td><td></td><td></td><td></td></tr>
<tr><td></td><td></td><td></td><td></td><td></td><td></td></tr>
</table>

IPQC 管制要求：

（1）员工作业时是否有按要求佩戴静电手套，作业步骤与作业手法是否与 SOP 一致。

23. 检查 LED Logo 灯颜色——对应作业编号 7-23-24 插线

<table>
<tr><td colspan="2">××××电子
有限公司</td><td colspan="7">标准作业指导书</td><td>制作
日期</td><td colspan="2">2020/××/××</td></tr>
<tr><td>机种名</td><td>MN096101</td><td colspan="2">UPH</td><td>180</td><td>分配人力</td><td>1</td><td rowspan="4">修
改
栏</td><td>版次</td><td>修改
履历</td><td>日期</td><td>修改者</td></tr>
<tr><td>工段</td><td>组立</td><td rowspan="3">发行</td><td>制作</td><td>王××</td><td>核　　准</td><td>王××</td><td></td><td></td><td></td><td></td></tr>
<tr><td>作业
名称</td><td>插线</td><td rowspan="2">审查</td><td rowspan="2"></td><td>版　　次</td><td>V1.0</td><td></td><td></td><td></td><td></td></tr>
<tr><td>客户</td><td>A Brand</td><td>作业编号</td><td>7-23-24</td><td></td><td></td><td></td><td></td></tr>
<tr><td colspan="12">作业步骤</td></tr>
</table>

步骤一：机台进站后，拿取电源线并插入机台及流水板接口
步骤二：将机台通电，检查 LED Logo 灯颜色及灯从左到右的闪动是否正常

<table>
<tr><td>注意事项/安全事项</td><td>主/辅材</td><td>料号</td><td>用量</td><td>主/辅材</td><td>料号</td><td>用量</td><td>治工具</td></tr>
<tr><td rowspan="4">1. 作业中不可刮伤机台
2. 机台定位要确实到位，以免后段发生倾倒现象
3. 线材要插付确实</td><td></td><td></td><td></td><td></td><td></td><td></td><td rowspan="4">手套</td></tr>
<tr><td></td><td></td><td></td><td></td><td></td><td></td></tr>
<tr><td></td><td></td><td></td><td></td><td></td><td></td></tr>
<tr><td></td><td></td><td></td><td></td><td></td><td></td></tr>
</table>

IPQC 管制要求：

（1）LED Logo 灯颜色及灯从左到右的闪动是否正常。

（2）员工作业时是否有按要求佩戴静电手套，作业步骤与作业手法是否与 SOP 一致。

24. 检查开机灯颜色——对应作业编号 7-24-24 BURN IN

××××电子有限公司		标准作业指导书						制作日期	2020/××/××		
机种名	MN096101	UPH		180	分配人力	1	修改栏	版次	修改履历	日期	修改者
工段	组立	发行	制作	王××	核　准	王××					
作业名称	BURN IN		审查		版　次	V1.0					
客户	A Brand				作业编号	7-24-24					
作业步骤											

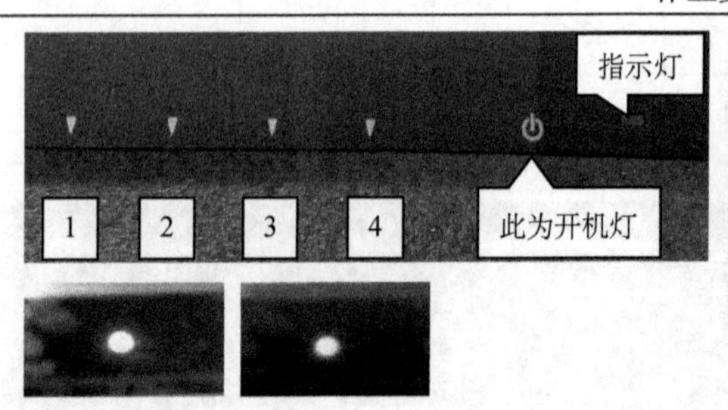

步骤一：机台进站后开机（蓝色灯），对于指示灯，检查是否有无电源、画面暗、灯不亮、无画面、灯闪现象。注意：确认指示灯亮度是否正常，发现指示灯微亮或不亮则为不良品

步骤二：开机状态下，同时按“第2个键”+“第3个键”+“开机”键使机器进入BURN—IN状态（橙色灯），用敲棒敲击机台（后壳主板/电源板位置）两次，同时目视检查机台任一画面是否有花屏、白屏、画面闪、色异、亮线、宽带以及键呆、按键无作用等不良现象

步骤三：将三联单及流水板编号分别扫入系统内

步骤四：将机台流入BURN—IN室

注：不良机台则将相对应的不良现象条码扫入系统后并放于不良品台车上

注意事项/安全事项	主/辅材	料号	用量	主/辅材	料号	用量	治工具
1. 机台流入BURN—IN室前确定固定牢固 2. 若是机台亮橙灯，则重新开关机即可							1. 手套 2. 扫描枪 3. 敲棒

IPQC管制要求：

（1）开机灯颜色是否与Startup要求一致，亮度是否正常。

（2）三联单及流水板编号是否按要求分别扫入系统内。

（3）员工作业时是否有按要求佩戴静电手套，作业步骤与作业手法是否与SOP一致。

4.2.3　测试首件检查/巡回检查

一、检查资料&工具

BOM、EC、CR、美工图档、Startup、手套。

二、作业目录

如表 4-15 所示。

表 4-15　作业目录

作业编号	作业名称	IPQC 检查项目
8-01-13	EDID 挡入	检查 EDID
8-02-13	高压测试	检查高压测试
8-03-13	接地测试	检查接地测试
8-04-13	EDID 确认	检查 EDID
8-05-13	白平衡调整	检查白平衡调整
8-06-13	省电测试	检查省电测试
8-07-13	HDMI2 动态测试	检查 HDMI2 动态测试
8-08-13	HDMI1 动态测试	检查 HDMI1 动态测试
8-09-13	DP 画面检查	检查 DP 画面
8-10-13	后壳外观检查	检查外观检验
8-11-13	镜面擦拭	检查镜面擦拭
8-12-13	贴前框标签	检查前框标签
8-13-13	外观复检	检查外观检验

三、共同遵守事项

（1）请自觉实施顺次检查方法！

（2）后一站要检查前一站的作业是否完全，确实到位，如发现不良情况要及时反馈！

（3）休息前必须将本站内容完成，开线前再次确认本站内容完成后方可流入下一站！

四、具体作业实施

1. 检查 EDID——对应作业编号 8-01-13 EDID 挡入

<table>
<tr><td colspan="2">××××电子
有限公司</td><td colspan="7">标准作业指导书</td><td>制作
日期</td><td colspan="2">2020/××/××</td></tr>
<tr><td>机种名</td><td>MN096101</td><td colspan="2">UPH</td><td>180</td><td>分配人力</td><td>2</td><td rowspan="4">修
改
栏</td><td>版次</td><td>修改
履历</td><td>日期</td><td>修改者</td></tr>
<tr><td>工段</td><td>FI</td><td rowspan="3">发行</td><td>制作</td><td>王××</td><td>核　准</td><td>王××</td><td></td><td></td><td></td><td></td></tr>
<tr><td>作业
名称</td><td>EDID 挡入</td><td rowspan="2">审查</td><td rowspan="2"></td><td>版　次</td><td>V1.0</td><td></td><td></td><td></td><td></td></tr>
<tr><td>客户</td><td>A Brand</td><td>作业编号</td><td>8-01-13</td><td></td><td></td><td></td><td></td></tr>
</table>

<table>
<tr><td colspan="8">作业步骤</td></tr>
<tr><td colspan="8">

图一

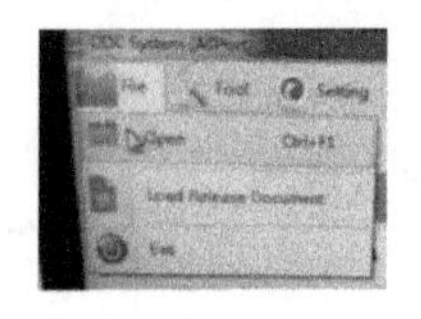

图二

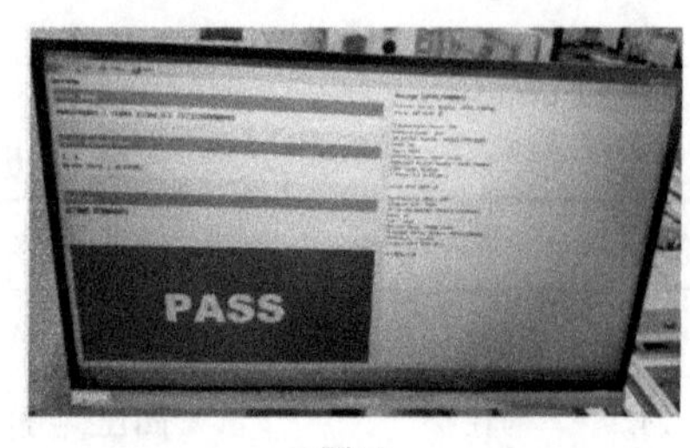

图三

</td></tr>
<tr><td colspan="8">作业前准备事项：
1. 选择图一所示的程序，双击运行
2. 选择“File”—“Open”，如图二所示
3. 进入界面，选择当前生产机种客户名，先单击条码框，然后扫描三联单号码，系统自动选择当前生产机种的程式，完成准备事项
作业步骤：
步骤一：机台进站后STOP自动下压，将HDMI线插入HDMI1接口
步骤二：测试机台自动扫码并开始测试，待显示屏画面显示“PASS”字样即可，如图三所示。拔下线材，并将机台流入下一站</td></tr>
<tr><td>注意事项/安全事项</td><td>主/辅材</td><td>料号</td><td>用量</td><td>主/辅材</td><td>料号</td><td>用量</td><td>治工具</td></tr>
<tr><td rowspan="4">1. 触摸机台时双手只可握其PANEL的边沿处，手一定不得触摸到镜面
2. 信号线端子要垂直于主板接口插拔，且不可刮伤塑壳</td><td></td><td></td><td></td><td></td><td></td><td></td><td rowspan="4">1. 手套
2. 工业PC
3. 信号线</td></tr>
<tr><td></td><td></td><td></td><td></td><td></td><td></td></tr>
<tr><td></td><td></td><td></td><td></td><td></td><td></td></tr>
<tr><td></td><td></td><td></td><td></td><td></td><td></td></tr>
</table>

IPQC管制要求：

（1）EDID挡入程式名称是否正确，挡入机种名信息是否与当前生产客户机种名一致，挡入接口信息是否正确。

（2）员工作业时是否有按要求佩戴静电手套，作业步骤与作业手法是否与SOP一致。

2. 检查高压测试——对应作业编号8-02-13高压测试

<table>
<tr><td colspan="2">××××电子有限公司</td><td colspan="7">标准作业指导书</td><td>制作日期</td><td colspan="2">2020/××/××</td></tr>
<tr><td>机种名</td><td>MN096101</td><td colspan="2">UPH</td><td>180</td><td>分配人力</td><td>0</td><td rowspan="4">修改栏</td><td>版次</td><td>修改履历</td><td>日期</td><td>修改者</td></tr>
<tr><td>工段</td><td>FI</td><td rowspan="3">发行</td><td>制作</td><td>王××</td><td>核　准</td><td>王××</td><td></td><td></td><td></td><td></td></tr>
<tr><td>作业名称</td><td>高压测试</td><td rowspan="2">审查</td><td rowspan="2"></td><td>版　次</td><td>V1.0</td><td></td><td></td><td></td><td></td></tr>
<tr><td>客户</td><td>A Brand</td><td>作业编号</td><td>8-02-13</td><td></td><td></td><td></td><td></td></tr>
</table>

<table>
<tr><th colspan="8">作业步骤</th></tr>
<tr><td colspan="8">

图一　图二　图三
图四
图五

作业前准备事项：
测试目的：防止瞬间电压造成电源线路短路或零件损坏
HI-POT 测试，依照 IEC60950/CCC 规范实施以下测试
Power cord or AC-inlet 有 safety ground Pin 电压值：= DC2121V（2.12kV）
时间：2 second　　注：电流设定值：5 mA
1.选择图一所示的程序，双击进入
2.选择“File”—“Open”进入，如图二所示
3.选择当前生产机种的测试规格，单击“OK”按钮，在图四所示画面下单击“开始”，即完成准备工作
作业步骤：
当机台流至 HI-POT 测试站，机台自动进入测试状态。
注意：若此站为非自动作业，则需操作员将信号线手动接入机台，进行高压测试
● PC 测试显示 PASS，机台测试成功，STOP 自动下压，机台流于下一站
● PC 测试显示 FAIL，则按“重测”按钮重测，如为 NG，则在流程卡上写上不良原因，将流程卡贴于前框后按流水线完成按钮做不良品流出
</td></tr>
<tr><th>注意事项/安全事项</th><th>主/辅材</th><th>料号</th><th>用量</th><th>主/辅材</th><th>料号</th><th>用量</th><th>治工具</th></tr>
<tr><td rowspan="4">1. 待作业的机台流入工作站后，如发现三联单贴付于机台前壳的正上方的，是不良品，此机台不可作业，须直接送出
2. 在测试过程中，如有不良，必须将不良原因清楚地记录于不良品单上，并将不良品单贴付于机台前壳的正上方
3. 离开工作岗位后经一段时间又回来接着工作时，必须从 OS 上的第一步作业内容开始作业</td><td></td><td></td><td></td><td></td><td></td><td></td><td rowspan="4">1. 高压测试仪
2. 工业 PC</td></tr>
<tr><td></td><td></td><td></td><td></td><td></td><td></td></tr>
<tr><td></td><td></td><td></td><td></td><td></td><td></td></tr>
<tr><td></td><td></td><td></td><td></td><td></td><td></td></tr>
</table>

IPQC 管制要求：

（1）高压测试电压设置数值是否与 SOP 要求一致，电流设定值是否与 SOP 要求数值一致，测试时间是否与 SOP 要求时间一致。

（2）员工作业时是否有按要求佩戴静电手套，作业步骤与作业手法是否与 SOP 一致。

3. 检查接地测试——对应作业编号8-03-13接地测试

<table>
<tr><td colspan="2">××××电子
有限公司</td><td colspan="7">标准作业指导书</td><td>制作
日期</td><td colspan="2">2020/××/××</td></tr>
<tr><td>机种名</td><td>MN096101</td><td colspan="2">UPH</td><td>180</td><td>分配人力</td><td>2</td><td rowspan="4">修
改
栏</td><td>版次</td><td>修改
履历</td><td>日期</td><td>修改者</td></tr>
<tr><td>工段</td><td>FI</td><td rowspan="3">发行</td><td>制作</td><td>王××</td><td>核　准</td><td>王××</td><td></td><td></td><td></td><td></td></tr>
<tr><td>作业
名称</td><td>接地测试</td><td rowspan="2">审查</td><td rowspan="2"></td><td>版　次</td><td>V1.0</td><td></td><td></td><td></td><td></td></tr>
<tr><td>客户</td><td>A Brand</td><td>作业编号</td><td>8-03-13</td><td></td><td></td><td></td><td></td></tr>
<tr><td colspan="12">作业步骤</td></tr>
</table>

图一

图二

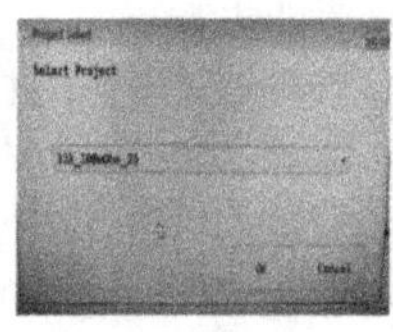
图三

图四

图五

作业前准备事项：
机台接地测试：电流32A，时间：2 second
1. 选择图一所示的程序，双击进入
2. 选择“File”—“Open”进入，如图二所示
3. 选择当前生产机种的测试规格，然后单击“OK”按钮，在图四所示画面下单击“开始”，即完成准备工作
作业步骤：
1. 机台进站后STOP自动下压，将HDMI线插入HDMI1接口
● PC测试显示PASS，接地阻抗＜0.1Ω（100mΩ）则机台接地测试成功，信号治具自动脱离，机台流于下一站
● PC测试显示FAIL，接地阻抗≥0.1Ω（100mΩ），若为FAIL，则按“重测”按钮重测，如为NG，则在流程卡上写上不良原因，将流程卡贴于前框后按流水线完成按钮作不良品流出
2. 测试完成后拔线将机台流入下一工站

<table>
<tr><td>注意事项/安全事项</td><td>主/辅材</td><td>料号</td><td>用量</td><td>治工具</td></tr>
<tr><td rowspan="4">1. 待作业的机台流入工作站后，如发现三联单贴付于机台前壳的正上方的，是不良品，此机台不可作业，须直接送出
2. 在测试过程中，如有不良，必须将不良原因清楚地记录于不良品单上，并将不良品单贴付于机台前壳的正上方
3. 离开工作岗位后经一段时间又回来接着工作时，必须从OS上的第一步作业内容开始作业</td><td></td><td></td><td></td><td rowspan="4">1. 接地电阻测试仪
2. 绝缘手套
3. 绝缘地垫
4. 工业PC</td></tr>
<tr><td></td><td></td><td></td></tr>
<tr><td></td><td></td><td></td></tr>
<tr><td></td><td></td><td></td></tr>
</table>

IPQC管制要求：

（1）接地测试电流设置数值是否与SOP要求一致，测试时间是否与SOP要求时间一致，接地阻抗设置数值是否在SOP要求范围内。

（2）员工作业时是否有按要求佩戴高压手套，人员是否站在绝缘垫上，作业步骤与作业手法是否与 SOP 一致。

4. 检查 EDID——对应作业编号 8-04-13 EDID 确认

××××电子有限公司		标准作业指导书							制作日期	2020/××/××	
机种名	MN096101	UPH		180	分配人力	1	修改栏	版次	修改履历	日期	修改者
工段	FI	发行	制作	王××	核　准	王××					
作业名称	EDID 确认		审查		版　次	V1.0					
客户	A Brand				作业编号	8-04-13					

作业步骤

图一

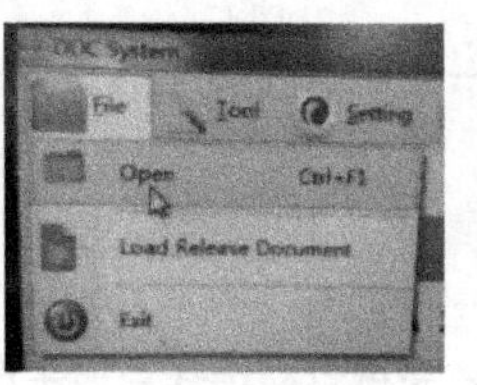

图二

图三

图四

作业前准备事项：
1.选择图一所示的程序，双击运行
2.选择“File”—“Open”，如图二所示
3.进入之后出现图三界面，选择当前生产机种客户名，先单击条码框，然后扫描三联单号码，系统自动选择当前生产机种的程式，完成准备事项
作业步骤：
1. 机台进站后 STOP 自动下压，将 HDMI 线插入 HDMI1 接口
2. 测试机台自动扫码并开始测试，待显示屏画面显示“PASS”字样即 OK，如图四所示，拔下线材，将机台流入下一站

注意事项/安全事项	主/辅材	料号	用量	主/辅材	料号	用量	治工具
1. 触摸机台时双手只可握其 PANEL 的边沿处，手一定不得触摸到镜面 2. 信号线端子要垂直于主板接口插拔，且不可刮伤塑壳							1. 手套 2. 工业 PC 3. 信号线

IPQC 管制要求：

（1）EDID 挡入机种名信息是否与当前生产客户机种名一致，挡入接口信息是否正确。

（2）员工作业时是否有按要求佩戴静电手套，作业步骤与作业手法是否与 SOP 一致。

5. 检查检查白平衡调整——对应作业编号 8-05-13 白平衡调整

<table>
<tr><td colspan="2">××××电子有限公司</td><td colspan="7">标准作业指导书</td><td>制作日期</td><td colspan="2">2020/××/××</td></tr>
<tr><td>机种名</td><td>MN096101</td><td colspan="2">UPH</td><td>180</td><td>分配人力</td><td>2</td><td rowspan="4">修改栏</td><td>版次</td><td>修改履历</td><td>日期</td><td>修改者</td></tr>
<tr><td>工段</td><td>FI</td><td rowspan="3">发行</td><td>制作</td><td>王××</td><td>核　准</td><td>王××</td><td></td><td></td><td></td><td></td></tr>
<tr><td>作业名称</td><td>白平衡调整</td><td rowspan="2">审查</td><td rowspan="2"></td><td>版　次</td><td>V1.0</td><td></td><td></td><td></td><td></td></tr>
<tr><td>客户</td><td>A Brand</td><td>作业编号</td><td>8-05-13</td><td></td><td></td><td></td><td></td></tr>
<tr><td colspan="12">作业步骤</td></tr>
</table>

图一

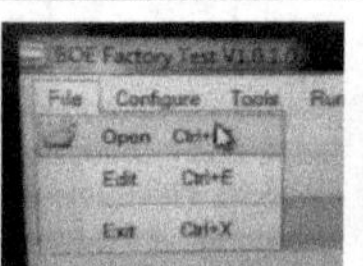

图二

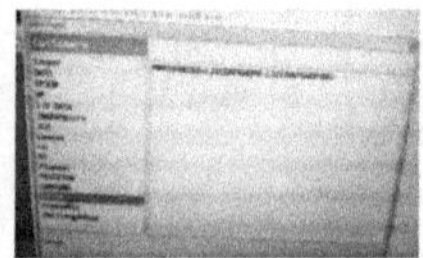
图三

图四

图五

图六

作业前准备事项：
测量条件：Input Power：220V（1±10%），50Hz（1±5%）
1.选择图一所示的程序，双击进入
2.选择“File”—“Open”进入，如图二所示
3.选择当前生产机种客户名，单击条码框，扫描三联单号码，系统自动选择当前生产机种的程式，完成准备事项
作业步骤：
1. 待机台进入站别后，将U盘（U盘里必须有IODATA.bin文件）和HDMI线插入机台USB接口与HDMI1接口，再将机台底部拉起，使机台与支撑块紧挨，如图四所示。将色温探头对准显示屏的中心位置（注：探头不可以碰到镜面），如图五所示
2. 测试机台自动扫码并开始测试待显示屏如显示“PASS”表示被测试机台OK；如显示“FAIL”表示被测试机台NG。按流水线上的“重测”按钮，再进行二次测试，如果二次测试还显示“FAIL”，则必须将不良原因写于流程卡上，将流程卡贴付于机台前壳的正上方，做不良品送出
3. 测试完成后拔线将机台自动送出

<table>
<tr><td>注意事项/安全事项</td><td>主/辅材</td><td>料号</td><td>用量</td><td>主/辅材</td><td>料号</td><td>用量</td><td>治工具</td></tr>
<tr><td rowspan="4">1. 碰触机台时双手只可握其PANEL的边沿处，手一定不得触摸到镜面
2. CA310镜头需垂直距离PANEL中心30mm以内
3. 离开工作岗位后经一段时间又回来接着工作时，必须从OS上的第一步作业内容开始作业</td><td></td><td></td><td></td><td></td><td></td><td></td><td rowspan="4">1. 手套
2. 色彩分析仪
3. 测试PC
4. 信号产生器
5. U盘(U盘里必须有IODATA.bin文件）</td></tr>
<tr><td></td><td></td><td></td><td></td><td></td><td></td></tr>
<tr><td></td><td></td><td></td><td></td><td></td><td></td></tr>
<tr><td></td><td></td><td></td><td></td><td></td><td></td></tr>
</table>

IPQC管制要求：

（1）测量电压与频率参数设置是否在SOP要求范围内。

（2）白平衡调整程式机种名是否与当前生产客户机种名一致。

（3）员工作业时是否有按要求佩戴静电手套，作业步骤与作业手法是否与 SOP 一致。

6. 检查省电测试——对应作业编号 8-06-13 省电测试

<table>
<tr><td colspan="2">××××电子有限公司</td><td colspan="7">标准作业指导书</td><td>制作日期</td><td colspan="2">2020/××/××</td></tr>
<tr><td>机种名</td><td>MN096101</td><td colspan="2">UPH</td><td>180</td><td>分配人力</td><td>0</td><td rowspan="4">修改栏</td><td>版次</td><td>修改履历</td><td>日期</td><td>修改者</td></tr>
<tr><td>工段</td><td>FI</td><td rowspan="3">发行</td><td>制作</td><td>王××</td><td>核　准</td><td>王××</td><td></td><td></td><td></td><td></td></tr>
<tr><td>作业名称</td><td>省电测试</td><td rowspan="2">审查</td><td rowspan="2"></td><td>版　次</td><td>V1.0</td><td></td><td></td><td></td><td></td></tr>
<tr><td>客户</td><td>A Brand</td><td>作业编号</td><td>8-06-13</td><td></td><td></td><td></td><td></td></tr>
<tr><td colspan="12">作业步骤</td></tr>
</table>

图一

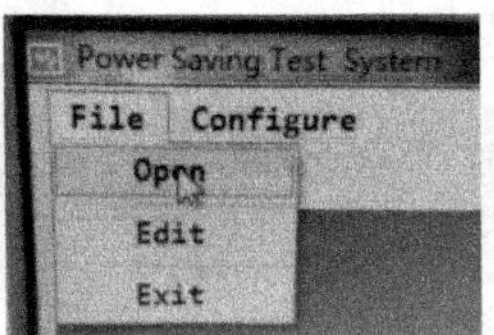

图二

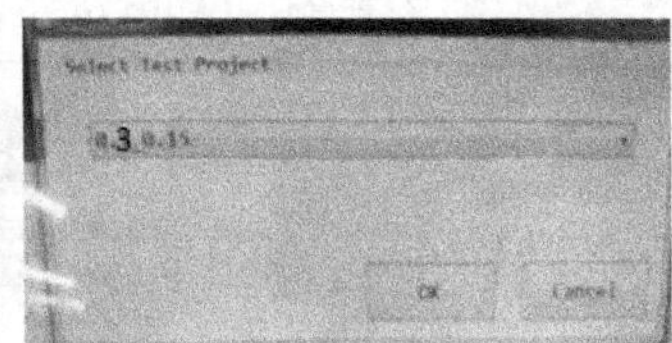

图三

图四

作业前准备事项：
1.选择图一所示的程序，双击进入
2.选择“File”—“Open”进入，如图二所示
3.选择当前生产机种的测试规格，单击“OK”，在图四所示画面下选择“开始”，即完成准备工作
测试规格：开机，最大消耗功率≤0.3W，被测机台前框指示灯为闪白
作业步骤：
1.机台进站后，治具下压后测试机台自动扫码并开始测试
2.当测试界面显示“PASS”字样后，则表示机台测试成功，信号输入，治具上移，自动与流水板脱离，机台流出测试站，进入下一工作站，若测试界面显示“FAIL”字样，则按“重测”按钮重测，如为NG，则在流程卡上写上不良原因，将流程卡贴于前框后按流水线“完成”按钮做不良品流出

<table>
<tr><td>注意事项/安全事项</td><td>主/辅材</td><td>料号</td><td>用量</td><td>主/辅材</td><td>料号</td><td>用量</td><td>治工具</td></tr>
<tr><td rowspan="4">1. 此站作业人员同时负责接地及高压测试之不良品处理
2. 测试时确认机台电源插头和信号线插头必须完全插付正确到位
3. 测量条件：220V（1±10%）50Hz（1±5%）</td><td></td><td></td><td></td><td></td><td></td><td></td><td rowspan="4">1. 功率计
2. 工业 PC</td></tr>
<tr><td></td><td></td><td></td><td></td><td></td><td></td></tr>
<tr><td></td><td></td><td></td><td></td><td></td><td></td></tr>
<tr><td></td><td></td><td></td><td></td><td></td><td></td></tr>
</table>

IPQC 管制要求：

（1）开机最大消耗功率参数设置是否在 SOP 要求范围内，开机指示灯颜色是否与 SOP 要求一致。

7. 检查HDMI2动态测试——对应作业编号8-07-13 HDMI2动态测试

<table>
<tr><td colspan="2">××××电子
有限公司</td><td colspan="5">标准作业指导书</td><td colspan="2">制作
日期</td><td colspan="2">2020/××/××</td></tr>
<tr><td>机种名</td><td>MN096101</td><td colspan="2">UPH</td><td>180</td><td>分配人力</td><td>1</td><td rowspan="4">修
改
栏</td><td>版次</td><td>修改
履历</td><td>日期</td><td>修改者</td></tr>
<tr><td>工段</td><td>FI</td><td rowspan="3">发行</td><td>制作</td><td>王××</td><td>核　准</td><td>王××</td><td></td><td></td><td></td><td></td></tr>
<tr><td>作业
名称</td><td>HDMI2
动态测试</td><td rowspan="2">审查</td><td rowspan="2"></td><td>版　次</td><td>V1.0</td><td></td><td></td><td></td><td></td></tr>
<tr><td>客户</td><td>A Brand</td><td>作业编号</td><td>8-07-13</td><td></td><td></td><td></td><td></td></tr>
</table>

作业步骤

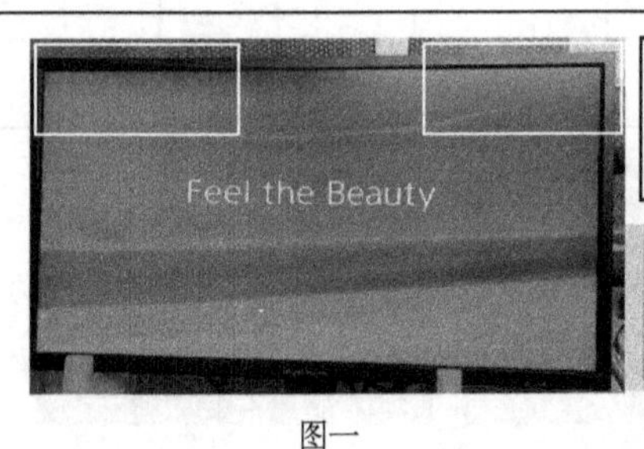

图一

喇叭位于机台顶部左右两侧位置，机台倒立时听共振，耳朵依次靠近机台顶部左右两侧检查确认（图中白框位置）

图二

测量条件：220V（1±10%），50Hz（1±5%）
步骤一：机台进入站别后，将PC的HDMI线插入机台的HDMI-2接口
检查动态画面（画面：1920×1080@240Hz）及声音是否正常
确认画面分辨率为1920×1080@240Hz
步骤二：使用遥控器将机台喇叭声音调小，再调至最大，再打开扫频测试程序，循环播放两次
第一次循环：耳朵依次靠近机台顶部左右两侧位置开始听声音是否有共振，声音是否正常播放
第二次循环：使用敲棒敲击机台后壳喇叭位置，检查声音，要求声音无卡顿并正常播放
步骤三：测试完毕，拔下HDMI线，按流水线上的“完成”按钮将机台送出；如果测试存在问题，则在不良标识单上写明不良项目，并将不良标志单贴付于机台前框上，然后拔下HDMI线，按流水线上的“完成”按钮将机台送出

<table>
<tr><td>注意事项/安全事项</td><td>主/辅材</td><td>料号</td><td>用量</td><td>治工具</td></tr>
<tr><td rowspan="4">1. 待作业的机台流入工作站后，如发现红色不良品单贴付于机台前壳的正上方的，则此机台不可作业，须直接送出
2. 在测试过程中，如有不良现象，必须将不良原因清楚地记录于流程单上，并将流程单贴付于机台前壳的正上方
3. 离开工作岗位后经一段时间又回来接着工作时，必须从OS上的第一步作业内容开始作业
4. 碰触机台时双手只可握其PANEL的边沿处，手一定不得触摸到镜面
5. 目视检查距离为35cm</td><td></td><td></td><td></td><td rowspan="4">1. 手套
2. PC（5K/3K）
3. HDMI线
4. 客户遥控器
5 .敲棒</td></tr>
<tr><td></td><td></td><td></td></tr>
<tr><td></td><td></td><td></td></tr>
<tr><td></td><td></td><td></td></tr>
</table>

IPQC管制要求：

（1）测试电压与频率设置参数是否在SOP要求范围内。

（2）员工作业时是否有按要求佩戴手套，作业步骤与作业手法是否与 SOP 一致。

8. 检查 HDMI1 动态测试——对应作业编号 8-08-13 HDMI1 动态测试

××××电子有限公司		标准作业指导书							制作日期	2020/××/××	
机种名	MN096101	UPH		180	分配人力	2	修改栏	版次	修改履历	日期	修改者
工段	FI	发行	制作	王××	核　准	王××					
作业名称	HDMI1动态测试		审查		版　次	V1.0					
客户	A Brand				作业编号	8-08-13					

作业步骤

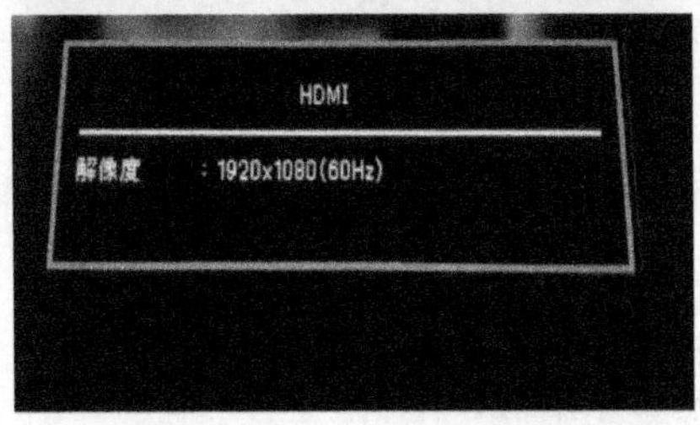

测量条件：220V（1±10%），50Hz（1±5%）
步骤一：机台进入站别后，将 HDMI 线插入机台的 HDMI-1 接口，检查动态画面是否正常，“左”“右”声音是否正常播放，声音播放时拉起机台，使用敲棒敲击机台后壳喇叭位置，检查声音，声音应无卡顿正常播放
画面：1080P　60Hz（需提前确认 DVD 制式模式设置为 NTSC）
确认画面分辨率为 1080P@60Hz
步骤二：将耳机插入蓝色的耳机接口中，检查是否有声音及声音是否正常，摘下耳机，检查有无外音（注意：听外音时，不得佩戴耳机），拔下耳机，检查画面声音是否正常
步骤三：将扬声器连接线接入机台 AUDIO OUT 接口，检查声音是否可以正常播放
步骤四：检查功能键是否正常，是否有键呆、按键无作用等现象
步骤五：如测试无误，拔下 HDMI 线，按流水线上的“完成”按钮将机台送出；如存在问题，在不良标识单上写明不良项目，并将不良标志单贴付于机台前框上，按流水线上的“完成”按钮将机台送出

注意事项/安全事项	主/辅材	料号	用量	治工具
1. 待作业的机台流入工作站后，如发现红色不良品单贴付于机台前壳的正上方的，则此机台不可作业，须直接送出 2. 在测试过程中，如有不良现象，必须将不良原因清楚地记录于流程单上，并将流程单贴付于机台前壳的正上方 3. 离开工作岗位后经一段时间又回来接着工作时，必须从 OS 上的第一步作业内容开始作业 4. 碰触机台时双手只可握其 PANEL 的边沿处，手一定不得触摸到镜面 5. 目视检查距离为 35cm				1. 棉手套 2. DVD 3. 耳机 4. 扬声器 5. 敲棒

IPQC 管制要求：

（1）测试电压与频率设置参数是否在 SOP 要求范围内。

（2）员工作业时是否有按要求佩戴手套，作业步骤与作业手法是否与 SOP 一致。

9. 检查检查 DP 画面——对应作业编号 8-09-13 DP 画面检查

××××电子有限公司	标准作业指导书						制作日期	2020/××/××		
机种名	MN096101	UPH	180	分配人力	4	修改栏	版次	修改履历	日期	修改者
工段	FI	发行	制作	王××	核　准	王××				
作业名称	DP 画面检查		审查		版　次	V1.0				
客户	A Brand				作业编号	8-09-13				

作业步骤

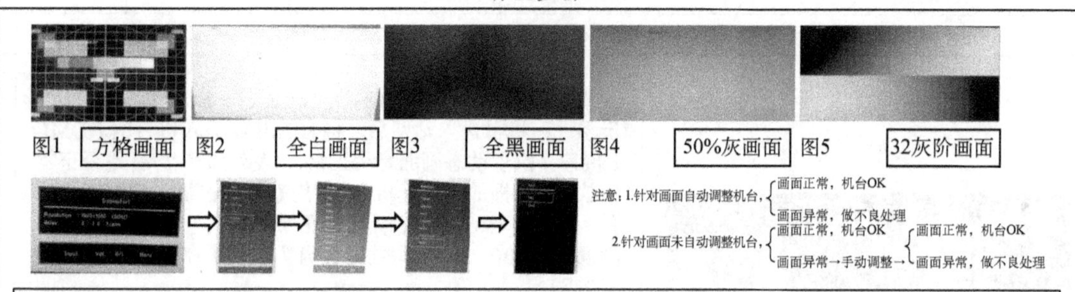

测量条件：电压：220V（1±10%），50Hz（1±5%）
步骤一：机台进站无信号时指示灯为橙色，关机再开机，接入 DP 信号后，确认灯为蓝色，按遥控器上的 DP 键切换到 DP source。确认指示灯亮度是否正常，发现指示灯微亮或不亮则为不良品
步骤二：检查 Timing1920*1080@60Hz 方格画面，不可压边，水平/垂直线条不可扭曲、干扰、粗细；画面不可有缺色现象如图 1 所示
步骤三：检查 Timing1920*1080@60Hz 白画面，是否有暗点、彩点等不良现象，如图 2 所示
步骤四：检查 Timing1920*1080@60Hz 全黑画面，不可有亮点、漏光、压边、水平/垂直线条扭曲、干扰、粗细现象，如图 3 所示
步骤五：检查 Timing1920*1080@120Hz 50%灰画面，是否有 MURA、气泡、暗点、污点、杂质、异物、镜面刮伤等不良现象，如图 4 所示
步骤六：检查 Timing1920*1080@120Hz32 灰阶画面，是否有饱和、干扰、色异不良，如图 5 所示
步骤七：1. 对机台左右声道进行测试，当开始听声音时耳朵需靠近机台，喇叭发出“滴嘟滴嘟”声音，机台正立左喇叭发出“嘟”声音，右喇叭发出“滴”的声音，各听 3 次
2. 按音量键，将声音减小到最小，检查声音是否正常随之变小；将声音加大到最大，检查声音是否正常随之增大，反复操作 3 次
步骤八：检查按键有无键呆、按键无作用现象，对机台做 RECALL 定位（复位后画面会黑屏），关机
步骤九：如测试无误，则将机台三联单扫入系统，如存在不良现象，则将相对不良项目扫入系统并在不良标志单上写明不良原因后贴付于机台前框上，按流水线上的“完成”按钮将机台送出

注意事项/安全事项	主/辅材	料号	用量	治工具
1. 待作业的机台流入工作站后，如发现红色不良品单贴付于机台前壳的正上方的，则此机台不可作业，须直接送出 2. 在测试过程中，如有不良，必须将不良原因清楚地记录于流程单上，并将流程单贴付于机台前壳的正上方 3. 离开工作岗位回来接着工作时，必须从 OS 上的第一步作业内容开始作业 4. 碰触机台时双手只可握其 PANEL 的边沿处，手一定不得触摸到镜面 5. 目视检查距离为 35cm				1. 手套 2. 信号产生器 3. ND Filter 4. DP 线 5. 扫描枪

IPQC 管制要求：员工作业时是否有按要求佩戴手套，作业步骤与作业手法是否与 SOP 一致。

10. 检查检查外观检验——对应作业编号 8-10-13　后壳外观检查

<table>
<tr><td colspan="2">××××电子有限公司</td><td colspan="7">标准作业指导书</td><td>制作日期</td><td colspan="2">2020/××/××</td></tr>
<tr><td>机种名</td><td>MN096101</td><td colspan="2">UPH</td><td>180</td><td>分配人力</td><td>1</td><td rowspan="4">修改栏</td><td>版次</td><td>修改履历</td><td>日期</td><td>修改者</td></tr>
<tr><td>工段</td><td>FI</td><td rowspan="3">发行</td><td>制作</td><td>王××</td><td>核　准</td><td>王××</td><td></td><td></td><td></td><td></td></tr>
<tr><td>作业名称</td><td>后壳外观检查</td><td rowspan="2">审查</td><td rowspan="2"></td><td>版　次</td><td>V1.0</td><td></td><td></td><td></td><td></td></tr>
<tr><td>客户</td><td>A Brand</td><td>作业编号</td><td>8-10-13</td><td></td><td></td><td></td><td></td></tr>
<tr><td colspan="12">作业步骤</td></tr>
<tr><td colspan="12">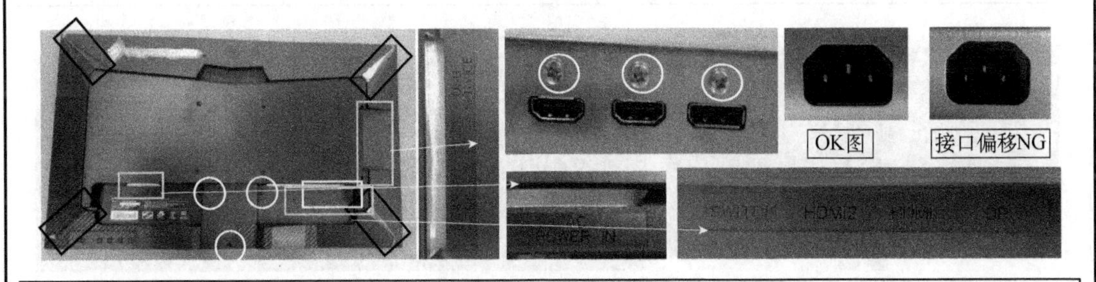

步骤一：机台进站后，目视检查确认机台是否处于关机状态，即机台 LED 显示灯不亮，无画面显示，拔下电源线
步骤二：检查前后壳断差是否超规：中框与后壳之间的断差≤1.0 mm，中框与后壳之间的缝隙≤0.5 mm
步骤三：检查塑壳有无色差、刮伤、脏污、螺丝漏锁欠品（圆圈位置共 6 颗）、印刷不良、丝印颜色异常、卡付不良等现象，并检查不可有防盗孔未开现象，检查主板端子各个接口有无生锈、异物、变形，接口不可有 PIN 针或其他异物残留的现象
步骤四：检查后壳上贴付的 label 是否歪斜，有无破损、气泡、折角、印刷模糊不良现象，并检查后壳四个角（矩形框处）的保护膜是否有卷起现象，若有，先用手抹平，若可以抹平则判为 OK；若无法抹平，卷起长度在 1cm 内的则判为 OK，若卷起长度在 1cm 以上则判为 NG
步骤五：检查机台的 AC 接口及端子口是否有偏移等不良现象
步骤六：脏污时用无尘布及无水乙醇擦拭干净</td></tr>
</table>

<table>
<tr><td>注意事项/安全事项</td><td>主/辅材</td><td>料号</td><td>用量</td><td>治工具</td></tr>
<tr><td rowspan="3">1. 碰触机台时双手只可握其 PANEL 的边沿处，手一定不得触摸到镜面
2. 离开工作岗位回来接着工作时，必须从 OS 上的第一步作业内容开始作业</td><td></td><td></td><td></td><td rowspan="3">1. 棉手套
2. 无尘布
3. 无水乙醇
4. 厚薄规</td></tr>
<tr><td></td><td></td><td></td></tr>
<tr><td></td><td></td><td></td></tr>
</table>

IPQC 管制要求：员工作业时是否有按要求佩戴手套，作业步骤与作业手法是否与 SOP 一致。

11. 检查镜面擦拭——对应作业编号 8-11-13 镜面擦拭

<table>
<tr><td colspan="2">××××电子
有限公司</td><td colspan="7">标准作业指导书</td><td>制作
日期</td><td colspan="2">2020/××/××</td></tr>
<tr><td>机种名</td><td>MN096101</td><td colspan="2">UPH</td><td>180</td><td>分配人力</td><td>1</td><td rowspan="4">修改栏</td><td>版次</td><td>修改
履历</td><td>日期</td><td>修改者</td></tr>
<tr><td>工段</td><td>FI</td><td rowspan="3">发行</td><td>制作</td><td>王××</td><td>核 准</td><td>王××</td><td></td><td></td><td></td><td></td></tr>
<tr><td>作业
名称</td><td>镜面擦拭</td><td rowspan="2">审查</td><td rowspan="2"></td><td>版 次</td><td>V1.0</td><td></td><td></td><td></td><td></td></tr>
<tr><td>客户</td><td>A Brand</td><td>作业编号</td><td>8-11-13</td><td></td><td></td><td></td><td></td></tr>
<tr><td colspan="12">作业步骤</td></tr>
<tr><td colspan="12"> 
步骤一：确认前框与镜面间的缝隙是否超规，要求中框与 PANEL 之间的缝隙≤1.2mm
步骤二：检查前框印刷、Logo 有无不良现象，塑壳有无刮伤、有无铁片外露现象
步骤三：检查镜面有无划伤、脏污，如有则用无尘布和无水乙醇将镜面擦拭干净</td></tr>
</table>

<table>
<tr><td>注意事项/安全事项</td><td>主/
辅材</td><td>料号</td><td>用量</td><td>主/
辅材</td><td>料号</td><td>用量</td><td>治工具</td></tr>
<tr><td rowspan="4">1. 发现不良现象时用纸胶带贴付不良处做标志，将不良现象写于流程卡上并贴于机台上流入下一站
2. 离开工作岗位后经一段时间后又回来接着工作时，必须从 OS 上的第一步作业内容开始作业</td><td></td><td></td><td></td><td></td><td></td><td></td><td rowspan="4">1. 棉手套
2. 无尘布
3. 无水乙醇
4. 厚薄规</td></tr>
<tr><td></td><td></td><td></td><td></td><td></td><td></td></tr>
<tr><td></td><td></td><td></td><td></td><td></td><td></td></tr>
<tr><td></td><td></td><td></td><td></td><td></td><td></td></tr>
</table>

IPQC 管制要求：

（1）前框丝印印刷是否与美工图档印刷一致，印刷是否为良品。

（2）员工作业时是否有按要求佩戴手套，作业步骤与作业手法是否与 SOP 一致。

12. 检查前框标签——对应作业编号 8-12-13 贴前框标签

××××电子有限公司	标准作业指导书	制作日期	2020/××/××

机种名	MN096101	UPH		180	分配人力	1	修改栏	版次	修改履历	日期	修改者
工段	FI	发行	制作	王××	核　准	王××					
作业名称	贴前框标签		审查		版　次	V1.0					
客户	A Brand				作业编号	8-12-13					

作业步骤

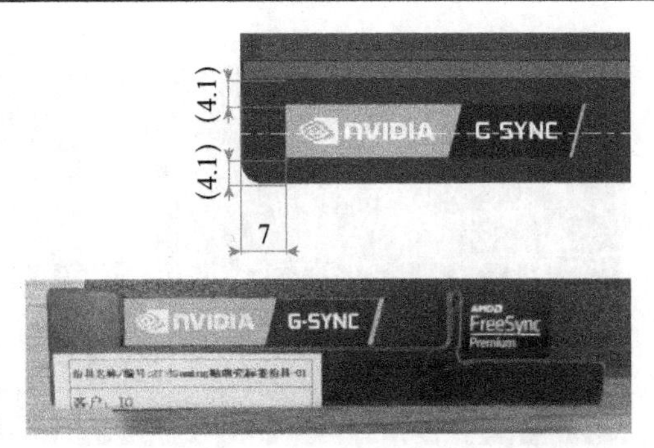

步骤一：拿取前框标签，机台正立，使用治具将其贴付至前框左下角（对齐各个框内的左下角为基准贴付标签）
注意：治具以前框地侧和左侧的侧边平面为基准，卡在前框上
步骤二：贴付后用手抹平标签，标签不可有翘起现象

注意事项/安全事项	主/辅材	料号	用量	主/辅材	料号	用量	治工具
1. 标签贴付，不可有歪斜、漏贴现象 2. 标签贴付后不可有翘起现象	前框标签	91401-04410	1				1. 手套 2. 治具

IPQC 管制要求：

（1）前框标签料号是否与 SOP、BOM 用料一致，所使用标签是否为良品，印刷是否与美工图档印刷一致，贴付位置是否与 SOP 要求一致。

（2）员工作业时是否有按要求佩戴手套，作业步骤与作业手法是否与 SOP 一致。

13. 检查外观检验——对应作业编号 8-13-13 外观复检

<table>
<tr><td colspan="2">××××电子有限公司</td><td colspan="7">标准作业指导书</td><td>制作日期</td><td colspan="2">2020/××/××</td></tr>
<tr><td>机种名</td><td>MN096101</td><td colspan="2">UPH</td><td>180</td><td>分配人力</td><td>1</td><td rowspan="4">修改栏</td><td>版次</td><td>修改履历</td><td>日期</td><td>修改者</td></tr>
<tr><td>工段</td><td>FI</td><td rowspan="3">发行</td><td>制作</td><td>王××</td><td>核准</td><td>王××</td><td></td><td></td><td></td><td></td></tr>
<tr><td>作业名称</td><td>外观复检</td><td rowspan="2">审查</td><td rowspan="2"></td><td>版次</td><td>V1.0</td><td></td><td></td><td></td><td></td></tr>
<tr><td>客户</td><td>A Brand</td><td>作业编号</td><td>8-13-13</td><td></td><td></td><td></td><td></td></tr>
<tr><td colspan="12">作业步骤</td></tr>
</table>

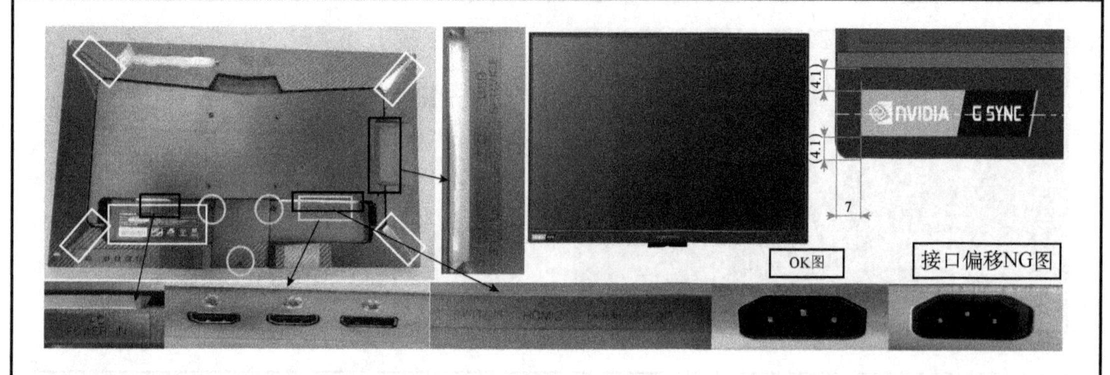

步骤一：检查前后壳断差是否超规：要求中框与后壳之间的断差≤1.0mm，中框与后壳之间的缝隙≤0.5mm，中框与PANEL之间的缝隙≤1.2mm

步骤二：用Logo实物比对治具检查前框印刷、Logo有无不良现象，塑壳有无刮伤、有无铁片外露，LED灯无凹现象

检查塑壳有无色差、脏污、螺丝欠品、印刷不良、丝印颜色异常、卡付不良等现象

步骤三：检查镜面有无脏污、划伤，检查前框上贴付的label和后壳上贴付的label是否歪斜，有无破损、气泡、折角、印刷模糊不良现象，如有脏污，则用无尘布和无水乙醇将其擦拭干净

步骤四：检查后壳四个角（矩形框处）的保护膜是否有卷起现象，若有，则用手抹平，若可以抹平则判为OK；若无法抹平且卷起长度在1cm内的则判为OK，若卷起长度在1cm以上的则判为NG

<table>
<tr><td>注意事项/安全事项</td><td>主/辅材</td><td>料号</td><td>用量</td><td>主/辅材</td><td>料号</td><td>用量</td><td>治工具</td></tr>
<tr><td rowspan="4">1. 发现不良现象用纸胶带贴付不良处做标志，将不良现象写于流程卡上，并贴于机台上流入下一站
2. 离开工作岗位后经一段时间又回来接着工作时，必须从OS上的第一步作业内容开始作业</td><td></td><td></td><td></td><td></td><td></td><td></td><td rowspan="4">1. 棉手套
2. 无尘布
3. 无水乙醇
4. 厚薄规</td></tr>
<tr><td></td><td></td><td></td><td></td><td></td><td></td></tr>
<tr><td></td><td></td><td></td><td></td><td></td><td></td></tr>
<tr><td></td><td></td><td></td><td></td><td></td><td></td></tr>
</table>

IPQC 管制要求：员工作业时是否有按要求佩戴手套，作业步骤与作业手法是否与 SOP 一致。

4.2.4　包装首件检查/巡回检查

一、检查资料&工具

BOM、EC、CR、美工图档、Startup、EMI、手套。

二、作业目录

如表 4-16 所示。

表 4-16　作业目录

作业编号	作业名称	IPQC 检查项目
5-01-14	OUTPUT 扫描	检查三联单与铭板扫描
5-02-14	套 PE 袋	检查 PE 袋
5-03-14	支架投入	检查支架
5-04-14	支架锁固	检查支架螺丝锁付
5-05-14	投保利龙	检查保利龙
5-06-14	套保利龙	检查底盘
5-07-14	投附件	检查附件投放
5-08-14	附件扫描	检查附件扫描
5-09-14	折纸箱	检查纸箱
5-10-14	装箱	检查附件摆放
5-11-14	扶纸箱	检查附件摆放
5-12-14	贴三联单	检查三联单贴付与扫描
5-13-14	封箱&胶带贴付	检查封箱胶带
5-14-14	机台堆放	检查机台堆放

三、共同遵守事项

（1）请自觉实施顺次检查方法。

（2）后一站要检查前一站的作业是否完全，确实到位，如发现不良情况要及时反馈。

（3）休息前必须将本站内容完成，开线前再次确认本站内容完成后方可流入下一站。

四、具体作业实施

1. 检查三联单与铭板扫描——对应作业编号5-1-14 OUTPUT扫描

<table>
<tr><td colspan="2">××××电子
有限公司</td><td colspan="6">标准作业指导书</td><td>制作
日期</td><td colspan="2">2020/××/××</td></tr>
<tr><td>机种名</td><td>MN096101</td><td colspan="2">UPH</td><td>180</td><td>分配人力</td><td>1</td><td rowspan="4">修
改
栏</td><td>版次</td><td>修改
履历</td><td>日期</td><td>修改者</td></tr>
<tr><td>工段</td><td>包装</td><td rowspan="3">发行</td><td>制作</td><td>王××</td><td>核　准</td><td>王××</td><td></td><td></td><td></td><td></td></tr>
<tr><td>作业
名称</td><td>OUTPUT
扫面</td><td rowspan="2">审查</td><td rowspan="2"></td><td>版　次</td><td>V1.0</td><td></td><td></td><td></td><td></td></tr>
<tr><td>客户</td><td>A BRAND</td><td>作业编号</td><td>5-1-14</td><td></td><td></td><td></td><td></td><td></td></tr>
<tr><td colspan="12">作业步骤</td></tr>
</table>

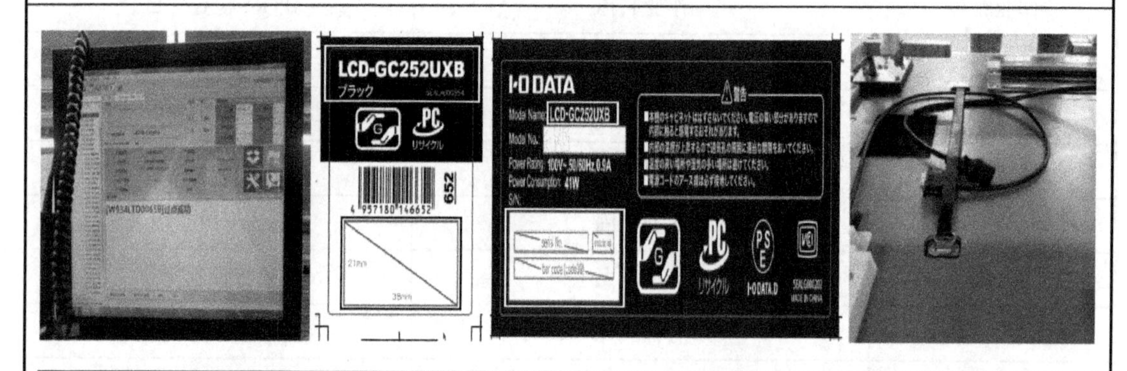

步骤一：核对三联单上机种名和铭板上机种名是否一致，用扫描枪将三联单和铭板上序列号扫入系统，核对号码是否一致，待系统显示“过点成功”，则表示通过，否则为不良
步骤二：确认后，用绑带整理电源线及信号线，线材PIN头需朝内放置，不可朝外
步骤三：将机台送出至下一站

<table>
<tr><td>注意事项/安全事项</td><td>主/
辅材</td><td>料号</td><td>用量</td><td>主/
辅材</td><td>料号</td><td>用量</td><td>治工具</td></tr>
<tr><td rowspan="4">1. 扫描过程中，必须按次序来扫描，不可有漏扫现象
2. 三联单不可有字体模糊、断码等不良现象</td><td></td><td></td><td></td><td></td><td></td><td></td><td rowspan="4">1. 手套
2. 扫描枪</td></tr>
<tr><td></td><td></td><td></td><td></td><td></td><td></td></tr>
<tr><td></td><td></td><td></td><td></td><td></td><td></td></tr>
<tr><td></td><td></td><td></td><td></td><td></td><td></td></tr>
</table>

IPQC管制要求：

（1）三联单与铭板机种名是否与当前生产客户机种名一致，序列号是否保持一致。

（2）三联单与铭板序列号是否按SOP要求扫入系统。

（3）员工作业时是否有按要求佩戴手套，作业步骤与作业手法是否与SOP一致。

2. 检查 PE 袋——对应作业编号 5-02-14 套 PE 袋

<table>
<tr><td colspan="2">××××电子
有限公司</td><td colspan="6">标准作业指导书</td><td>制作
日期</td><td colspan="2">2020/××/××</td></tr>
<tr><td>机种名</td><td>MN096101</td><td colspan="2">UPH</td><td>180</td><td>分配人力</td><td>1</td><td rowspan="5">修改栏</td><td>版次</td><td>修改
履历</td><td>日期</td><td>修改者</td></tr>
<tr><td>工段</td><td>包装</td><td rowspan="3">发行</td><td>制作</td><td>王××</td><td>核　准</td><td>王××</td><td></td><td></td><td></td><td></td></tr>
<tr><td>作业
名称</td><td>套 PE 袋</td><td rowspan="2">审查</td><td rowspan="2"></td><td>版　次</td><td>V1.0</td><td></td><td></td><td></td><td></td></tr>
<tr><td>客户</td><td>A BRAND</td><td>作业编号</td><td>5-02-14</td><td></td><td></td><td></td><td></td></tr>
<tr><td colspan="12">作业步骤</td></tr>
</table>

步骤一：机台正立，检查前框左下角标签，不可有漏贴、翘起、位置贴错现象
步骤二：取出 PE 袋，将 PE 袋从机台天侧向地侧套于机台上（PE 袋无印刷面朝向镜面）
步骤三：将三联单粘贴到机台上，再将套好 PE 袋的机台拎起，放置镜面朝下滚筒线上

<table>
<tr><td>注意事项/安全事项</td><td>主/辅材</td><td>料号</td><td>用量</td><td>主/辅材</td><td>料号</td><td>用量</td><td>治工具</td></tr>
<tr><td rowspan="4">PE 袋不可有脏污、破裂等不良现象</td><td>PE 袋
（6P60）</td><td>90201-
01490</td><td>1</td><td></td><td></td><td></td><td rowspan="4">手套</td></tr>
<tr><td></td><td></td><td></td><td></td><td></td><td></td></tr>
<tr><td></td><td></td><td></td><td></td><td></td><td></td></tr>
<tr><td></td><td></td><td></td><td></td><td></td><td></td></tr>
</table>

IPQC 管制要求：

（1）PE 袋料号是否与 SOP、BOM 用料一致，所使 PE 袋是否为良品，PE 袋本体是否有打孔现象。

（2）PE 袋套入机器的方向和朝向是否正确。

（3）员工作业时是否有按要求佩戴手套，作业步骤与作业手法是否与 SOP 一致。

3. 检查支架——对应作业编号 5-03-14 支架投入

××××电子有限公司	标准作业指导书								制作日期	2020/××/××
机种名	MN096101	UPH	180	分配人力	1	修改栏	版次	修改履历	日期	修改者
工段	包装	发行	制作	王××	核　准	王××				
作业名称	支架投入		审查		版　次	V1.0				
客户	A BRAND				作业编号	5-03-14				

作业步骤

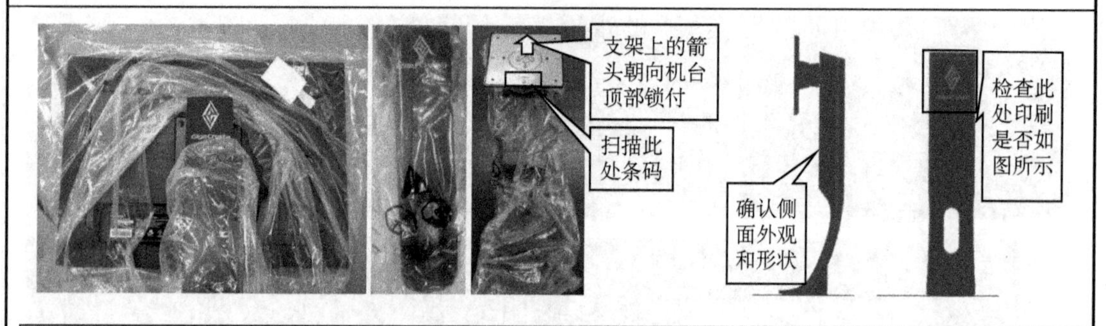

步骤一：取出支架，将支架头部袋子拆下，检查支架无划伤、脏污，Logo 是否漏印（左边有刻度且两边有蓝线）后，拿取扫描枪，先扫描三联单 SN，再扫描支架头部条码，然后将支架投入使用
步骤二：将支架箭头朝机台天侧放置在后壳支架锁附位置（支架螺丝孔需与后壳挂壁孔对齐），用手扶着支架，配合锁支架螺丝人员作业
注意：支架箭头朝机台天侧，支架本身袋子无须拆下

注意事项/安全事项	主/辅材	料号	用量	主/辅材	料号	用量	治工具
1. 检查支架有无刮伤等不良 2. 支架来料套有 PE 袋	升降支架	81302-03900	1				1. 手套 2. 扫描枪

IPQC 管制要求：

（1）支架料号是否与 SOP、BOM 用料一致，所使支架是否为良品，支架本体印刷是否与美工图档一致。

（2）三联单序列号与支架条码是否按照 SOP 要求扫入系统。

（3）员工作业时是否有按要求佩戴手套，作业步骤与作业手法是否与 SOP 一致。

4. 检查支架螺丝锁付——对应作业编号 5-04-14 支架锁固

××××电子有限公司		标准作业指导书							制作日期	2020/××/××	
机种名	MN096101	UPH		180	分配人力	1	修改栏	版次	修改履历	日期	修改者
工段	包装	发行	制作	王××	核　准	王××					
作业名称	支架锁固		审查		版　次	V1.0					
客户	A BRAND				作业编号	5-04-14					

作业步骤

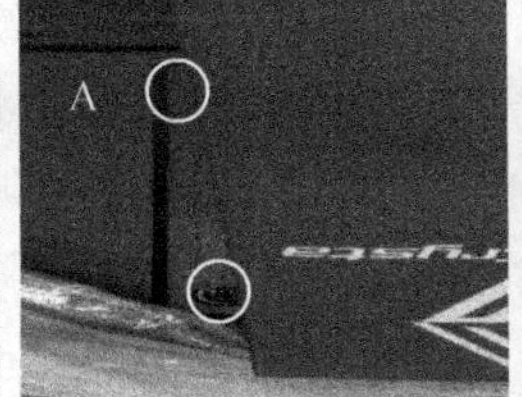

流水线方向

步骤：待对面人员将升降支架孔位对齐后壳孔位后，拿取螺丝将支架锁固，锁固时将螺丝垂直锁固，不可歪斜、漏锁
备注：支架来料套有 PE 袋，不可将支架上包裹的 PE 袋取下

注意事项/安全事项	主/辅材	料号	用量	主/辅材	料号	用量	治工具
1. 螺丝锁付不可有空转、松动及断头等现象. 2. 螺丝拿取时，一次只能拿一颗螺丝，锁付时要垂直锁付，不可有倾斜或未锁到位现象	螺丝	80601-00015	4				1. 手套 2. 电动起子 ● 扭力 10.0±1.0kgf/cm ● 规格：“十”字（ϕ4 × 2# 4～10cm）

IPQC 管制要求：

（1）螺丝料号是否与 SOP、BOM 用料一致，所使用螺丝是否为良品，螺丝锁付顺序是否与 SOP 要求一致。

（2）员工作业时是否有按要求佩戴手套，作业步骤与作业手法是否与 SOP 一致，所使用的起子扭力是否在 SOP 要求范围内。

5. 检查保利龙——对应作业编号5-05-14 投保利龙

<table>
<tr><td colspan="2">××××电子
有限公司</td><td colspan="7">标准作业指导书</td><td>制作
日期</td><td colspan="2">2020/××/××</td></tr>
<tr><td>机种名</td><td>MN096101</td><td colspan="2">UPH</td><td>180</td><td>分配人力</td><td>1</td><td rowspan="4">修
改
栏</td><td>版次</td><td>修改
履历</td><td>日期</td><td>修改者</td></tr>
<tr><td>工段</td><td>包装</td><td rowspan="3">发行</td><td>制作</td><td>王××</td><td>核　准</td><td>王××</td><td></td><td></td><td></td><td></td></tr>
<tr><td>作业
名称</td><td>投保利龙</td><td rowspan="2">审查</td><td rowspan="2"></td><td>版　次</td><td>V1.0</td><td></td><td></td><td></td><td></td></tr>
<tr><td>客户</td><td>A BRAND</td><td>作业编号</td><td>5-05-14</td><td></td><td></td><td></td><td></td></tr>
<tr><td colspan="12">作业步骤</td></tr>
</table>

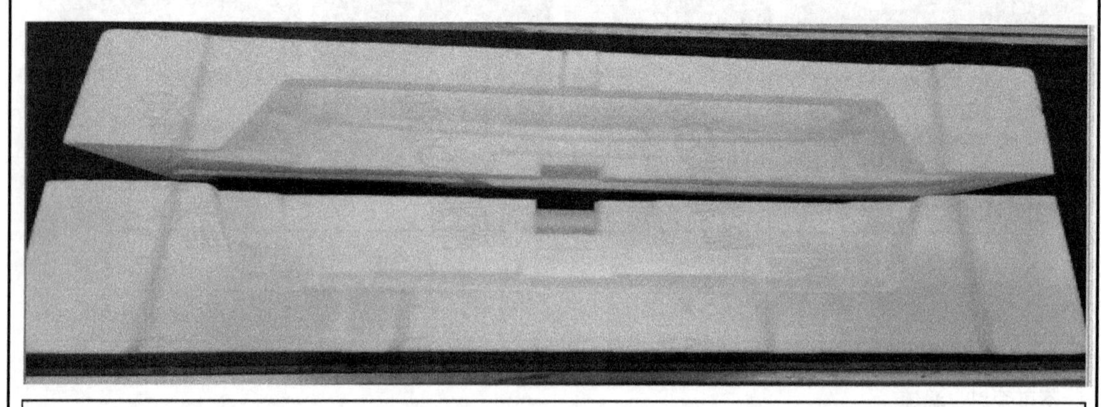

步骤：拿取上下保利龙，检查保利龙是否有脏污、破损等不良，确认后，将上下保利龙投入

<table>
<tr><td>注意事项/安全事项</td><td>主/
辅材</td><td>料号</td><td>用量</td><td>主/
辅材</td><td>料号</td><td>用量</td><td>治工具</td></tr>
<tr><td rowspan="4">检查保利龙不可有脏污、破损等不良</td><td>上保
利龙</td><td>80101-
02509</td><td>1</td><td></td><td></td><td></td><td rowspan="4">手套</td></tr>
<tr><td>下保
利龙</td><td>80101-
02510</td><td>1</td><td></td><td></td><td></td></tr>
<tr><td></td><td></td><td></td><td></td><td></td><td></td></tr>
<tr><td></td><td></td><td></td><td></td><td></td><td></td></tr>
</table>

IPQC管制要求：

（1）保利龙料号是否与SOP、BOM用料一致，所使用保利龙是否为良品，本体是否刻印料号。

（2）员工作业时是否有按要求佩戴手套，作业步骤与作业手法是否与SOP一致。

6. 检查底盘——对应作业编号 5-06-14 套保利龙

<table>
<tr><td colspan="2">××××电子有限公司</td><td colspan="7">标准作业指导书</td><td>制作日期</td><td colspan="2">2020/××/××</td></tr>
<tr><td>机种名</td><td>MN096101</td><td colspan="2">UPH</td><td>180</td><td>分配人力</td><td>1</td><td rowspan="4">修改栏</td><td>版次</td><td>修改履历</td><td>日期</td><td>修改者</td></tr>
<tr><td>工段</td><td>包装</td><td rowspan="3">发行</td><td>制作</td><td>王××</td><td>核　准</td><td>王××</td><td></td><td></td><td></td><td></td></tr>
<tr><td>作业名称</td><td>套保利龙</td><td rowspan="2">审查</td><td rowspan="2"></td><td>版　次</td><td>V1.0</td><td></td><td></td><td></td><td></td></tr>
<tr><td>客户</td><td>A BRAND</td><td>作业编号</td><td>5-06-14</td><td></td><td></td><td></td><td></td></tr>
<tr><td colspan="12">作业步骤</td></tr>
</table>

图一

图二

图三

图四

步骤一：拿取保利龙，检查保利龙是否有脏污、破损等不良现象，确认后，将上保利龙套于机台底部，并将支架旋转 90 度，放于保利龙凹槽中如图一所示
步骤二：拿取底盘，检查底盘有无刮伤，检查蓝色圆圈内脚垫（6 个）有无缺失及检查红色圆圈内螺丝（8 颗）不可有漏锁等不良现象。底盘脚垫需朝 PE 袋无印刷面。检查后，将其放入保利龙指定凹槽内，如图二、图三所示
步骤三：将下保利龙套于机台上，使机台镜面朝下放倒在流水线上，如图四所示

<table>
<tr><td>注意事项/安全事项</td><td>主/辅材</td><td>料号</td><td>用量</td><td>主/辅材</td><td>料号</td><td>用量</td><td>治工具</td></tr>
<tr><td rowspan="4">检查保利龙不可有脏污、破损等不良现象
检查底盘 PE 袋不可有脏污、破损等不良现象，脚垫不可有缺失现象</td><td>底盘</td><td>81302-01920</td><td>1</td><td></td><td></td><td></td><td rowspan="4">手套</td></tr>
<tr><td></td><td></td><td></td><td></td><td></td><td></td></tr>
<tr><td></td><td></td><td></td><td></td><td></td><td></td></tr>
<tr><td></td><td></td><td></td><td></td><td></td><td></td></tr>
</table>

IPQC 管制要求：

（1）底盘号是否与 SOP、BOM 用料一致，所使用底盘是否为良品，放置位置与方向是否与 SOP 一致。

（2）员工作业时是否有按要求佩戴手套，作业步骤与作业手法是否与 SOP 一致。

7. 检查附件投放——对应作业编号 5-07-14 投附件

<table>
<tr><td colspan="2">××××电子有限公司</td><td colspan="5">标准作业指导书</td><td colspan="2">制作日期</td><td colspan="2">2020/××/××</td></tr>
<tr><td>机种名</td><td>MN096101</td><td colspan="2">UPH</td><td>180</td><td>分配人力</td><td>1</td><td rowspan="4">修改栏</td><td>版次</td><td>修改履历</td><td>日期</td><td>修改者</td></tr>
<tr><td>工段</td><td>包装</td><td rowspan="3">发行</td><td>制作</td><td>王××</td><td>核　准</td><td>王××</td><td></td><td></td><td></td><td></td></tr>
<tr><td>作业名称</td><td>投附件</td><td rowspan="2">审查</td><td rowspan="2"></td><td>版　次</td><td>V1.0</td><td></td><td></td><td></td><td></td></tr>
<tr><td>客户</td><td>A BRAND</td><td>作业编号</td><td>5-07-17</td><td></td><td></td><td></td><td></td></tr>
<tr><td colspan="12">作业步骤</td></tr>
</table>

步骤：拿取电源线、DP 线、HDMI 线、遥控器、说明书、圆座灯检查确认后投入机台上
①遥控器需检查 PE 袋的正反面印刷有无印刷不良现象，以及遥控器右下方的型号印刷是否不良或错误现象
②拿取电源线时，注意检查电源线的 PIN 脚数量无错误，如图 OK 图
③检查说明书外观无脏污、破损等不良现象，无漏装电池
④圆座灯的印刷 Logo 是否正确

<table>
<tr><td>注意事项/安全事项</td><td>主/辅材</td><td>料号</td><td>用量</td><td>主/辅材</td><td>料号</td><td>用量</td><td>治工具</td></tr>
<tr><td rowspan="4">1. 附属品不可有漏放、错放现象
2. 检查线材 PE 袋不可有破损等不良现象</td><td>电源线 P981</td><td>61002-01373</td><td>1</td><td>附件包</td><td>小物加工好</td><td>1</td><td rowspan="4">手套</td></tr>
<tr><td>DP 线 P982</td><td>61004-00649</td><td>1</td><td>圆座灯</td><td>小物加工好</td><td>1</td></tr>
<tr><td>HDMI 线 P983</td><td>61004-00650</td><td>1</td><td></td><td></td><td></td></tr>
<tr><td>遥控器</td><td>61115-00754</td><td>1</td><td></td><td></td><td></td></tr>
</table>

IPQC 管制要求：

（1）电源线&DP 线&HAMI 线料号是否与 SOP、BOM 用料一致，所使用电源线是否为良品，放置位置与方向是否与 SOP 一致。

（2）所使用的说明书&圆座灯是否为良品，放置位置与方向是否与 SOP 一致。

（3）遥控器料号是否与 SOP、BOM 用料一致，所使用遥控器是否为良品，放置位置与方向是否与 SOP 一致，遥控器本体印刷是否与美工图档一致。

（4）员工作业时是否有按要求佩戴手套，作业步骤与作业手法是否与 SOP 一致。

8. 检查附件扫描——对应作业编号 5-08-14 附件扫描

<table>
<tr><td colspan="2">××××电子
有限公司</td><td colspan="7">标准作业指导书</td><td>制作
日期</td><td colspan="2">2020/××/××</td></tr>
<tr><td>机种名</td><td>MN096101</td><td colspan="2">UPH</td><td>180</td><td>分配人力</td><td>1</td><td rowspan="4">修
改
栏</td><td>版次</td><td>修改
履历</td><td>日期</td><td>修改者</td></tr>
<tr><td>工段</td><td>包装</td><td rowspan="3">发行</td><td>制作</td><td>王××</td><td>核　准</td><td>王××</td><td></td><td></td><td></td><td></td></tr>
<tr><td>作业
名称</td><td>附件扫描</td><td rowspan="2">审查</td><td rowspan="2"></td><td>版　次</td><td>V1.0</td><td></td><td></td><td></td><td></td></tr>
<tr><td>客户</td><td>A BRAND</td><td>作业编号</td><td>5-08-14</td><td></td><td></td><td></td><td></td></tr>
<tr><td colspan="12">作业步骤</td></tr>
</table>

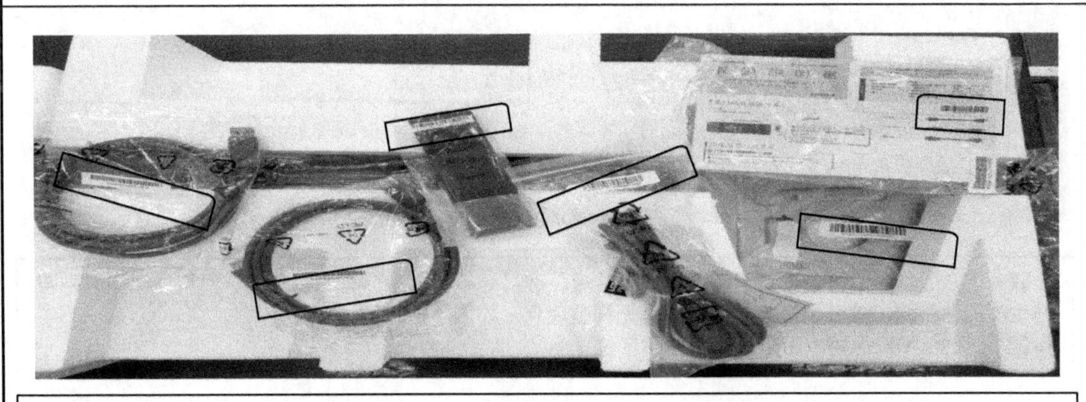

步骤：先扫描三联单，然后依次将 DP 线、HDMI 线、遥控器、电源线、底盘条码及说明书本体条码如图所示扫入系统

注意：线材放于机台进行统一扫描，不可直接拿取在料框上方扫描

<table>
<tr><td>注意事项/安全事项</td><td>主/辅材</td><td>料号</td><td>用量</td><td>主/辅材</td><td>料号</td><td>用量</td><td>治工具</td></tr>
<tr><td rowspan="4">附件不可有漏扫现象</td><td></td><td></td><td></td><td></td><td></td><td></td><td rowspan="4">1. 手套
2. 扫描枪</td></tr>
<tr><td></td><td></td><td></td><td></td><td></td><td></td></tr>
<tr><td></td><td></td><td></td><td></td><td></td><td></td></tr>
<tr><td></td><td></td><td></td><td></td><td></td><td></td></tr>
</table>

IPQC 管制要求：

（1）是否按照 SOP 要求依次将三联单、DP 线、HDMI 线、遥控器、电源线、底盘条码及说明书本体条码扫入系统。

（2）员工作业时是否有按要求佩戴手套，作业步骤与作业手法是否与 SOP 一致。

9. 检查纸箱——对应作业编号 5-09-14 折纸箱

<table>
<tr><td colspan="2">××××电子
有限公司</td><td colspan="7">标准作业指导书</td><td>制作
日期</td><td colspan="2">2020/××/××</td></tr>
<tr><td>机种名</td><td>MN096101</td><td colspan="2">UPH</td><td>180</td><td>分配人力</td><td>1</td><td rowspan="4">修改栏</td><td>版次</td><td>修改
履历</td><td>日期</td><td>修改者</td></tr>
<tr><td>工段</td><td>包装</td><td rowspan="3">发行</td><td>制作</td><td>王××</td><td>核　准</td><td>王××</td><td></td><td></td><td></td><td></td></tr>
<tr><td>作业
名称</td><td>折纸箱</td><td rowspan="2">审查</td><td rowspan="2"></td><td>版　次</td><td>V1.0</td><td></td><td></td><td></td><td></td></tr>
<tr><td>客户</td><td>A BRAND</td><td>作业编号</td><td>5-09-14</td><td></td><td></td><td></td><td></td></tr>
<tr><td colspan="12">作业步骤</td></tr>
<tr><td colspan="12">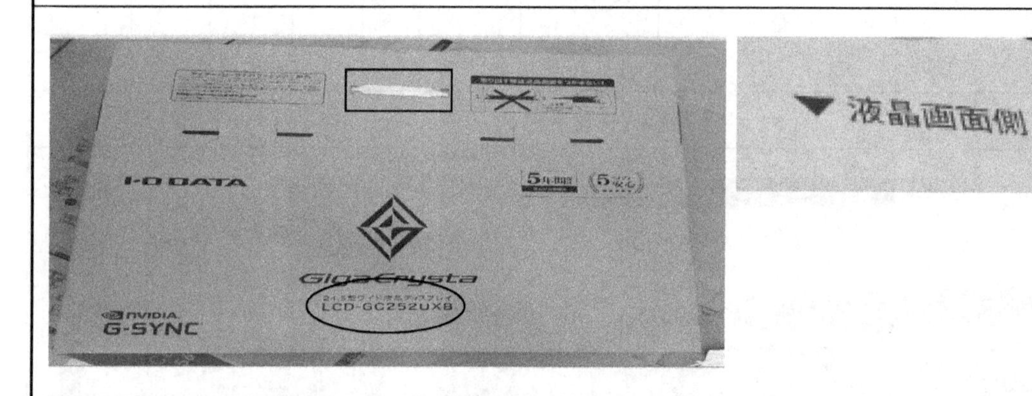

步骤一：拿取纸箱，检查纸箱无印刷模糊、脏污、破损等不良现象，再检查纸箱上机型（圆圈）是否与生产机种相同，检查纸箱上的手提把有无漏装现象，如图中矩形框
步骤二：确认 OK 后将纸箱折好后放于指定位置</td></tr>
</table>

<table>
<tr><td>注意事项/安全事项</td><td>主/辅材</td><td>料号</td><td>用量</td><td>主/辅材</td><td>料号</td><td>用量</td><td>治工具</td></tr>
<tr><td rowspan="4">检查纸箱不可有印刷模糊、脏污、划伤、破损等不良现象</td><td>纸箱
（6P01）</td><td>90202-
36010</td><td>1</td><td></td><td></td><td></td><td rowspan="4">1. 手套</td></tr>
<tr><td></td><td></td><td></td><td></td><td></td><td></td></tr>
<tr><td></td><td></td><td></td><td></td><td></td><td></td></tr>
<tr><td></td><td></td><td></td><td></td><td></td><td></td></tr>
</table>

IPQC 管制要求：

（1）纸箱料号是否与 SOP、BOM 用料一致，所使用纸箱是否为良品，纸箱本体印刷是否与美工图档一致。

（2）员工作业时是否有按要求佩戴手套，作业步骤与作业手法是否与 SOP 一致。

10. 检查附件摆放——对应作业编号 5-10-14 装箱

<table>
<tr><td colspan="2">××××电子有限公司</td><td colspan="7">标准作业指导书</td><td>制作日期</td><td colspan="2">2020/××/××</td></tr>
<tr><td>机种名</td><td>MN096101</td><td colspan="2">UPH</td><td>180</td><td>分配人力</td><td>1</td><td rowspan="4">修改栏</td><td>版次</td><td>修改履历</td><td>日期</td><td>修改者</td></tr>
<tr><td>工段</td><td>包装</td><td rowspan="3">发行</td><td>制作</td><td>王××</td><td>核　准</td><td>王××</td><td></td><td></td><td></td><td></td></tr>
<tr><td>作业名称</td><td>装箱</td><td rowspan="2">审查</td><td rowspan="2"></td><td>版　次</td><td>V1.0</td><td></td><td></td><td></td><td></td></tr>
<tr><td>客户</td><td>A BRAND</td><td>作业编号</td><td>5-10-14</td><td></td><td></td><td></td><td></td></tr>
<tr><td colspan="12">作业步骤</td></tr>
<tr><td colspan="12">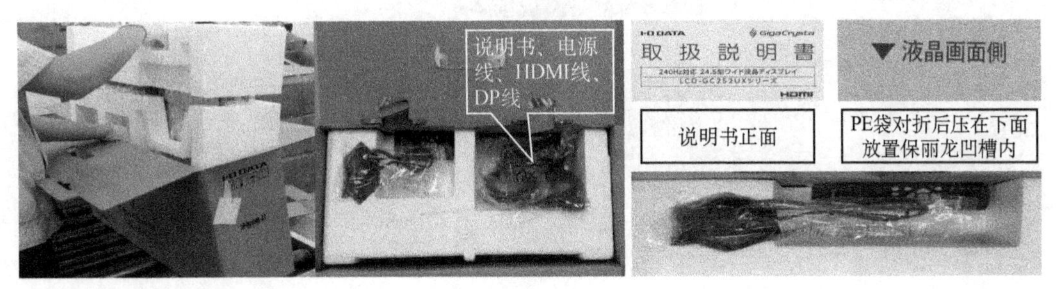

图一　图二
步骤一：待对面作业人员将纸箱扶好后，将贴付于保利龙上的三联单取下，重新贴付纸箱侧边如图一所示
步骤二：双手扣住机台，将机台倾斜 15～30 度装入纸箱中
步骤三：将说明书正面朝上放置在凹槽内，再放置电源线、DP 线、HDMI 线放在保利龙凹槽内，如图二所示
步骤四：拿取遥控器正面朝上地放置在凹槽内，再拿取圆座灯，需将 PE 袋对折后放置保利龙凹槽内，如图二所示</td></tr>
</table>

<table>
<tr><td>注意事项/安全事项</td><td>主/辅材</td><td>料号</td><td>用量</td><td>主/辅材</td><td>料号</td><td>用量</td><td>治工具</td></tr>
<tr><td rowspan="4">机台方向不可放反</td><td></td><td></td><td></td><td></td><td></td><td></td><td rowspan="4">手套</td></tr>
<tr><td></td><td></td><td></td><td></td><td></td><td></td></tr>
<tr><td></td><td></td><td></td><td></td><td></td><td></td></tr>
<tr><td></td><td></td><td></td><td></td><td></td><td></td></tr>
</table>

IPQC 管制要求：

（1）说明书、电源线、DP 线、HDMI 线、遥控器放置位置与方向是否与 SOP 要求一致。

（2）机器镜面朝向是否与 SOP 要求方向一致。

（3）员工作业时是否有按要求佩戴手套，作业步骤与作业手法是否与 SOP 一致。

11. 检查附件摆放——对应作业编号 5-11-14 扶纸箱

<table>
<tr><td colspan="2">××××电子
有限公司</td><td colspan="7">标准作业指导书</td><td>制作
日期</td><td colspan="2">2020/××/××</td></tr>
<tr><td>机种名</td><td>MN096101</td><td colspan="2">UPH</td><td>180</td><td>分配人力</td><td>1</td><td rowspan="4">修改栏</td><td>版次</td><td>修改
履历</td><td>日期</td><td>修改者</td></tr>
<tr><td>工段</td><td>包装</td><td rowspan="3">发行</td><td>制作</td><td>王××</td><td>核　准</td><td>王××</td><td></td><td></td><td></td><td></td></tr>
<tr><td>作业
名称</td><td>扶纸箱</td><td rowspan="2">审查</td><td rowspan="2"></td><td>版　次</td><td>V1.0</td><td></td><td></td><td></td><td></td></tr>
<tr><td>客户</td><td>A BRAND</td><td>作业编号</td><td>5-11-14</td><td></td><td></td><td></td><td></td></tr>
<tr><td colspan="12">作业步骤</td></tr>
<tr><td colspan="12">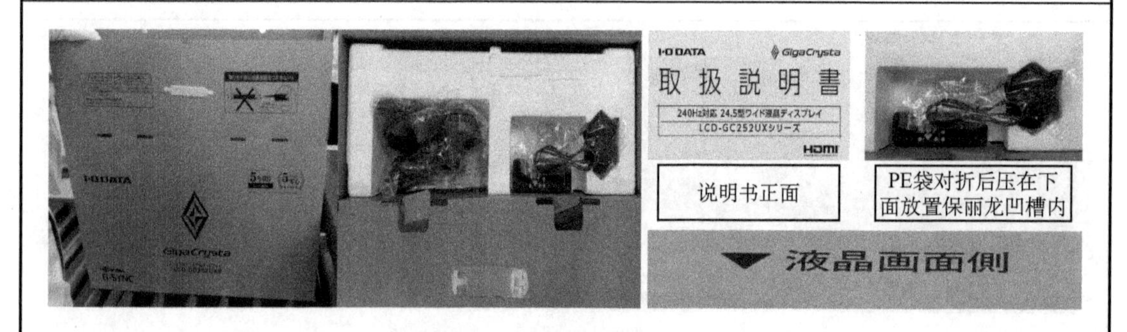
</td></tr>
<tr><td colspan="12">步骤一：将折好的纸箱放于工作台上并扶好，以准备机台的放置
注意：纸箱需 15～30 度倾斜放置，避免纸箱快速落下而造成机台撞击滚轮
步骤二：将说明书正面朝上放置在凹槽内，再放置电源线、DP 线、HDMI 线放在保利龙凹槽内，如图二所示
步骤三：拿取遥控器正面朝上放置在凹槽内，再拿取圆座灯，需将 PE 袋对折后放置保利龙凹槽内，如图二所示</td></tr>
</table>

<table>
<tr><td>注意事项/安全事项</td><td>主/辅材</td><td>料号</td><td>用量</td><td>主/辅材</td><td>料号</td><td>用量</td><td>治工具</td></tr>
<tr><td rowspan="4">机台方向不可放反</td><td></td><td></td><td></td><td></td><td></td><td></td><td rowspan="4">手套</td></tr>
<tr><td></td><td></td><td></td><td></td><td></td><td></td></tr>
<tr><td></td><td></td><td></td><td></td><td></td><td></td></tr>
<tr><td></td><td></td><td></td><td></td><td></td><td></td></tr>
</table>

IPQC 管制要求：

（1）说明书、电源线、DP 线、HDMI 线、遥控器、圆座灯放置位置与方向是否与 SOP 要求一致。

（2）机器镜面朝向是否与 SOP 要求方向一致。

（3）员工作业时是否有按要求佩戴手套，作业步骤与作业手法是否与 SOP 一致。

12. 检查三联单贴付与扫描——对应作业编号 5-12-14 贴三联单

<table>
<tr><td colspan="2">××××电子
有限公司</td><td colspan="7">标准作业指导书</td><td>制作
日期</td><td colspan="2">2020/××/××</td></tr>
<tr><td>机种名</td><td>MN096101</td><td colspan="2">UPH</td><td>180</td><td>分配人力</td><td>1</td><td rowspan="4">修
改
栏</td><td>版次</td><td>修改
履历</td><td>日期</td><td>修改者</td></tr>
<tr><td>工段</td><td>包装</td><td rowspan="3">发行</td><td>制作</td><td>王××</td><td>核　准</td><td>王××</td><td></td><td></td><td></td><td></td></tr>
<tr><td>作业
名称</td><td>贴三联单</td><td rowspan="2">审查</td><td rowspan="2"></td><td>版　次</td><td>V1.0</td><td></td><td></td><td></td><td></td></tr>
<tr><td>客户</td><td>A BRAND</td><td>作业编号</td><td>5-12-14</td><td></td><td></td><td></td><td></td></tr>
<tr><td colspan="12">作业步骤</td></tr>
<tr><td colspan="12">
步骤一：机台进站后，检查三联单有无破损、脏污等不良现象。若存在不良现象，则将机台放置于不良品区，待三联单重新打印后更换
步骤二：将三联单贴付在纸箱的 mark 框内
步骤三：用扫描枪将三联单上红色框和蓝色框条码及纸箱上条码（黄框）扫入系统，如声音为“嘀”声则判为 OK，如出现报警声则为不良，按 1-3-2 顺序扫描</td></tr>
</table>

<table>
<tr><td>注意事项/安全事项</td><td>主/辅材</td><td>料号</td><td>用量</td><td>主/辅材</td><td>料号</td><td>用量</td><td>治工具</td></tr>
<tr><td rowspan="4">三联单贴付不可有歪斜现象</td><td></td><td></td><td></td><td></td><td></td><td></td><td rowspan="4">1. 手套
2. 扫描枪</td></tr>
<tr><td></td><td></td><td></td><td></td><td></td><td></td></tr>
<tr><td></td><td></td><td></td><td></td><td></td><td></td></tr>
<tr><td></td><td></td><td></td><td></td><td></td><td></td></tr>
</table>

IPQC 管制要求：

（1）三联单贴付位置是否与 SOP 要求位置一致，三联单上红色框和蓝色框条码及纸箱上条码（黄框）是否按要求扫入系统扫入系统。

（2）员工作业时是否有按要求佩戴手套，作业步骤与作业手法是否与 SOP 一致。

13. 检查封箱胶带——对应作业编号 5-13-14 封箱&胶带贴附

<table>
<tr><td colspan="2">××××电子
有限公司</td><td colspan="7">标准作业指导书</td><td>制作
日期</td><td colspan="2">2020/××/××</td></tr>
<tr><td>机种名</td><td>MN096101</td><td colspan="2">UPH</td><td>180</td><td>分配人力</td><td>1</td><td rowspan="4">修
改
栏</td><td>版次</td><td>修改
履历</td><td>日期</td><td>修改者</td></tr>
<tr><td>工段</td><td>包装</td><td rowspan="3">发行</td><td>制作</td><td>王××</td><td>核　准</td><td>王××</td><td></td><td></td><td></td><td></td></tr>
<tr><td>作业
名称</td><td>封箱&胶带
贴附</td><td rowspan="2">审查</td><td rowspan="2"></td><td>版　次</td><td>V1.0</td><td></td><td></td><td></td><td></td></tr>
<tr><td>客户</td><td>A BRAND</td><td>作业编号</td><td>5-13-14</td><td></td><td></td><td></td><td></td></tr>
</table>

<table>
<tr><th>作业步骤</th></tr>
<tr><td>

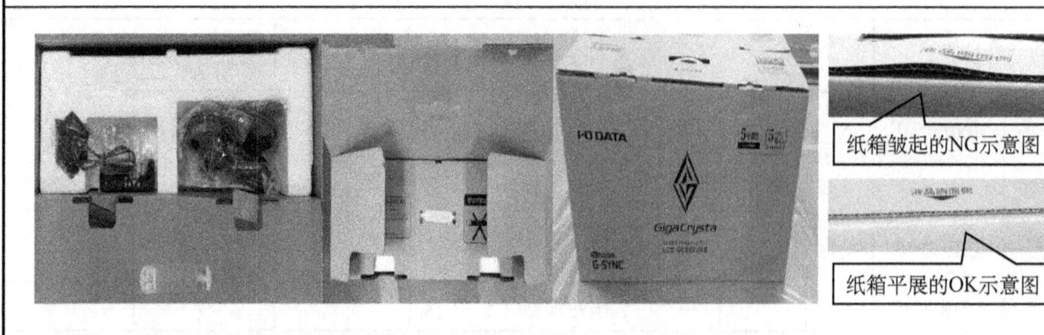

步骤一：确认纸箱中的附属品位置放置正确且附属品无缺少现象
步骤二：将纸箱舌页按顺序折好封口，并检查纸箱舌页上的手柄无漏失
步骤三：用封箱胶带将纸箱舌页处封口，检查上摇盖插入舌页后不可有褶皱、拱起现象
步骤四：用手将胶带抹平，不可有翘起现象。胶带贴付后，再次检查步骤三所述的褶皱现象
注意：纸箱有印刷的地方不要被胶带盖住

</td></tr>
</table>

<table>
<tr><th>注意事项/安全事项</th><th>主/辅材</th><th>料号</th><th>用量</th><th>主/辅材</th><th>料号</th><th>用量</th><th>治工具</th></tr>
<tr><td rowspan="4">1. 检查附属品不可有漏放、错放现象
2. 胶带封口时，不可有褶皱或翘起现象</td><td>胶带</td><td>80902-00058</td><td>8-10cm×2</td><td></td><td></td><td></td><td rowspan="4">1. 手套
2. 手动封箱机</td></tr>
<tr><td></td><td></td><td></td><td></td><td></td><td></td></tr>
<tr><td></td><td></td><td></td><td></td><td></td><td></td></tr>
<tr><td></td><td></td><td></td><td></td><td></td><td></td></tr>
</table>

IPQC 管制要求：

（1）胶带料号是否与 SOP、BOM 用料一致，所使用胶带是否为良品，胶带贴付位置是否与 SOP 要求一致。

（2）员工作业时是否有按要求佩戴手套，作业步骤与作业手法是否与 SOP 一致。

14. 检查机台堆放——对应作业编号 5-14-14 机台堆放

<table>
<tr><td colspan="2">××××电子有限公司</td><td colspan="7">标准作业指导书</td><td>制作日期</td><td colspan="2">2020/××/××</td></tr>
<tr><td>机种名</td><td>MN096101</td><td colspan="2">UPH</td><td>180</td><td>分配人力</td><td>1</td><td rowspan="4">修改栏</td><td>版次</td><td>修改履历</td><td>日期</td><td>修改者</td></tr>
<tr><td>工段</td><td>包装</td><td rowspan="3">发行</td><td>制作</td><td>王××</td><td>核　准</td><td>王××</td><td></td><td></td><td></td><td></td></tr>
<tr><td>作业名称</td><td>机台堆放</td><td rowspan="2">审查</td><td rowspan="2"></td><td>版　次</td><td>V1.0</td><td></td><td></td><td></td><td></td></tr>
<tr><td>客户</td><td>A BRAND</td><td>作业编号</td><td>5-14-14</td><td></td><td></td><td></td><td></td></tr>
</table>

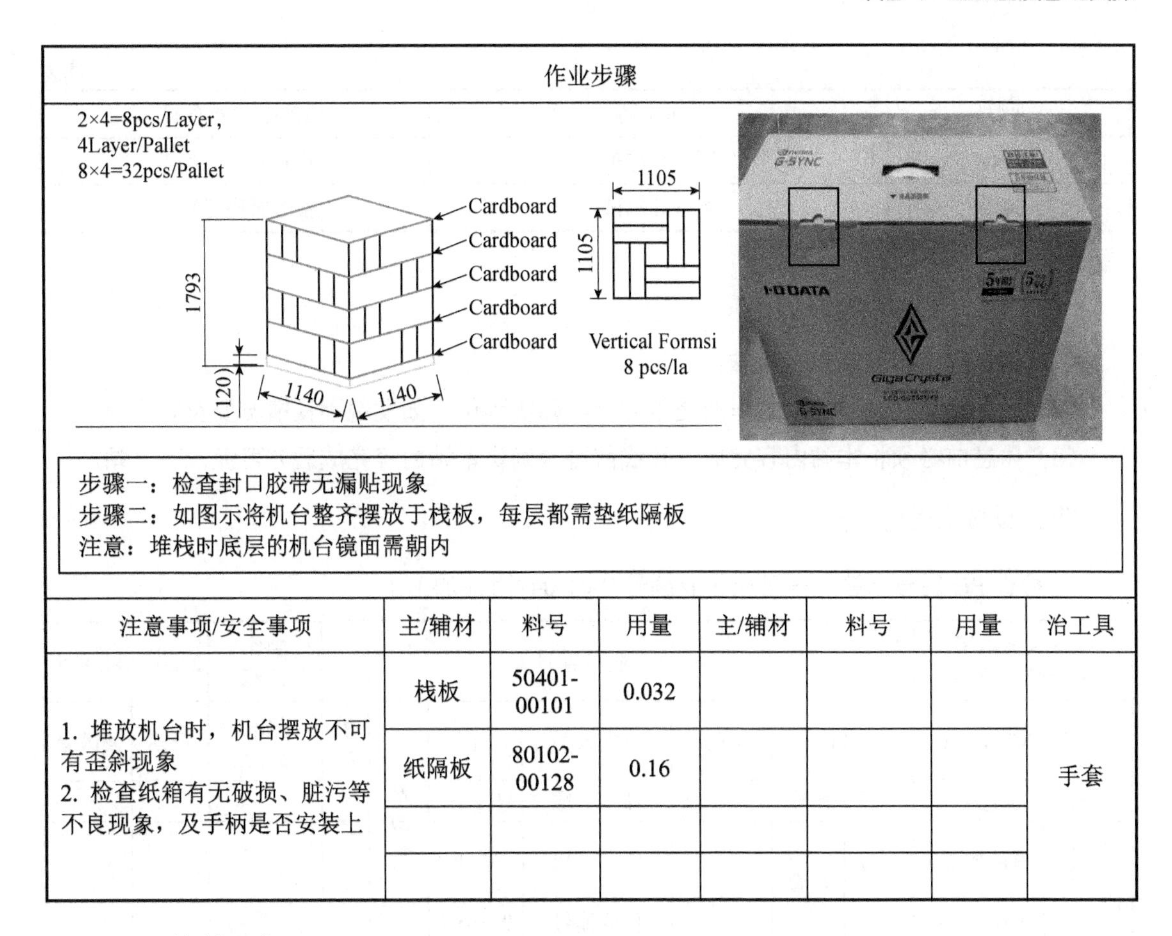

作业步骤

步骤一：检查封口胶带无漏贴现象
步骤二：如图示将机台整齐摆放于栈板，每层都需垫纸隔板
注意：堆栈时底层的机台镜面需朝内

注意事项/安全事项	主/辅材	料号	用量	主/辅材	料号	用量	治工具
1. 堆放机台时，机台摆放不可有歪斜现象 2. 检查纸箱有无破损、脏污等不良现象，及手柄是否安装上	栈板	50401-00101	0.032				手套
	纸隔板	80102-00128	0.16				

IPQC 管制要求：

（1）栈板料号是否与 SOP 用料一致，所使用栈板是否为良品，机器堆放位置与数量是否与 SOP 要求一致。

（2）员工作业时是否有按要求佩戴手套，作业步骤与作业手法是否与 SOP 一致。

4.2.5 附件加工首件检查/巡回检查

一、检查资料&工具

BOM、EC、CR、美工图档、Startup、EMI、手套。

二、作业目录

如表 4-17 所示。

表 4-17 作业目录

作业编号	作业名称	IPQC 检查项目
9-01-04	附件加工 1	检查 PE 袋与标签
9-02-04	附件加工 2	检查电池与说明书

续表

作业编号	作业名称	IPQC 检查项目
9-03-04	圆座灯加工	检查圆座灯加工
9-04-04	圆座灯测试	检查圆座灯测试

三、共同遵守事项

（1）请自觉实施顺次检查方法。

（2）后一站要检查前一站的作业是否完全，确实到位，如发现不良情况要及时反馈。

（3）休息前必须将本站内容完成，开线前再次确认本站内容完成后方可流入下一站。

四、具体作业实施

1. 检查 PE 袋与标签——对应作业编号 9-01-04 附件加工 1

<table>
<tr><td colspan="2">××××电子
有限公司</td><td colspan="7">标准作业指导书</td><td>制作
日期</td><td colspan="2">2020/××/××</td></tr>
<tr><td>机种名</td><td>MN096101</td><td colspan="2">UPH</td><td>180</td><td>分配人力</td><td>1</td><td rowspan="4">修
改
栏</td><td>版
次</td><td>修改
履历</td><td>日期</td><td>修改者</td></tr>
<tr><td>工段</td><td>包装</td><td rowspan="3">发行</td><td>制作</td><td>王××</td><td>核　准</td><td>王××</td><td></td><td></td><td></td><td></td></tr>
<tr><td>作业
名称</td><td>附件加工 1</td><td rowspan="2">审查</td><td rowspan="2"></td><td>版　次</td><td>V1.0</td><td></td><td></td><td></td><td></td></tr>
<tr><td>客户</td><td>A BRAND</td><td>作业编号</td><td>9-01-04</td><td></td><td></td><td></td><td></td></tr>
<tr><td colspan="12">作业步骤</td></tr>
<tr><td colspan="12">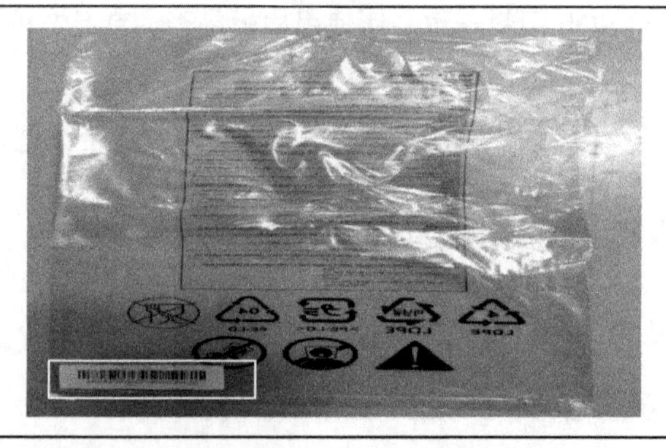
步骤：拿取标签，将标签贴付于 PE 袋无印刷面左下角位置，如图所示</td></tr>
</table>

<table>
<tr><td>注意事项/安全事项</td><td>主/辅材</td><td>料号</td><td>用量</td><td>主/辅材</td><td>料号</td><td>用量</td><td>治工具</td></tr>
<tr><td rowspan="4">检查 PE 袋有无印刷不良</td><td>PE 袋</td><td>90201-
01060</td><td>1</td><td></td><td></td><td></td><td rowspan="4">手套</td></tr>
<tr><td>标签</td><td>90110-
25380</td><td>1</td><td></td><td></td><td></td></tr>
<tr><td></td><td></td><td></td><td></td><td></td><td></td></tr>
<tr><td></td><td></td><td></td><td></td><td></td><td></td></tr>
</table>

IPQC 管制要求：

（1）PE 袋料号是否与 SOP、BOM 用料一致，所使用 PE 袋是否为良品。

（2）标签料号是否与 SOP、BOM 用料一致，印刷是否与美工图档一致，所使用标签是否为良品。

（3）员工作业时是否有按要求佩戴手套，作业步骤与作业手法是否与 SOP 一致。

2. 检查电池与说明书——对应作业编号 9-02-04 附件加工 2

<table>
<tr><td colspan="2">××××电子
有限公司</td><td colspan="7">标准作业指导书</td><td>制作
日期</td><td colspan="2">2020/××/××</td></tr>
<tr><td>机种名</td><td>MN096101</td><td colspan="2">UPH</td><td>180</td><td>分配人力</td><td>1</td><td rowspan="4">修改栏</td><td>版次</td><td>修改
履历</td><td>日期</td><td>修改者</td></tr>
<tr><td>工段</td><td>包装</td><td rowspan="3">发行</td><td>制作</td><td>王××</td><td>核　准</td><td>王××</td><td></td><td></td><td></td><td></td></tr>
<tr><td>作业
名称</td><td>附件加工 2</td><td rowspan="2">审查</td><td rowspan="2"></td><td>版　次</td><td>V1.0</td><td></td><td></td><td></td><td></td></tr>
<tr><td>客户</td><td>A BRAND</td><td>作业编号</td><td>9-02-04</td><td></td><td></td><td></td><td></td></tr>
<tr><td colspan="12">作业步骤</td></tr>
<tr><td colspan="12">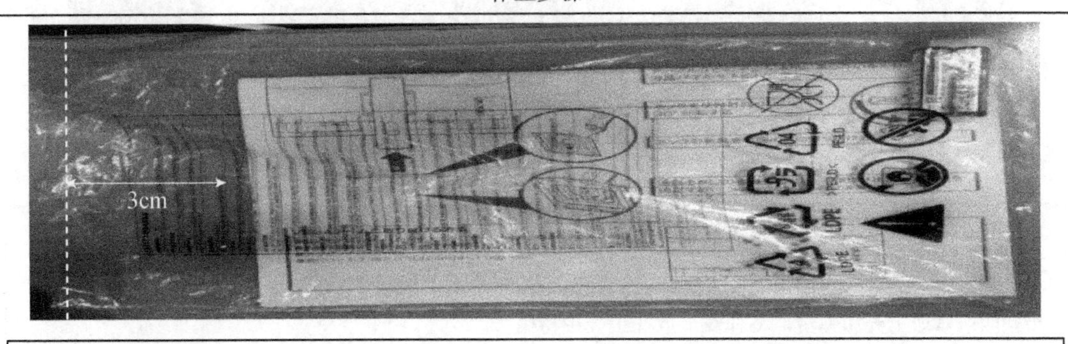
步骤一：拿取说明书，检查说明书有无破损、脏污等不良现象，将说明书按图示方式装入 PE 袋
步骤二：拿取电池，检查电池有无破损、脏污等，将电池装入 PE 袋
步骤三：装袋完成后，将装付好附件的附件包，用塑封机封口（塑封的位置按右图示）
步骤四：封口后，将附件包放置于料箱中待用</td></tr>
</table>

<table>
<tr><td>注意事项/安全事项</td><td>主/辅材</td><td>料号</td><td>用量</td><td>主/辅材</td><td>料号</td><td>用量</td><td>治工具</td></tr>
<tr><td rowspan="4">附件不可有漏放现象</td><td>电池</td><td>61101-
00006</td><td>1</td><td></td><td></td><td></td><td rowspan="4">手套</td></tr>
<tr><td>说明书</td><td>90101-
24760</td><td>1</td><td></td><td></td><td></td></tr>
<tr><td></td><td></td><td></td><td></td><td></td><td></td></tr>
<tr><td></td><td></td><td></td><td></td><td></td><td></td></tr>
</table>

IPQC 管制要求：

（1）电池料号是否与 SOP、BOM 用料一致，所使用电池是否为良品。

（2）说明书料号是否与 SOP、BOM 用料一致，印刷与是否与美工图档一致，所使用说明书是否为良品。

（3）员工作业时是否有按要求佩戴手套，作业步骤与作业手法是否与 SOP 一致。

3. 检查圆座灯加工——对应作业编号 9-03-04 圆座灯加工

<table>
<tr><td colspan="2">××××电子有限公司</td><td colspan="7">标准作业指导书</td><td>制作日期</td><td colspan="2">2020/××/××</td></tr>
<tr><td>机种名</td><td>MN096101</td><td colspan="2">UPH</td><td>180</td><td>分配人力</td><td>1</td><td rowspan="4">修改栏</td><td>版次</td><td>修改履历</td><td>日期</td><td>修改者</td></tr>
<tr><td>工段</td><td>包装</td><td rowspan="3">发行</td><td>制作</td><td>王××</td><td>核准</td><td>王××</td><td></td><td></td><td></td><td></td></tr>
<tr><td>作业名称</td><td>圆座灯加工</td><td rowspan="2">审查</td><td rowspan="2"></td><td>版次</td><td>V1.0</td><td></td><td></td><td></td><td></td></tr>
<tr><td>客户</td><td>A BRAND</td><td>作业编号</td><td>9-03-04</td><td></td><td></td><td></td><td></td></tr>
<tr><td colspan="12">作业步骤</td></tr>
</table>

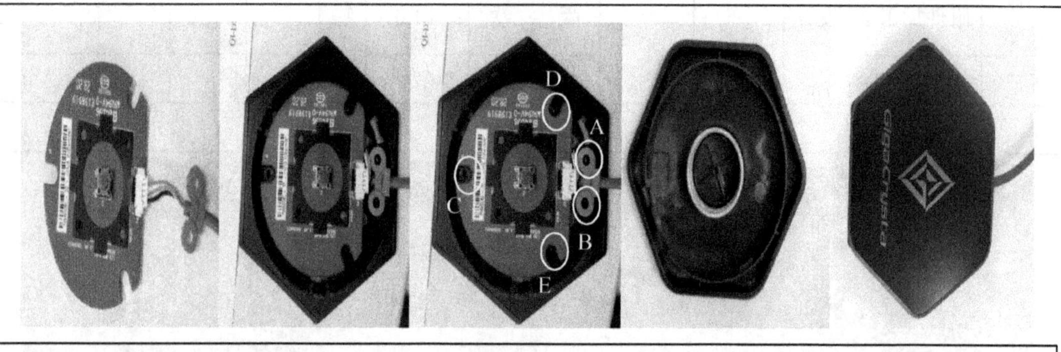

步骤一：拿取圆板和蓝线，将蓝线插付于板子 PIN 中

步骤二：将圆板卡放在底壳中

步骤三：拿取螺丝，将圆板锁固在底壳中，锁付顺序为 A-B-C-D-E

步骤四：拿取上壳和弹簧，将弹簧卡放在上壳中待用

<table>
<tr><td>注意事项/安全事项</td><td>主/辅材</td><td>料号</td><td>用量</td><td>主/辅材</td><td>料号</td><td>用量</td><td>治工具</td></tr>
<tr><td rowspan="4">1. 部品取付时要戴上静电环且环上的金属一定要与皮肤直接接触
2. 螺丝锁付不可有空转、松动及断头等现象
3. 在锁付螺丝时，不得将螺丝掉入机台内，如有，一定要清除干净，方可将机台送出</td><td>底壳</td><td>81301-03067</td><td>1</td><td>上盖</td><td>80301-03895</td><td>1</td><td rowspan="4">1. 静电环
2. 电动起子：
● 扭力 3.5±0.5kgf/cm
● 规格：“十”（ϕ4×2#4～10cm）
3. 防静电手套</td></tr>
<tr><td>板子</td><td>60104-09822
2120A-00097</td><td>1</td><td>弹簧</td><td>80706-00182</td><td>1</td></tr>
<tr><td>蓝线</td><td>61004-00700
2120A-00097</td><td>1</td><td></td><td></td><td></td></tr>
<tr><td>螺丝 2C32</td><td>80601-00370</td><td>5</td><td></td><td></td><td></td></tr>
</table>

IPQC 管制要求：

（1）底壳料号是否与 SOP、BOM 用料一致，所使用的底壳是否为良品。

（2）板子料号是否与 SOP、BOM 用料一致，所使用的板子是否为良品。

（3）蓝线料号是否与 SOP、BOM 用料一致，所使用的蓝线是否为良品。

（4）螺丝料号是否与 SOP、BOM 用料一致，所使用的螺丝是否为良品。

（5）上盖料号是否与 SOP、BOM 用料一致，印刷与美工图档一致，所使用的上盖是否为良品。

（6）弹簧料号是否与 SOP、BOM 用料一致，所使用的弹簧是否为良品。

（7）员工作业时是否有按要求佩戴静电环和静电手套，作业步骤与作业手法是否与 SOP 一致，所使用的起子扭力是否在 SOP 要求范围内。

4. 检查圆座灯测试——对应作业编号 9-04-04 圆座灯测试

<table>
<tr><td colspan="2">××××电子有限公司</td><td colspan="7">标准作业指导书</td><td>制作日期</td><td colspan="2">2020/××/××</td></tr>
<tr><td>机种名</td><td>MN096101</td><td colspan="2">UPH</td><td>180</td><td>分配人力</td><td>1</td><td rowspan="4">修改栏</td><td>版次</td><td>修改履历</td><td>日期</td><td>修改者</td></tr>
<tr><td>工段</td><td>包装</td><td rowspan="3">发行</td><td>制作</td><td>王××</td><td>核　准</td><td>王××</td><td></td><td></td><td></td><td></td></tr>
<tr><td>作业名称</td><td>圆座灯测试</td><td rowspan="2">审查</td><td rowspan="2"></td><td>版　次</td><td>V1.0</td><td></td><td></td><td></td><td></td></tr>
<tr><td>客户</td><td>A BRAND</td><td>作业编号</td><td>9-04-04</td><td></td><td></td><td></td><td></td></tr>
<tr><td colspan="12">作业步骤</td></tr>
<tr><td colspan="12">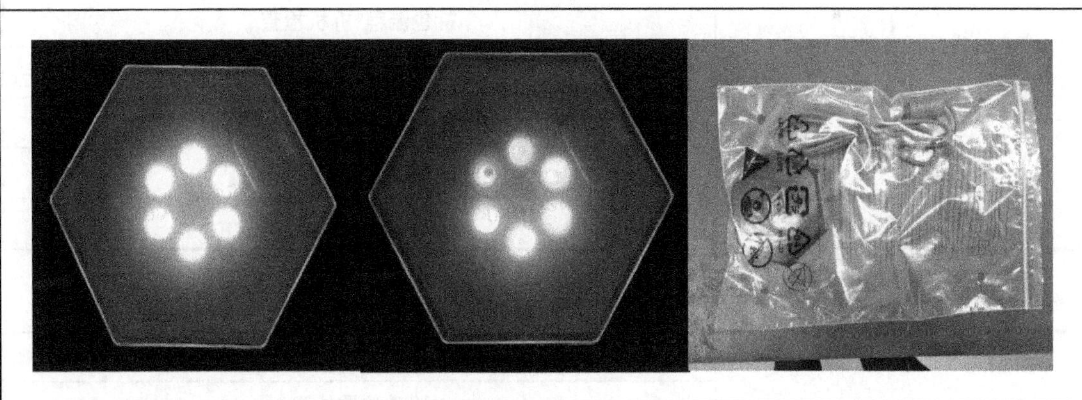
步骤一：将圆座灯线插入机台，机台开机后圆座灯的灯闪烁（确认五个灯都须亮起）
步骤二：按压圆座灯中间按键，LED 灯进入切换模式
步骤三：将测试好的圆座灯装入 PE 袋中并封口</td></tr>
</table>

<table>
<tr><td>注意事项/安全事项</td><td>主/辅材</td><td>料号</td><td>用量</td><td>主/辅材</td><td>料号</td><td>用量</td><td>治工具</td></tr>
<tr><td rowspan="4">堆放机台时，机台摆放不可有歪斜现象</td><td>PE 袋</td><td>90201-03180</td><td>1</td><td></td><td></td><td></td><td rowspan="4">1. 手套
2. 测试机台</td></tr>
<tr><td></td><td></td><td></td><td></td><td></td><td></td></tr>
<tr><td></td><td></td><td></td><td></td><td></td><td></td></tr>
<tr><td></td><td></td><td></td><td></td><td></td><td></td></tr>
</table>

IPQC 管制要求：

（1）圆座灯测试手法是否与 SOP 要求一致，灯颜色是否与 SOP 配图一致。

（2）PE 袋料号是否与 SOP、BOM 用料一致，所使用的 PE 袋是否为良品。

（3）员工作业时是否有按要求佩戴静电手套，作业步骤与作业手法是否与 SOP 一致。

4.3　典型产品的 OQC 实操

选取校企合作某平板显示器制造企业典型产品，真实展现电子制造企业 IQC 岗位的实际工作内容，为学生提供真实岗位场景，提高工作能力。

OQC 检验包括成品拆包及成品检验，成品拆包检验流程如表 4-18 所示，成品检验具体包括项目如表 4-19 所示。

表 4-18　成品拆包检验流程

成品拆包流程	从××产线抽检机器
	拆包流程*纸箱检查
	拆包流程*附件包检查
	拆包流程*拆机检查
	拆包流程*拆机检查（底座）
	拆包流程*拆机检查（安装底座）
	拆包流程*外观检查
	拆包流程*热机检查

表 4-19　成品检验项目

成品检验	包装检查*纸箱检查
	附件位置检查
	附件检查
	外观/机构检查
	电气检查

4.3.1　成品拆包规范

一、拆包治工具

拆包治工具包括螺丝刀、镜面布、封箱器、热风枪、各机种专用胶带，如图 4-56 所示。

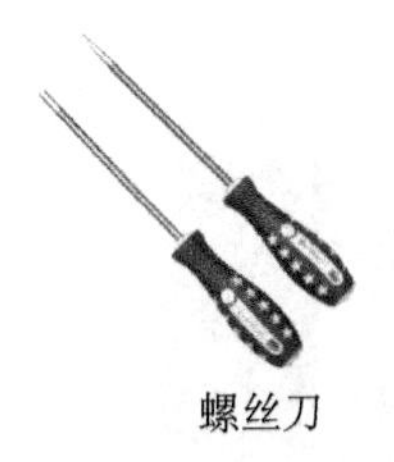

螺丝刀

镜面布

热风枪

图 4-56　拆包治工具

二、拆包流程实施

1. 从某产线抽检机器（机器型号：TV16820104）

管制要求：轻拿轻放，大致检查一下纸箱外观，抽检机器如图 4-57 所示。

图 4-57　抽检机器

2. 纸箱检查

管制要求：将机器搬运回 OQA 检验室，拆包员进行纸箱检验。检查纸箱印刷不可有模糊、漏印、色差；纸箱不可破损、变形，如图 4-58 所示。

图 4-58　纸箱检验

3. 附件包检查

管制要求：

① 打开纸箱，确认镜面位置是否正确，附件摆放位置是否正确，数量是否齐全，有无褶皱、脏污、破损、印刷不良，附件包内附件位置不可乱放。

② 确认 PE 袋是否打孔、有无破损、印刷不良。

③ 确认保利龙料号。

附件包检查如图 4-59 所示。

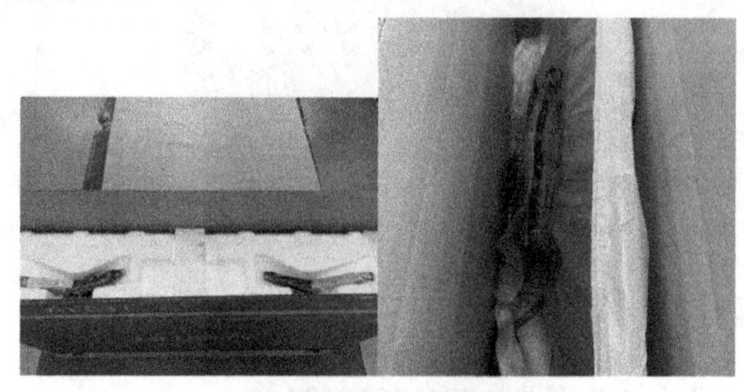

图 4-59 附件包检查

4. 拆机检查

管制要求：取出附件，拆包员确认是否正确，取出保利龙，然后取出机台，如图 4-60 所示。

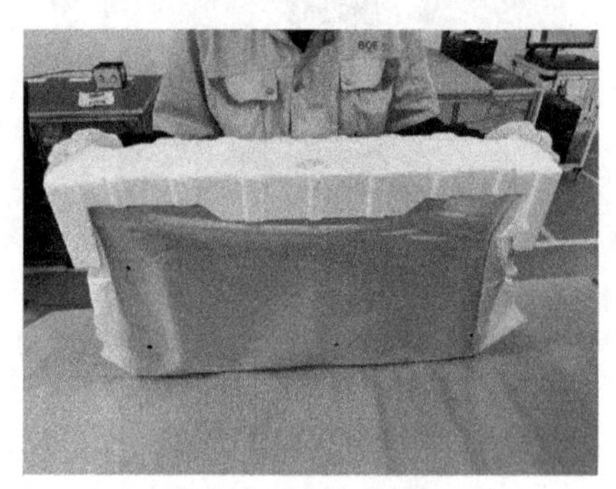

图 4-60 拆机检查

5. 拆机检查（底座）

管制要求：检查底座（拆包员确认底座是否有刮伤，脚垫颜色/数量是否正确，脚垫不可移位，不可缺少），如图 4-61 所示。

图 4-61 底座检查

6. 拆机检查（安装底座）

管制要求：安装底座（拆包员检验确认底座有无断裂，及是否缺料、白化，螺丝能否锁进去），如图 4-62 所示。

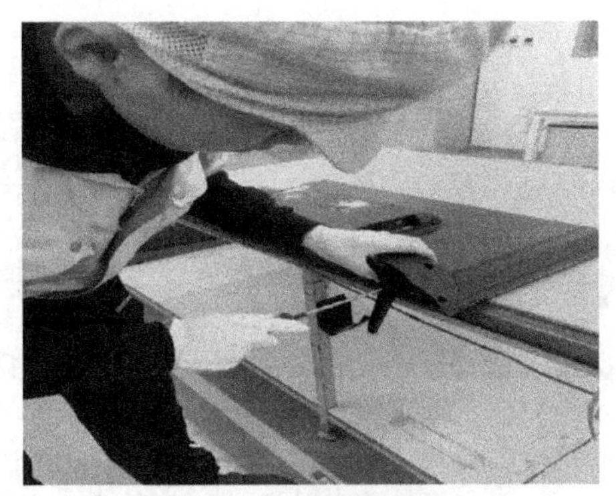

图 4-62　安装底座

7. 外观检查

管制要求：确认机台外观（拆包员确认机台外观，前后壳印刷是否正确、是否有脏污或刮伤，确认机台铭板号码是否与纸箱一致，定格铭板是否欠品），如图 4-63 所示。

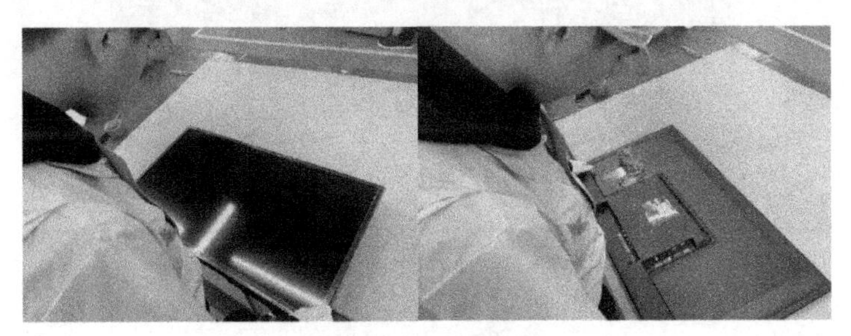

图 4-63　外观检查

8. 热机检查

管制要求：机台热机（机台放在热机区域，插上电源进行热机），如图 4-64 所示。

图 4-64　热机检查

4.3.2　成品检验规范

一、测试治工具

厚薄规、直尺、角度规、敲棒、软尺、放大镜、点规、USB（3.0）、ND 膜（5%），如

图 4-65 所示。

厚薄规　　　　角度规

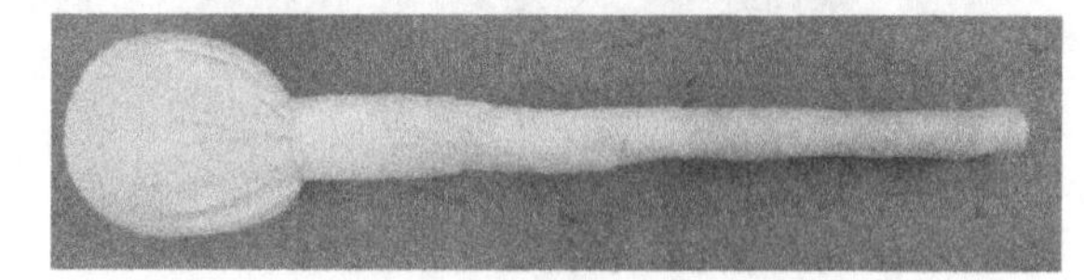

敲棒

放大镜

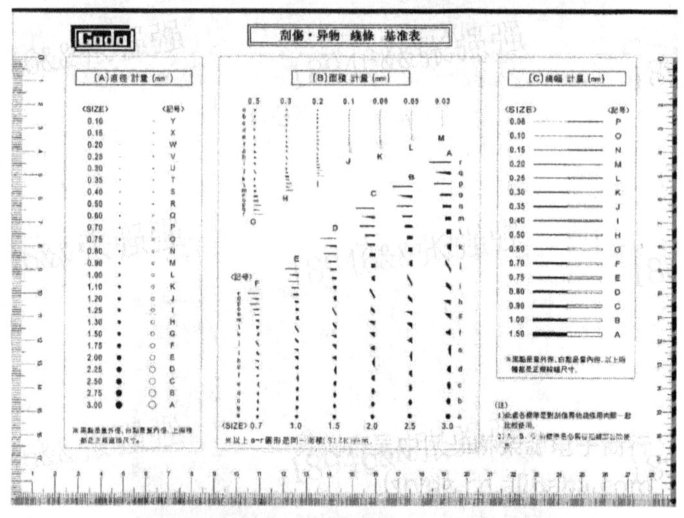

点规

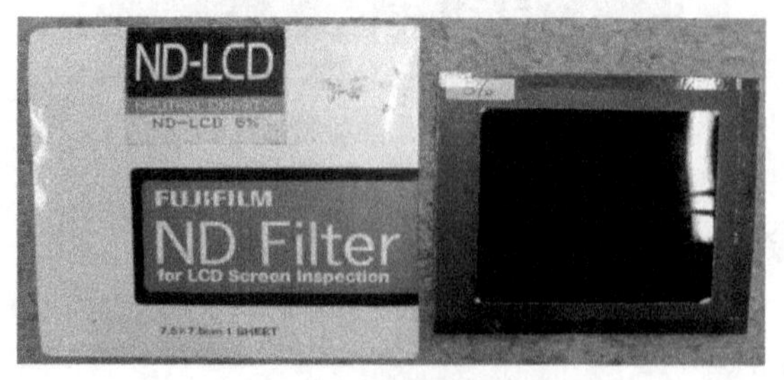

ND膜

图 4-65　测试治工具

二、测试仪器设备

全电源、MIK（信号产生器）、PC 主机、色温仪、功率计、DVD、无线/有线网、功放（支持蓝牙、ARC、CEC/同轴等功能）、手机/笔记本（支持无线投屏功能），如图 4-66 所示。

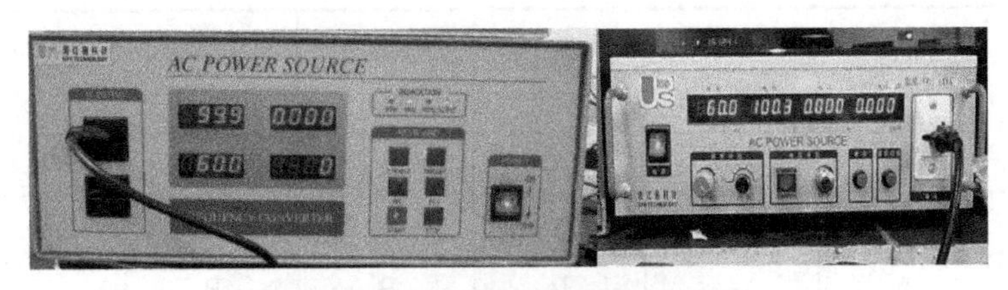

全电源（输出规格电压与频率）

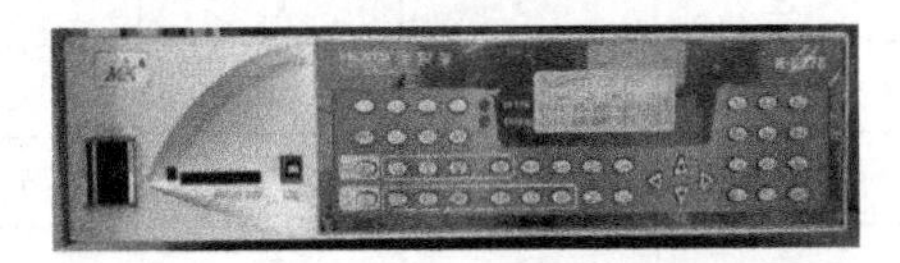

MIK（信号产生器，用于标准视频信号的输出）

色温仪（用于量测画面亮度，色坐标等）

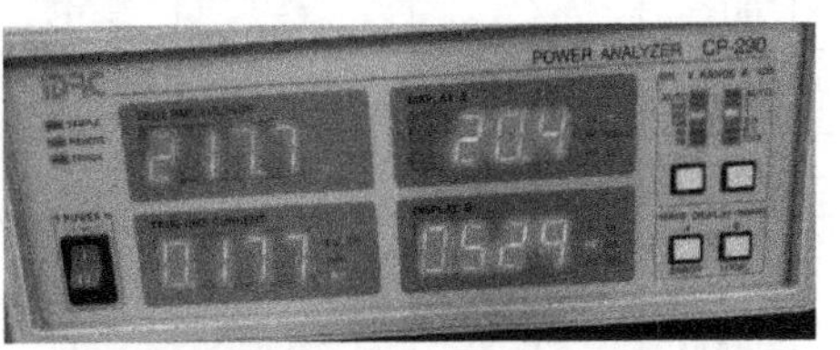

功率计（用于记录产品功率消耗值）

功放（支持蓝牙、ARC、CEC/同轴等功能）

图 4-66　测试仪器设备

三、测试条件

环境温度：15～35℃

相对温度：25%RH～75%RH

照度：

外观检：500～800Lux

画面检：0～150Lux

四、抽样标准

按照 AQL 进行抽样检查，维修机台 OQA 参照 MP 抽样执行，抽样标准如表 4-20 所示，MIL-STD-105(E)正常检验一次抽样方案，如表 4-21 所示。

表 4-20　抽样标准

批量	特殊检验水平				一般检验水平		
	S-1	S-2	S-3	S-4	Ⅰ	Ⅱ	Ⅲ
2～8	A	A	A	A	A	A	B
9～15	A	A	A	A	A	B	C
16～25	A	A	B	B	B	C	D
26～50	A	B	B	C	C	D	E
51～90	B	B	C	C	C	E	F
91～150	B	B	C	D	D	F	G
151～280	B	C	D	E	E	G	H
281～500	B	C	D	E	F	H	J
501～1200	C	C	E	F	G	J	K
1201～3200	C	D	E	G	H	K	L
3201～10000	C	D	F	G	J	L	M
10001～35000	C	D	F	H	K	M	N
35001～150000	D	E	G	J	L	N	P
150001~500000	D	E	G	J	M	P	Q
500001 及其以上	D	E	H	K	N	Q	R

表 4-21　MIL-STD-105(E) 正常检验一次抽样方案

样本量字码	样本量	接收质量限（AQL）													
		0.01	0.015	0.025	0.040	0.065	0.10	0.15	0.25	0.40	0.65	1.0	1.5	2.5	4.0
		Ac Re	Ac Re	Ac Re	Ac Re	Ac Re	Ac Re	Ac Re	Ac Re	Ac Re	Ac Re	Ac Re	Ac Re	Ac Re	Ac Re
A	2	↓	↓	↓	↓	↓	↓	↓	↓	↓	↓	↓	↓	↓	↓
B	3	↓	↓	↓	↓	↓	↓	↓	↓	↓	↓	↓	↓	↓	0 1
C	5	↓	↓	↓	↓	↓	↓	↓	↓	↓	↓	↓	↓	0 1	↑
D	8	↓	↓	↓	↓	↓	↓	↓	↓	↓	↓	↓	0 1	↑	↓
E	13	↓	↓	↓	↓	↓	↓	↓	↓	↓	↓	0 1	↑	↓	1 2
F	20	↓	↓	↓	↓	↓	↓	↓	↓	↓	0 1	↑	↓	1 2	2 3
G	32	↓	↓	↓	↓	↓	↓	↓	↓	0 1	↑	↓	1 2	2 3	3 4
H	50	↓	↓	↓	↓	↓	↓	↓	0 1	↑	↓	1 2	2 3	3 4	5 6
J	80	↓	↓	↓	↓	↓	↓	0 1	↑	↓	1 2	2 3	3 4	5 6	7 8
K	125	↓	↓	↓	↓	↓	0 1	↑	↓	1 2	2 3	3 4	5 6	7 8	10 11
L	200	↓	↓	↓	↓	0 1	↑	↓	1 2	2 3	3 4	5 6	7 8	10 11	14 15
M	315	↓	↓	↓	0 1	↑	↓	1 2	2 3	3 4	5 6	7 8	10 11	14 15	21 22
N	500	↓	↓	0 1	↑	↓	1 2	2 3	3 4	5 6	7 8	10 11	14 15	21 22	↑
P	800	↓	0 1	↑	↓	1 2	2 3	3 4	5 6	7 8	10 11	14 15	21 22	↑	↑
Q	1250	0 1	↑	↓	1 2	2 3	3 4	5 6	7 8	10 11	14 15	21 22	↑	↑	↑
R	2000	↑	↑	1 2	2 3	3 4	5 6	7 8	10 11	14 15	21 22	↑	↑	↑	↑

五、注意事项

（1）检验并将检验结果记录在 OQA 出货检查结果表上（见图 4-67）。

			INSPECTION NUMBER. 编 号 NO.1-2
JUDGEMENT判定		TV SHIPPED INSPECTION REPORT TV 出 库 检 查 结 果 表	DATE 日 期 2020Y(年)1M(月)8D(日)
PASS（圈选）	REJECT		

成品料号(No):TV16790119		MODEL 机种全名	BUYER MODEL 客户机名	BRAND 商标	A.Q.L 允收水准	QC CHIEF 主管	INSPECTOR 检查员
生产工程(Line)：KE-030		32LM560BGNA	32LM560BGNA	LG	0.65/2.5		
测试电压	220V/ 韩国	PROD.LOT 批号	BATCH SIZE 批量：	SAMPLE SIZE 抽样数	N.O.D.A 允收不良数	吴涛	杨智凯
		1000037817	N:392	N:32	0　0　1		

检查项目		抽样数量	OX	Crj	Maj	Min
包装检查 (参照检验规范)	检查纸箱& all Label 印刷有无模糊,破损、漏贴和变形	32	O			
	打开纸箱,确认机台镜面位置是否正确,附件摆放位置是否正确,	32	O			
	确认各附件使用是否正确,是否有漏放	32	O			
外观/机构检查 (参照检验规范)	检查序号:检查Carton label序号与set label序号是否一致	32	O			
	检查印刷:检查前后壳印刷是否正确清楚,是否有偏移并检查set label印刷是否正确(需确认Model name,Rating是否正确),检查前后壳上所贴的能效Label和POP Label 印刷及Model是否正确,是否有漏贴.	32	O			
	检查空隙: (前壳与panel Gap,前后壳 Gap,前后壳段差)是否在规格内	32	O			
	检查仰角，倾斜是否在规格内，前后摇摆机台,检查机台有无异音并翻转机台检查脚垫是否漏失,螺丝有无欠品锐边	32	O			
	检查外观:塑壳是否有刮伤,污点，塑壳印刷是否正确,是否清楚. 功能键标识是否正确,位置是否偏移,脚垫有无欠缺颜色是否正确,塑壳外观是否有毛边、锐边刮手.	32	O			
电气检查 (参照检验规范)	遥控接收功能测试	32	O			
	遥控器功能测试	4	O			
	遥控接收角度及距离测试	1	O			
	检查开机Logo 是否正常且正确,出厂Source 画面及OSD设置是否在出厂设定模式(OSD 出厂语言定位: (韩语)	32	O			
	有线、无线网络测试	/	/			
	TV 信号搜台、画面及声音检查	32	O			
	检查OSD各功能是否正常，	32	O			
	检查功能键的功能正常且作用与功能键的印刷标示一致，不可有功能乱、键呆、键硬现象	32	O			
	HDMI、AV、Ypbpr 接DVD 画面及声音测试	32	O			
	多媒体 USB 功能 测试	32	O			
	SPDIF 、~~COAXIAL~~、~~Audio out~~ 、~~MHL~~、~~ARC~~、~~蓝牙~~ 、~~耳机~~等 功能测试 (按机台设计选择)	32	O			
	PC 信号画面测试轻敲后壳检查灰阶画面是否有异常,其他timing按Chroma设定切换检查画面是否异常(如：画面抖动、残影等不良）.	32	O			
	接PC主机测试	32	O			
	Panel检查是否在规格内，如亮点，暗点，亮线，Mura，漏光等	32	O			
	软体版本确认 : 0xFFB2 2019-11-06 15:52:56	32	O			
	色温，亮度，CR, B/U, 功率数据见附件报告	2	O			

确认检查测试项目	SERIAL NO.		测试结果
全电源(100~240V,60/50HZ)测试	001BORM00406	001BOQA00460	OK
接触电流（<0.5mA）	001BORM00406(0.141mA)	001BOQA00460(0.138mA)	OK
接地测试	/	/	/
耐压测试(2121V/<5mA)	001BORM00406	001BOQA00460	OK
绝缘阻抗测试(500V>4MΩ)	001BORM00406	001BOQA00460	OK
冷开关机测试	001BORM00406	001BOQA00460	OK

不良详细内容

序号	不良内容	判定	S/N
1			
2			
3			
4			
5			

每天开始检验 前,先确认仪器设备使用&接地是否OK。确认结果：OK		S/N Range：001BOAY00112-001BOZR00485
Remark	"OX"其中"O"代表 "OK","X"代表" NG"　　折包员：黄向东	

QP-PQA-003-05 （Ver.G ） Page:1/3

图 4-67　出货检查结果表

（2）注意作业时戴白手套，勿戴手表、戒指等物品以免刮伤镜面。

（3）休息过后机台需重新检验。

（4）作业人员在拿取机台时必须轻拿轻放，以免撞伤机台。

（5）同一工令在不同线体生产需再做首件。

（6）异常确认后及时上报主管协助解决处理。

六、成品检验项目实施

1. 包装检查*纸箱检查

管制要点：

① 检查纸箱印刷是否模糊以及有无脏污、破损和变形。

② 检查纸箱印刷需与 artwork 一致，确认储运标志齐全。

③ 注意该机种封箱胶带是否为专用胶带。

④ 注意封箱胶带长度。

⑤ 确认该纸箱料号是否正确。

纸箱检查如图4-68所示。

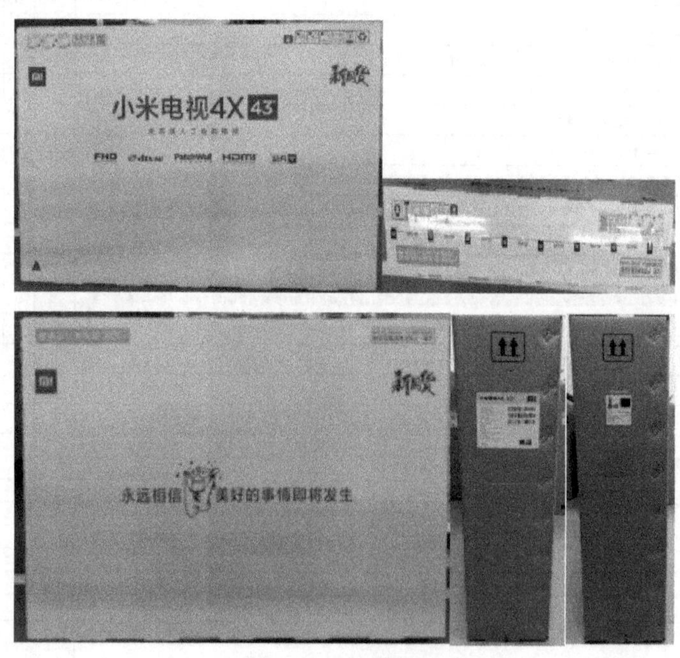

图4-68　纸箱检查

2. 附件位置检查

管制要点：

① 打开纸箱，确认机台镜面位置是否正确，附件摆放位置是否正确。

② 检查脚垫数量，脚垫颜色，脚垫不可有脱落现象出现。

③ 确认保利龙料号是否正确。

④ 称重机台（不含底座、含底座）、毛重（只需测首件两台）。

附件位置检查如图 4-69 所示。

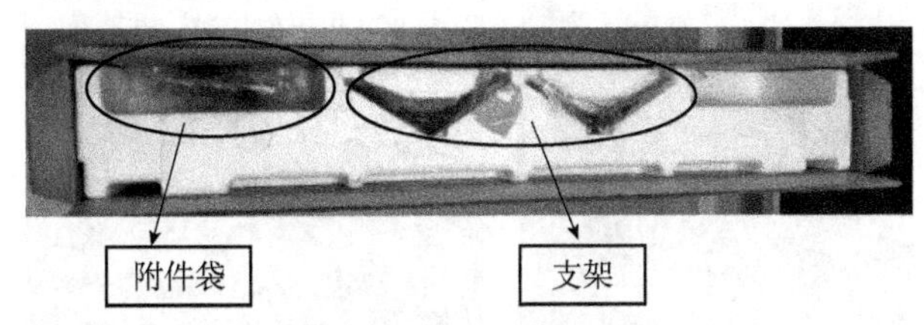

图 4-69　附件位置检查

3. 附件检查

（1）附件包/说明书。

管制要点：

① 检查附件包附件是否齐全，有无折皱、脏污、破损、印刷不良等。

② PE 袋是否破损、印刷不良等。

③ 附件及支架料号与机器匹配，不允许与其他机台混装。

④ 使用说明书的型号、料号是否正确及印刷是否清晰等，有无折皱、脏污、破损等。

附件检查如图 4-70 所示。

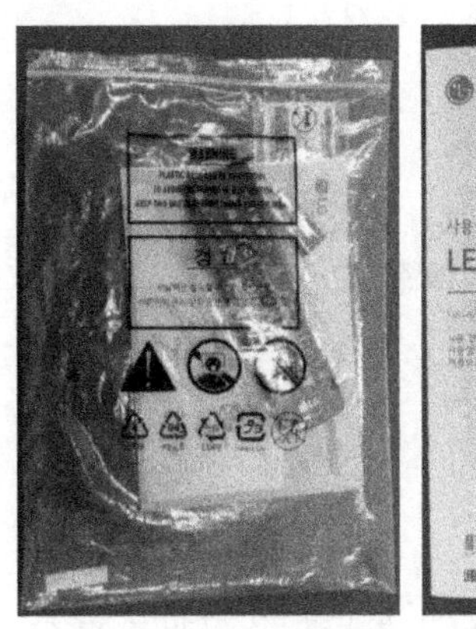

图 4-70　附件检查

（2）遥控器、支架、支架螺丝、电池。

管制要点：

① 检查遥控器有无划痕、刮伤，型号是否正确。

② 检查螺丝数量，螺丝不可脱漆，每批实配 2 台。

③ 检验电池有无破损、是否在保质期内，要注意检查电池的生产日期，且以当天检查日期为准，到保质期最短时间为 0.5 年。

遥控器及底座 OFFline 需要百分百实配，左右底座不同（检查底座料号、遥控器料号、电池料号是否正确）。

各物件图例如图4-71所示。

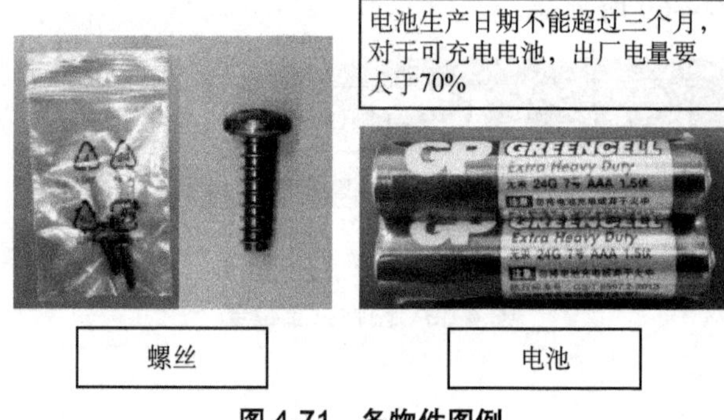

图4-71　各物件图例

（3）支架强度测试。

管制要点：将机台放置在平稳桌面上，支架一端不动，将另一端手动提起5cm，做跌落测试，跌落共50次，检查支架有无开裂、损坏等不良现象，如图4-72所示。注：每工单测试两台。

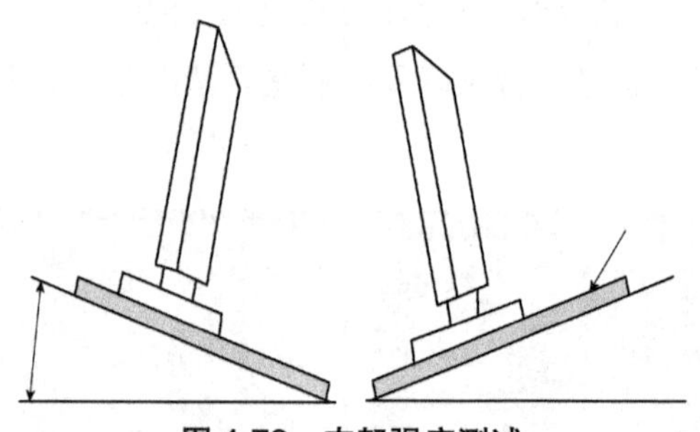

图4-72　支架强度测试

4. 外观/机构检查

（1）Set label&Carton label。

管制要点：

① 纸箱条码需扫码确认是否正确，能否正常识别（每批1台）。

② 铭版与纸箱的机种名是否正确。

③ 核对MN.和SN.序列号编码是否正确。

④ 核对机型是否正确。

⑤ 核对SKU是否正确。

此项为重点管控，具体标志如图4-73所示。

（2）能效标签。

管制要点：检验能效等级且确认生产者名称及规格型号是否正确。用手机扫描能效标签二维码，确认联网信息与实际机种和申请公司名称、机型等信息一致，每批扫描一台。依据的国家标准为 GB24850—2013。

此项为重点管控，具体标识如图 4-74 所示。

图 4-73　Set label&Carton label

图 4-74　能效标签

（3）检查空隙。

管制要点：

① 检查前壳泡棉与屏上下左右之间的间隙（见图 4-75（a））。

② 检查前框和铁后盖的间隙（见图 4-75（b））。

③ 检查前框与铁后盖段差（见图 4-75（c））。

④ 检查各插口与档条间隙（见图 4-75（d））。

注：先目视确认，若目视超规，再用测试治具——厚薄规对最大点进行测量，如图 4-75 所示。

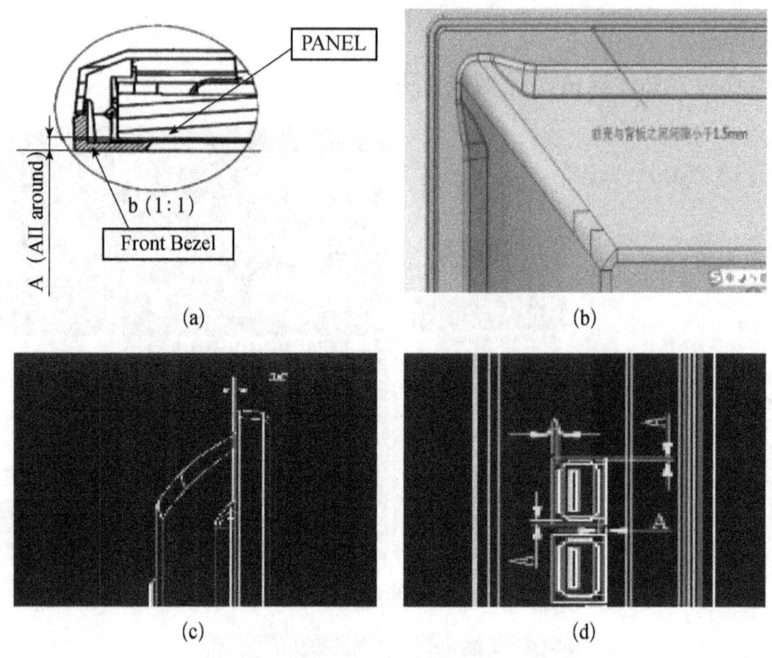

(a)　　(b)

(c)　　(d)

图 4-75　空隙检查

（4）前框外观检查。

管制要点：检查外观。

① 塑壳是否有刮伤、污点，判定依据为《公模 MNT&TV 塑胶类零件检测管理规则》（环境亮度：500～800Lux）。

② 检查塑壳印刷是否正确、清楚，功能键标示是否正确，位置是否偏移，脚垫有无欠缺，前后摇晃机台有无异样。

前框外观检查如图 4-76 所示。

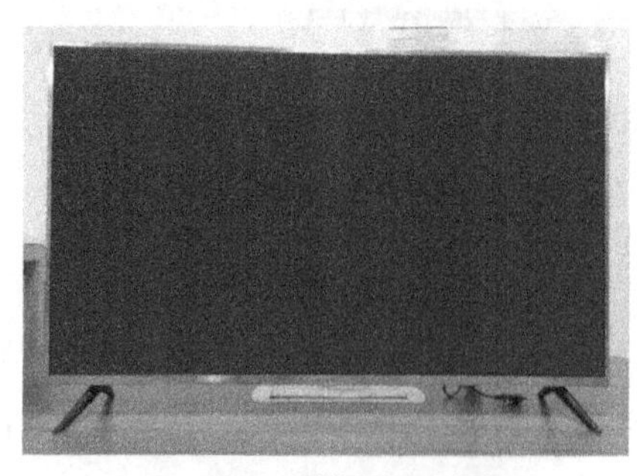

图 4-76　前框外观检查

（5）外观检查。

管制要点：

① 塑壳是否有刮伤、污点，判定依据为《公模 MNT&TV 塑胶类零件检测管理规则》（环境亮度：500～800Lux）。

② 检查塑壳端子口印刷是否正确、清楚，位置是否偏移。脚垫有无欠缺、前后摇晃机台

有无异样。

③ 检查挂壁孔有无偏位、异物（偏位判定：螺丝能锁进去则判为 OK，无法锁进去则判为 NG）。

④ 检查背板螺丝有没有打到位，不能打歪。

⑤ 防拆标签不可更换位置。

⑥ 铭板处鼓起不允许。

外框检查如图 4-77 所示。

后壳&铭板

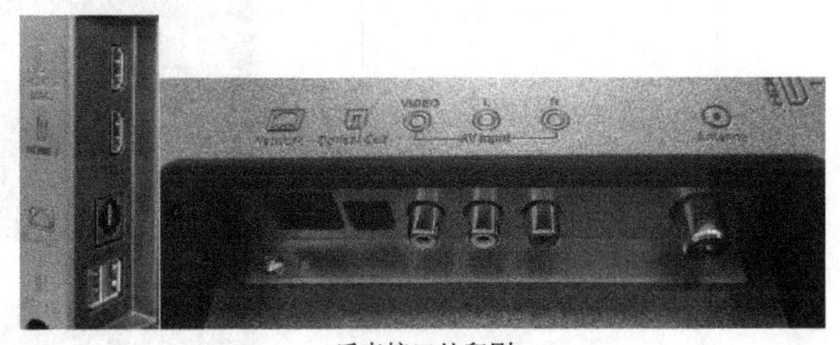

后壳接口处印刷

图 4-77　外框检查

5. 电气检查

（1）初始状态检测（见表 4-22）。

表 4-22　初始状态检测

检测项目	管制要点	测试现象
开机 Logo 确认	① 检查开机 Logo 是否正确 ② 使用按键和遥控器各开机 1 次，确认开机画面正常 ③ 确认按键功能正常，无卡死、脱落、偏位等现象 ④ 确认指示灯颜色，发光均匀，透光区颜色深浅一致，边缘平滑、无划伤、裂痕、无明显锯齿状条纹	Hisense POWERED BY android

续表

检测项目	管制要点	测试现象
用户登录检测	开机后检查是否为出厂状态，是否有导航提示，根据导航提示，进行遥控器配对、连接网络，然后进入主界面。注：根据机种进行检测	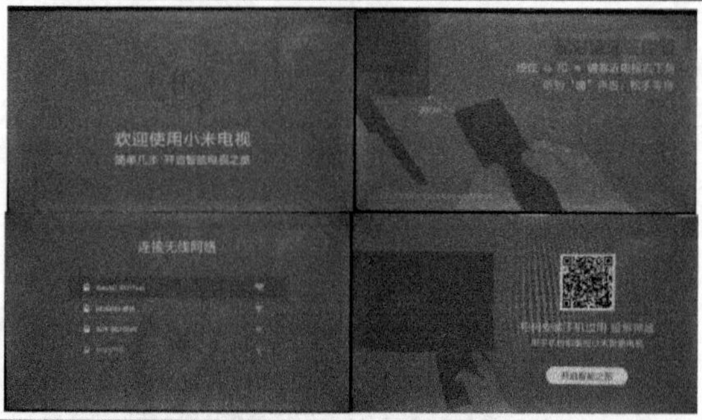

（2）网络测试（见表4-23）。

表4-23　网络测试

检测项目	管制要点	测试现象
有线网络 100%	使用遥控器单击进入电视设置界面，选择网络设置（见图一），在网络设置中选择"有线连接"中的"自动连接"（见图二），网络开始连接，最后出现连接成功界面，在主页单击进入任意一个网页（见图三、图四）即判为OK	 图一 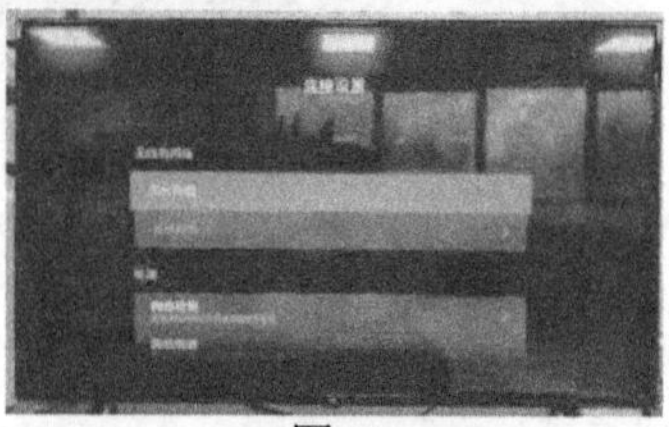 图二  图三  图四

续表

检测项目	管制要点	测试现象
无线网络 100%	在系统设置界面选择网络（见图五），在网络设置中选择“无线连接”进行无线搜索（见图六），在搜到的无线信号中选择所要连接的网络进行网络连接（见图七），网络开始连接，最后出现连接成功界面，在主页单击进入任意一个网页即判为 OK（见图八）	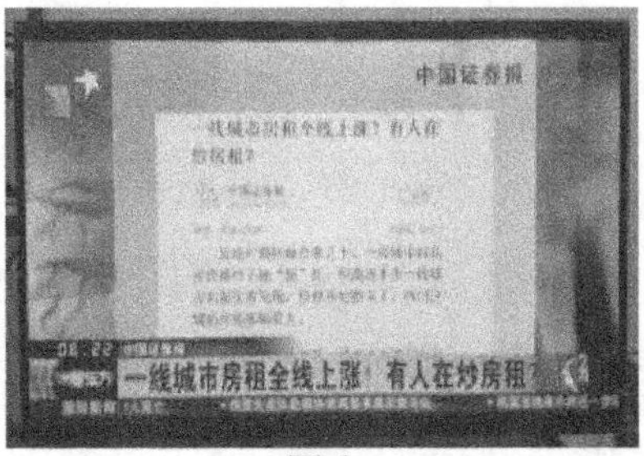 图八
智能 电视联网、 在线 视频观看、 应用商城、 App 下载 安装	① 按遥控器上的“主页键”进入智能页面（见图一） ② 选择页面中的应用商城（见图二），进入应用商城中下载一个应用程序并安装（见图三、图四） ③ 打开应用进行使用，观看（见图五）	 图一  图二  图三

续表

检测项目	管制要点	测试现象
智能 电视联网、 在线 视频观看、 应用商城、 App 下载 安装		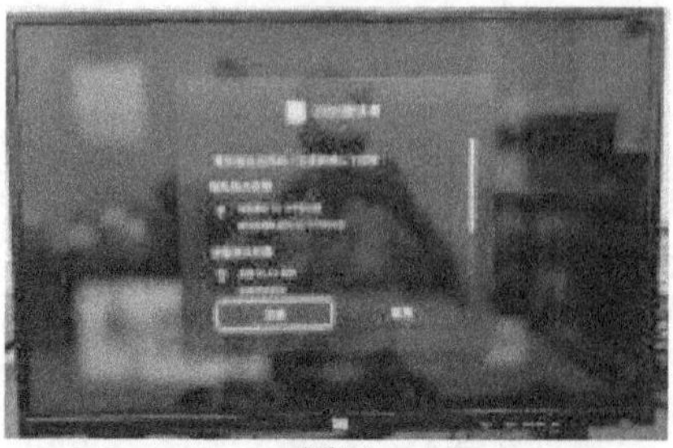 图四  全聚德 图五

（3）菜单及模式设置测试（见表4-24）。

表4-24　菜单及模式设置测试

检测项目	管制要点	测试现象
OSD 设置	使用遥控器，在设置界面打开“图像”，查看初始 OSD 设置。注：机种不同初始 OSD 设置也不同	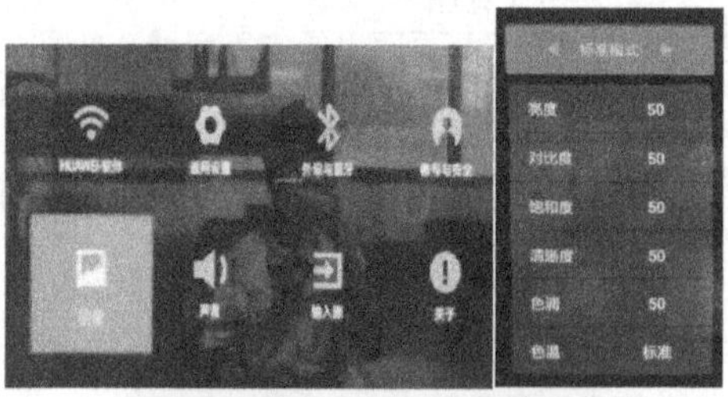 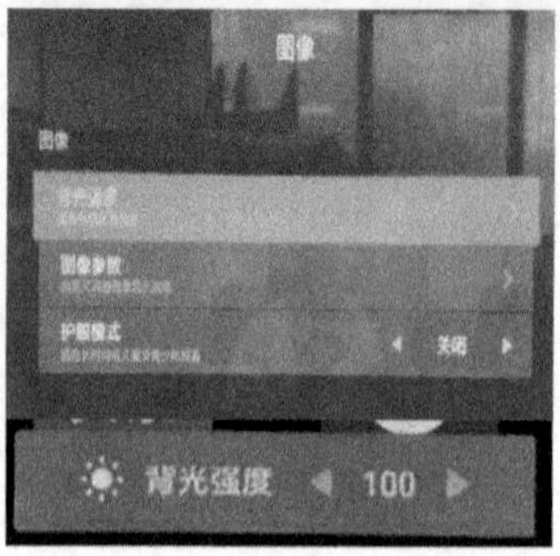 声音 输入源 关于 亮度 50 对比度 50 饱和度 50 清晰度 50 色调 50 色温 标准 图像 图像 图像参数 护眼模式 关闭 背光强度 100

续表

检测项目	管制要点	测试现象
儿童模式	在通用设置下，选择“家长设置”，进入儿童设置模式。设置完成后按主页进行儿童观看模式。注：不是所有机种都有此模式的	  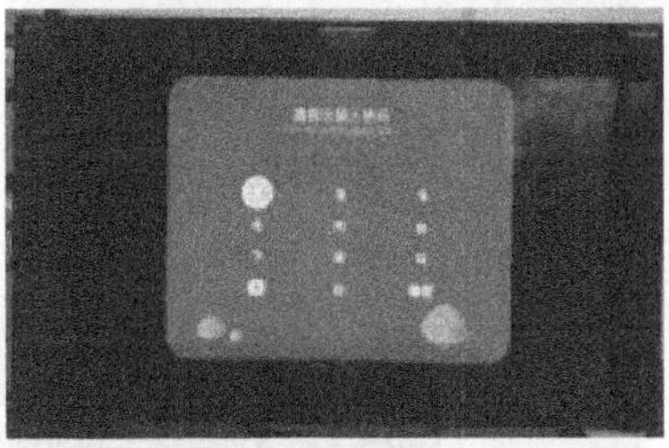  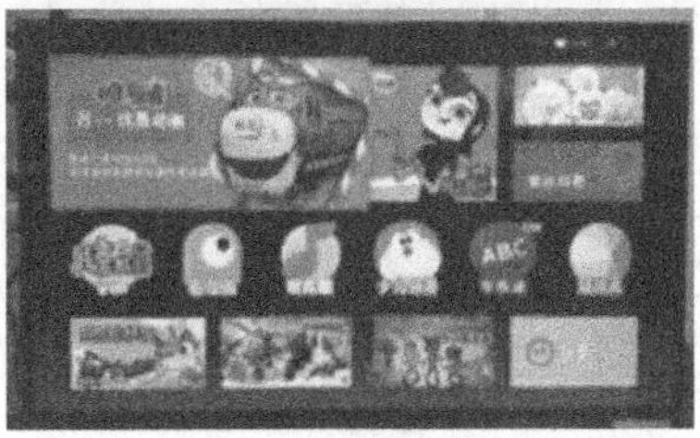 通用设置 个人 HDMI 1 开机自动播放 关闭 系统 儿童模式 家长设置 ABC

（4）遥控器及遥控功能测试（见表4-25）。

表4-25　遥控器及遥控功能测试

检测项目	管制要点	测试现象
遥控器及遥控功能测试	① 机台遥控接收功能正常，无迟钝、不灵敏、功能错误现象等（每发现一次都需拦截） ② 遥控器各按键印刷和功能确认且作用均正常 注：必须100%实配遥控器	电源 语音 确定 方向 返回 主页 菜单 音量 电池仓 七号电池×2

（5）各接口及性能测试。平板显示器各接口分布及名称如图4-78所示。接口测试如表4-26所示。具体检测项目、管制要点等如表4-27所示。

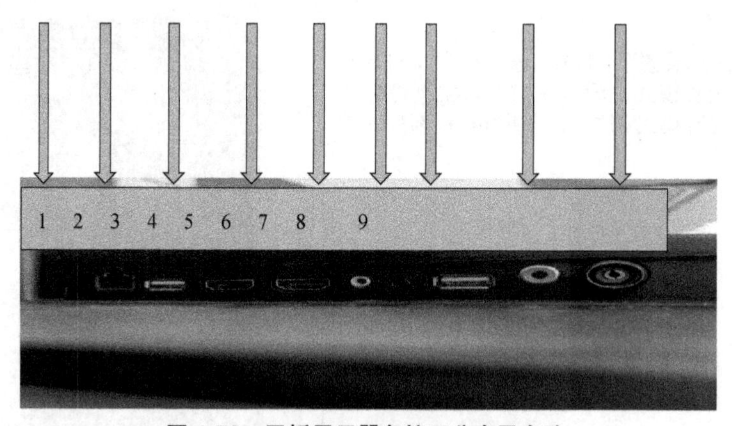

图4-78　平板显示器各接口分布及名称

表4-26　接口测试

序号	接口名称	相关测试
1	网口	有线网络测试
2	USB2	多媒体USB测试、鼠标 键盘测试
3	HDMI2	MIK测试、DVD测试、PC测试
4	HDMI1	MIK测试、DVD测试、PC测试、ARC测试
5	音视频输入	AV测试
6	调试	暂时不进行检测
7	USB1	多媒体USB测试、鼠标 键盘测试
8	数字音频输出	同轴测试
9	有线/天线输入	TV信号测试

表 4-27　检测项目管制要点及检查内容/测试现象

<table>
<tr><th>检测项目</th><th>管制要点</th><th>检查内容/测试现象</th></tr>
<tr><td>TV 信号检查：PAL 集中发射信号检查内容</td><td>① 接电源和信号后，开机检查出厂 Source，要定位在 TV Source
② 检查 OSD 2 国语言（简体中文/英文）：默认为简体中文
注：机种不同，出厂 Source 和默认语言也不同</td><td>
<table>
<tr><td rowspan="2">频道序号</td><td>频率</td><td>Broad casting</td><td colspan="2">设置内容</td><td rowspan="2">检查内容</td></tr>
<tr><td>MHz</td><td>System</td><td>PATTERN</td><td>SOUND</td></tr>
<tr><td>CHANNEL P1</td><td>55.25</td><td>NTSC M</td><td>全彩条 NTSC</td><td>扫频音（20Hz~2KHz）</td><td>确认不可有机械共振和电气异常音</td></tr>
<tr><td>CHANNEL P2</td><td>64.25</td><td>PAL D/K</td><td>复合彩条 PAL</td><td>扫频音（20Hz~2KHz）</td><td>确认不可有机械共振和电气异常音</td></tr>
<tr><td>CHANNEL P3</td><td>801.25</td><td>NTSC M</td><td>飞利浦彩卡</td><td>BTSC 立体
L：1KHz，
R：400Hz</td><td>确认声音及图像要显示正常</td></tr>
<tr><td>CHANNEL P4</td><td>863.25</td><td>PAL D/K</td><td>Mono Scope</td><td>NICAM 立体
L：1KHz，
R：400Hz</td><td>确认可视画面清晰度及尺寸</td></tr>
</table>
</td></tr>
<tr><td>TV 信号检查 100%</td><td>① 检查画面是否正常播放，画面是否有停顿现象，是否有马赛克现象
② 检查功能键要功能正常且与塑壳键上的印刷标识作用一致，无键呆、键硬现象</td><td>
<table>
<tr><td>频道</td><td>Video Pattern</td><td>Pettern</td><td>内容</td></tr>
<tr><td>1</td><td>1080i</td><td>动画</td><td rowspan="2">画面是否正常播放，是否有停顿现象</td></tr>
<tr><td>2</td><td>1080i</td><td>动画</td></tr>
</table>
</td></tr>
<tr><td>75BR-014 信号衰减器</td><td>测试在强信号（94dB）和中信号（74dB）下，图像无横纹干扰、邻频干扰、图噪等不良现象；在弱信号（45dB）下，图像无翻滚、横纹干扰、少色等不良现象；伴音应正常无失真，音小现象</td><td></td></tr>
</table>

续表

检测项目	管制要点	检查内容/测试现象
HDMI&视频接在 DVD 测试 100%		① 连接 DVD 后，检测 OSD 内的各项功能是否有作用，左右声道是否都有声音，喇叭声音是否破音、共振、杂音，画面有无停顿、马赛克现象等 ② HDMI 支持 480i、480P、720P、1080i、1080P，确认功能操作正常。端口反复插拔 3 次，确认是否正常显示
多媒体（USB）测试 100%		① 确认电视识别到 USB 存储设备，并且能够正常播放图片音乐及视频 ② 高音检查：音量定位最大，用 100Hz~3kHz 扫频听共振 ③ 低音检查：声音定位在 1～5 用 100Hz~3kHz 扫频听是否有低噪音（USB1 及 USB2 接口都要测试），30cm 内判定 ④ 连接 USB 鼠标，检验鼠标各功能是否正常操作，上下左右移动鼠标确认光标移动方向与鼠标移动方向是否一致。端口反复插拔 3 次，确认是否正常显示
手机&笔记本投屏显示功能检测（1 台/批）	使用手机&笔记本连接电视，手机画面映射至电视上，测试播放音乐及视频可以正常播放 注：测试项目并不是所有机种均要全部测试	手机&笔记本需与电视连接同一个 WiFi，在手机设置中无线连接电视名称为：客厅的小米电视。使用笔记本投影功能，选择连接无线显示器，搜索客厅的小米电视，单击“投屏”
接信号产生器测试 HDMI*Source 检查 100%		① 在 1920×1080 60Hz 轻敲后壳检查画面是否有异常 ② 在 1920×1080 60Hz 画面检查 OSD 各项功能正常 ③ 在 1920×1080 60Hz 50%灰画面检查 OSD 各功能是否正常，将亮度、对比度调低，检查画面是否有异常 ④ 在 1920×1080 60Hz 检查 32 灰阶不可饱和，32 灰阶则阶阶分明（Recall 状态） ⑤ 检查黑边宽度差上下左右之间的宽度差
漏光透光检查 100%	漏光及透光规格：正面角度，前框缝隙内不允许有漏光；压迫性漏光不允许	
SPDIF 测试 100%	将 SPDIF 线材一头接到电视的 SPDIF 接口，另一头接上音响，测试 SPDIF 功能，确认音质及音量是否正常。端口反复插拔 3 次，确认是否正常显示	
蓝牙测试 100%	在设置内开启蓝牙，连接蓝牙音响设备，能正常连接及播放音乐	

续表

检测项目	管制要点	检查内容/测试现象
ARC 功能测试（每 LOT 测试 2 台）	先用 DVD 输出信号，再用 HDMI 线连接到机台 HDMI1，机台 HDMI2 Source 用 HDMI 线连接到测试功放仪器上的 HDMI OUT 接口，功放声音输出要正常，不要有异音、杂音等不良现象。 机台设置如图一～图三，在“声音”菜单里选择 HDMI（ARC）输出	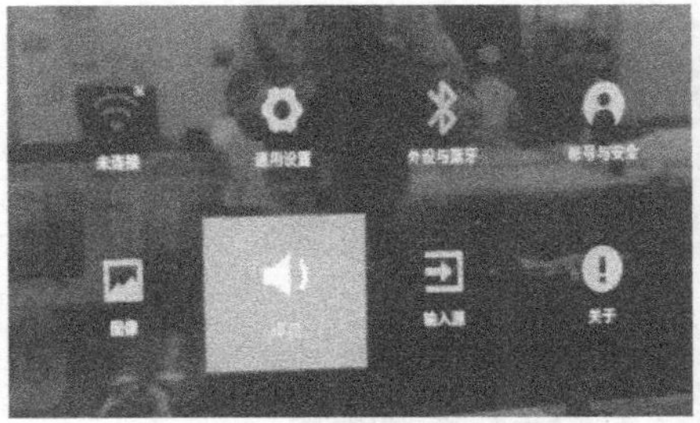 图一 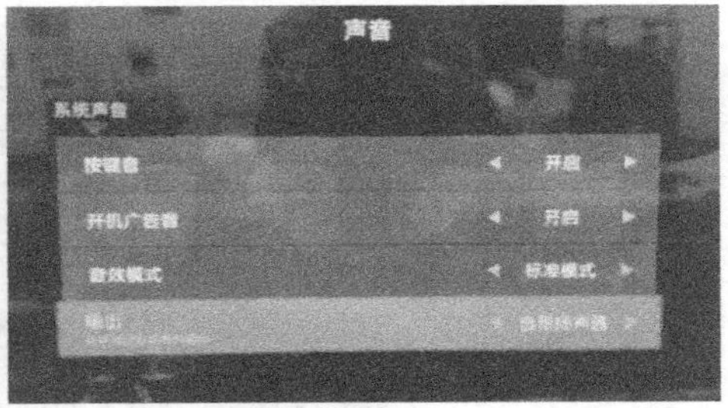　图二  图三
CEC 功能测试（每 LOT 测试 2 台）	连接 DVD 后，在 TV 的菜单里选择“CEC 遥控”功能，搜索 DVD 设备。 ① 使用 TV 遥控器可以直接在 TV 上操控 DVD ② DVD 随着 TV 的关机而关机 ③ DVD 打开后 TV 自动打开	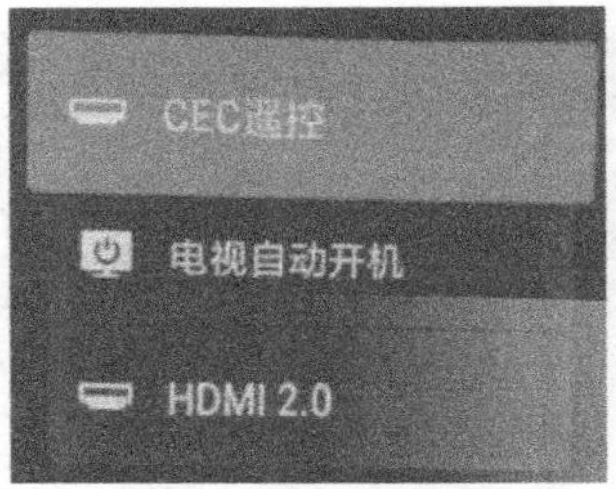 

续表

检测项目	管制要点	检查内容/测试现象
HDMI：MIK画面检验	在1920×1080　60Hz 50%灰画面（敲击176按键），检查OSD各功能是否正常，将亮度、对比度调低，检查画面是否有异常	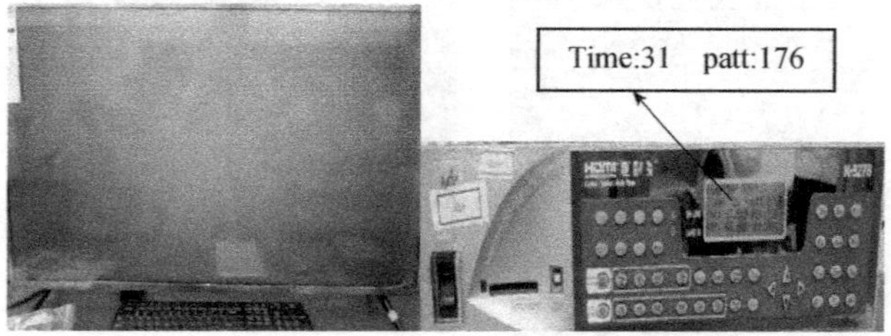 Time:31　patt:176
	在1920×1080　60Hz检查32灰阶（敲击48按键）不可饱和，32灰阶则阶阶分明（Recall状态）	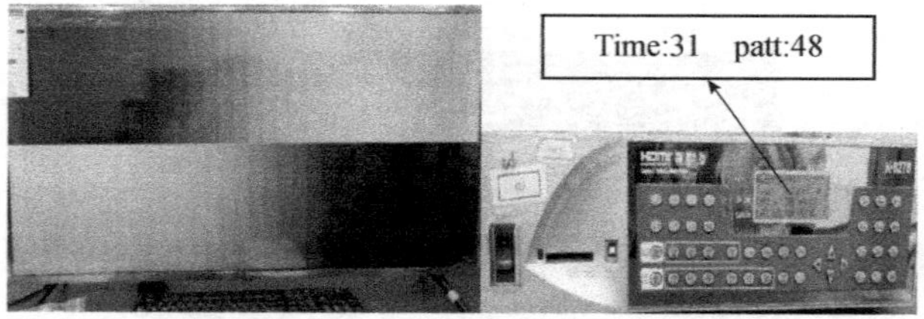 Time:31　patt:48
	在黑画面中（敲击11按键）检查亮点	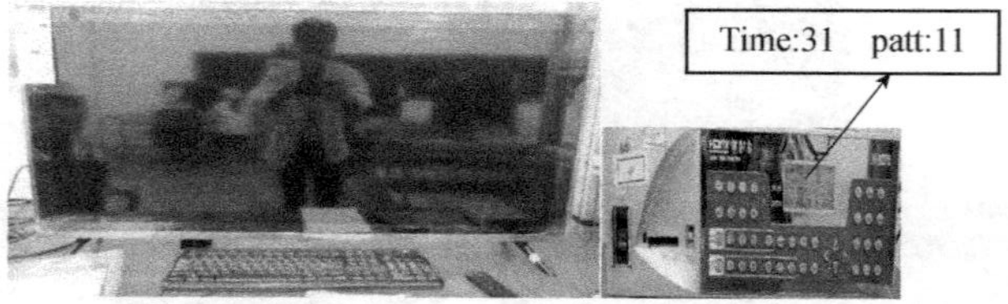 Time:31　patt:11
	在白画面中（41按键）检查暗点、杂质、白斑	 Time:31　patt:41

续表

检测项目	管制要点	检查内容/测试现象
HDMI：MIK 画面检验	在红、绿、蓝（敲击 21、22、23 按键）画面中检查亮点、杂质	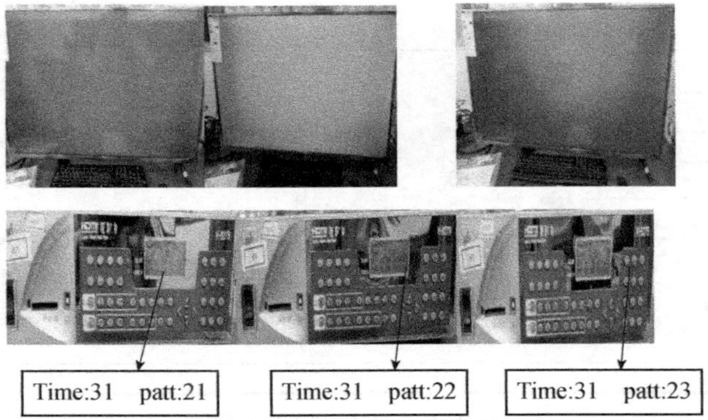 Time:31　patt:21 Time:31　patt:22 Time:31　patt:23
	在 50%灰画面（敲击 176 按键）中检查 MURA、白斑	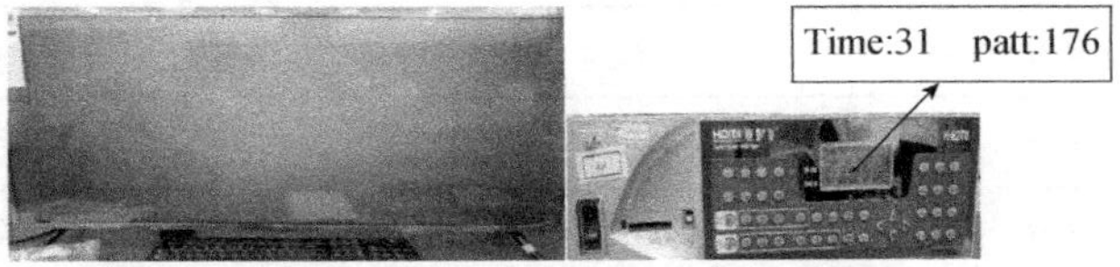 Time:31　patt:176
敲击检查 100%	① 敲打机台背面如图所示的四个点后，在机台正面白画面中检查画面有无异物、杂质、白斑、水波干扰等不良现象 ② 使用敲棒在各个信号源下进行敲击，敲击部位机器后壳电源、机芯位置，在敲击的过程中检查机器图像、声音是否有异常现象。注：敲击用的橡胶锤不能过硬，避免敲击导致机器损伤	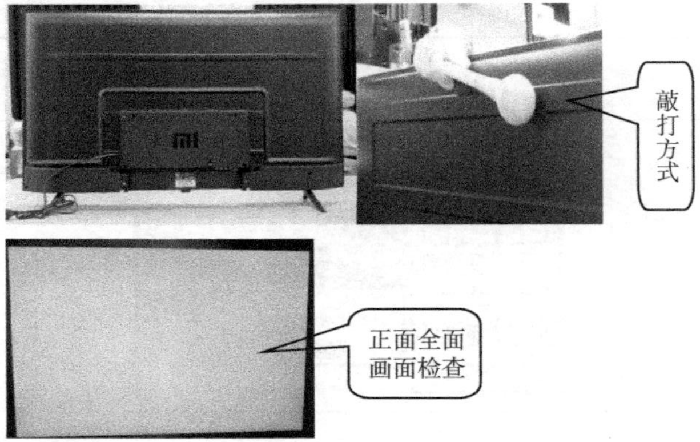 敲打方式 正面全面画面检查

续表

<table>
<tr><th>检测项目</th><th>管制要点</th><th>检查内容/测试现象</th></tr>
<tr><td>HDCP 测试</td><td>HDCP：高带宽数字内容保护技术
HDCP 检查方式：
① MIK 有一个功能 HDCP 检查，可在画面上显示 OK 字样
检查 EDID：OK
② DVD 播放动态画面，如没有此功能则为雪花或者黑屏</td><td>OK OK</td></tr>
<tr><td>白平衡测试
（检查设备
MIK&色温仪
&全电源）
2PCS/每批</td><td>① 测试白平衡时，在 HDMI Source 1080P 70%白画面中，标准工作状态测量 X，Y 值
② 测试 Luminance 时在 HDMI Source 1080P 中将 Contrast&Brightness 调至最大，背光调到最大，在白画面 PANEL 显示中心，色温在标准状态
注：以上规格为某一机种，不用于全部机种。</td><td>测试白平衡，规格如下：
<table><tr><th>Color Temp.</th><th>X</th><th>Y</th></tr><tr><td>暖色</td><td>0.283～0.307</td><td>0.303～0.327</td></tr><tr><td>标准</td><td>0.263～0.287</td><td>0.274～0.298</td></tr><tr><td>冷色</td><td>0.259～0.283</td><td>0.260～0.284</td></tr><tr><td colspan="3">Luminance：$Y \geqslant 200cd/m^2$</td></tr></table></td></tr>
<tr><td>均匀度&
CR 测试</td><td>① 在 HDMI Source 1080P 中，测 B/U 时，在全白画面中，测量标准工作状态；测量 9 点亮度值，最小点/最大点（见图一）
② 在 HDMI Source 1080P 中，测对比度
● 将显示器调整到标准工作状态
● 将黑白窗口信号输入到显示器，分别测量 L0、L1、L2、L3 和 L4 的亮度值（见图二）</td><td>H　H/2　H/10　V　V/2　V/10　1 2 3 4 5 6 7 8 9
图一
a=2/15H
b=1/5H
50%灰　0%黑 L1　0%黑 100%白 0%黑　L2 L0 L3　0%黑 L4　a b a b a　H
图二</td></tr>
</table>

续表

<table>
<tr><th>检测项目</th><th>管制要点</th><th>检查内容/测试现象</th></tr>
<tr><td>均匀度&
CR 测试</td><td>检查亮均匀度，规格如右表（检查设备 MIK&色温仪&全电源）2pcs/每批</td><td>
<table>
<tr><th>测试项目</th><th>Spec</th></tr>
<tr><td>均匀度（9 点）</td><td>Y_{min}（9 点中最小点）/Y_{max}（9 点中最大点）＞65%</td></tr>
<tr><td>均匀度（13 点）</td><td>Y_{min}（13 点中最小点）/Y_{max}（13 点中最大点）＞50%</td></tr>
<tr><td>CR</td><td>CR=L0/[（L1+L2+L3+L4）/4]>900（Typ：1200）</td></tr>
</table>
</td></tr>
<tr><td>功率测试</td><td>电源功率消耗测试（检查设备 MIK&功率计&全电源）2pcs/每批
测试条件：
整机开机消耗功率测量时，接 TV 信号 Colorbar 频道画面，声音输出 1kHz，音量调至 100%，Contrast&Brightness 调到最大测试开机最大功率
注：以上规格为某一机种，不用于全部机种</td><td>
<table>
<tr><th>Mode</th><th>Power consumption</th><th>LED</th></tr>
<tr><td>开机</td><td>＜74W（图一）</td><td>/</td></tr>
<tr><td>待机</td><td>＜ 0.5W（图二）</td><td>白色</td></tr>
</table>
图一　图二
</td></tr>
<tr><td>PC 检查</td><td>PC 测试（HDMI 1 model）
① +程序测试（见图一）检查 16 灰阶&32 灰阶是否饱和
② DisplayX 程序测试（见图二）做检查 Panel 项目</td><td>+　DisplayX
图一　图二</td></tr>
</table>

续表

检测项目	管制要点	检查内容/测试现象
软体版本确认	① 在小米账号下按 7 次菜单键会出现一个隐藏的软体：platformid：649 ver.625 MiTV4X（每台确认） ② 在“关于”菜单内选择网络信息确认：按 7 下菜单键会出现一个隐藏的 BT MAC 地址，确认 BT MAC 地址和以太网 MAC 地址都有且不重复（每台），核对以太网 MAC 地址与铭板上的 MAC 地址是否一致（每台） ③ 在“关于”—“本机信息”—“版本信息”内按中心确认键 10 下会出现机台序列号，确认序列号与机台是否一致 ★ 此项为重点管控	
恢复出厂设置确认	① 在“通用设置”菜单内选择“还原”（见图二） ② 选择不保留已下载的应用（见图三） ③ 回复出厂设置后等待机器出现（见图五）画面，重新启动后再关机 恢复出厂设置后，能正确重启，返回用户引导页面 ★ 此项为重点管控	图一　图二

续表

检测项目	管制要点	检查内容/测试现象
恢复出厂设置确认		 图三 　图四 　图五

（6）安规测试。

每日对每机台做两台耐高压测试、绝缘阻抗测试、安规测试，并记录在OQA出货检查结果表（见表4-28）。

表4-28 检查结果表

确认检查测试项目	SERIAL NO.		测试结果
全电源（100~240V，60/50Hz）测试	001BORM00406	001BOQA00460	OK
接触电流（<0.5mA）	001BORM00406 （0.141mA）	001BOQA00460 （0.138mA）	OK
接地测试	/	/	/
耐压测试（2121V/<5mA）	001BORM00406	001BOQA00460	OK
绝缘阻抗测试（500V>4MΩ）	001BORM00406	001BOQA00460	OK
冷开关机测试	001BORM00406	001BOQA00460	OK

测试准备：佩戴绝缘手套，如图4-78所示。

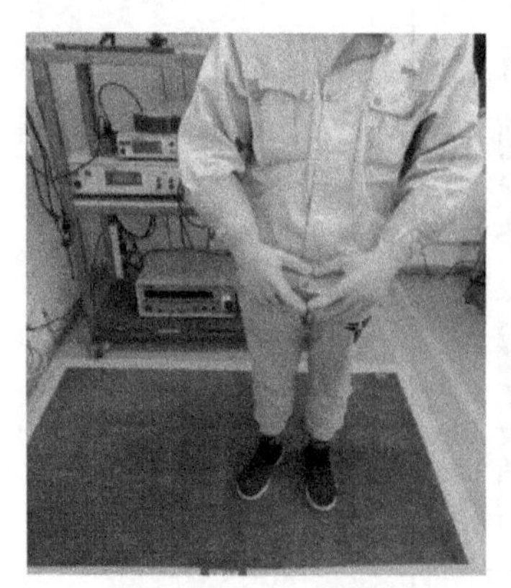

图4-78 测试准备

① 耐高压测试（见图4-79）。

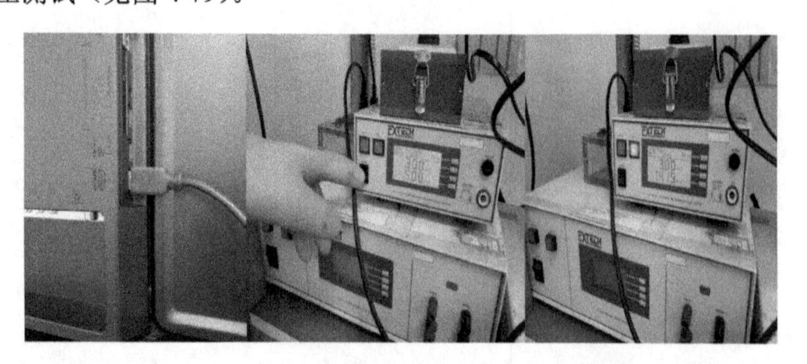

插入HDMI接口	打开电源，按红色按钮复位，按绿色按钮开始测试	绿灯亮为检验PASS 红灯亮为检验NG

图4-79 耐高压测试

确认检查测试项目	SERIAL NO.（实测机台序列号）	测试结果
耐压测试（3000V AC，电流<5mA）	*	OK

图 4-79　耐高压测试（续）

② 绝缘阻抗测试（见图 4-80）。

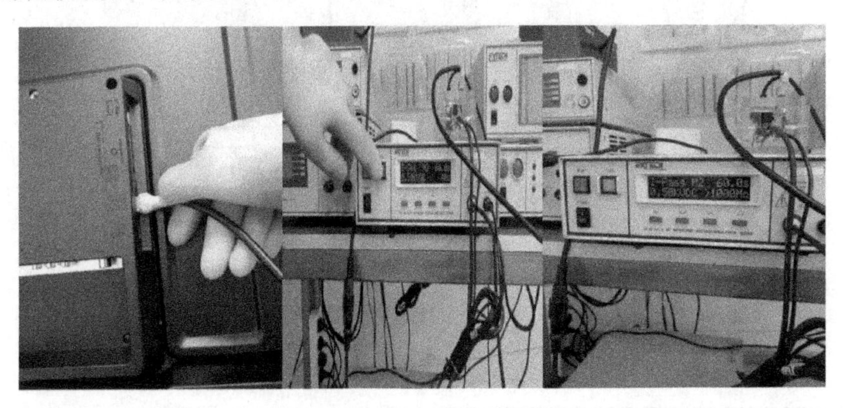

插入VGA转HDMI接口线	打开电源，按红色按钮复位，按绿色按钮开始测试	绿灯亮为检验PASS 红灯亮为检验NG

确认检查测试项目	SERIAL NO.（实测机台序列号）	测试结果
绝缘阻抗测试（500V DC，电阻≥200MΩ）	*	OK

图 4-80　绝缘阻抗测试

③ 安规测试（见图 4-81）。

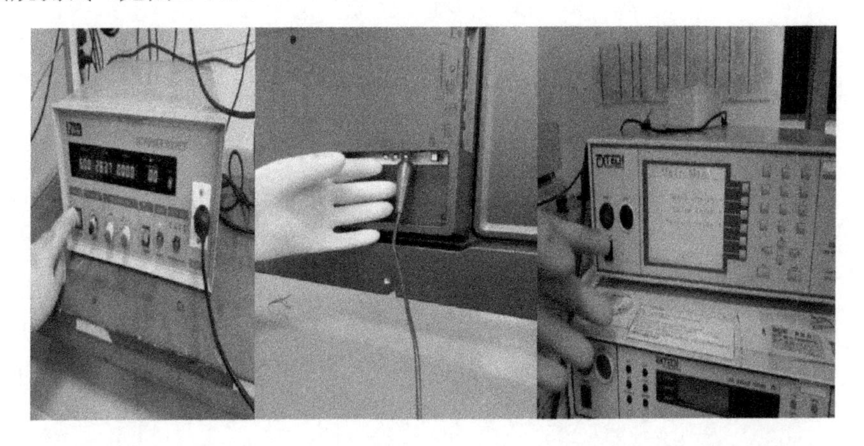

将全电源打开，电压调至260V	将安规测试专用线接好	打开电源，按红色按钮复位，按绿色按钮开始测试

图 4-81　安规测试

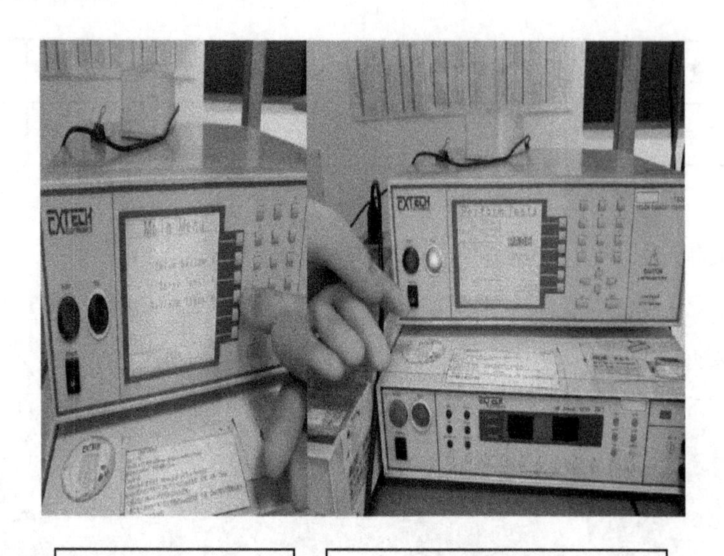

确认检查测试项目	SERIAL NO.（实测机台序列号）	测试结果
接触电流（＜0.7mA）	*	OK

图4-81 安规测试（续）

（7）检验完毕。如确认为不良品时，要将不良现象写在不良记录卷标上，并贴附于不良机台上，放置于不良品放置区，维修并经检验员重新检验合格后，将机台装入纸箱前再一次确认外观及纸箱与机台序列号是否相符。注意作业时戴白手套，勿戴手表戒指等物品以免划伤镜面。

反侵权盗版声明